Материалы V международной научно-практической конференции

Наука в современном информационном обществе

26-27 января 2015 г.

North Charleston, USA

Том 1

УДК 4+37+51+53+54+55+57+91+61+159.9+316+62+101+330

ББК 72

ISBN: 978-1507865835

В сборнике опубликованы материалы докладов V международной научно-практической конференции   " Наука в современном информационном обществе ".

Все статьи представлены в авторской редакции.

Содержание

Биологические науки

Исторические науки

Медицинские науки

Содержание

Содержание

Психологические науки

Сельскохозяйственные науки

Социологические науки

Технические науки

Содержание

Фармацевтические науки

Физико-математические науки

Филологические науки

Содержание

Экономические науки

Юридические науки

Содержание

Филимонова Е.Н.
Ботанический сад Иркутского государственного университета
e-mail: ev_fil@rambler.ru

ИТОГИ ИНТРОДУКЦИОННОЙ РАБОТЫ С НЕКОТОРЫМИ ВИДАМИ РОДА *RHODODENDRON* L. В ИРКУТСКОМ БОТАНИЧЕСКОМ САДУ

Работа по интродукции рододендронов в Ботаническом саду ИГУ производится с 2009 г.: сделаны первые посевы семян, собранных в природных местообитаниях и полученных из других ботанических садов, также привезены первые саженцы растений. Используя метод интродукции филогенетических комплексов по Ф.Н. Русанову, производится мобилизация максимального количества видов и форм рододендронов, что предположительно позволит выделить виды наиболее перспективные в местных условиях, и в дальнейшем, возможно, использовать их для гибридизации. К 2015 г. в интродукционном испытании находится 34 вида и 18 сортовых форм. В данной статье рассматриваются виды, растения которых достигли стадий плодоношения и цветения.

Виды и формы, растения которых достигли стадии плодоношения:

1.   *Rhododendron camtschaticum* Pall. [2,426]

В августе 2010 г. привезено 2 растения с Камчатки (высота 1000 м. над ур. м.), высажены в контейнеры, 1 выпало в течение года. В августе 2011 г. привезено 1 растение из БС ГЛТА (г. Санкт-Петербург), высажено в открытый грунт. В июне 2013 г. привезено 1 растение из БС ГЛТА (г. Санкт-Петербург), также высажено в открытый грунт. Продолжительность вегетации составляет 142±7 дня, цветения – 18±4 дней, плодоношения – 14±2 дней. Средняя скорость роста - 0,59±0,18 (см/год). Баллы зимостойкости – I, II.

2.   *Rhododendron canadense* (L.) Torr. [3]

В августе 2009 г. привезено 3 контейнерных растения из БС МарГТУ (г. Йошкар-Ола, Республика Марий Эл). Продолжительность вегетации - 136±10 дней, цветения – 13±2 дней, плодоношения – 24±3 дня. Средняя скорость роста – 4,97±1,44 (см/год). Баллы зимостойкости –II, IV.

3.   *Rhododendron canadense f. albiflorum* (Rand et Redf.) Rehd. [3]

В августе 2009 г. привезено 3 контейнерных растений из БС МарГТУ (г. Йошкар-Ола, Республика Марий Эл). Зимовки 2009 – 2011 гг. - в оранжерее, в состояние покоя не уходили, 2 растения выпало. В 2011 г. оставшееся растение высажено в открытый грунт. Продолжительность вегетации - 139±14 дней, цветения – 17±2 дней, плодоношения – 20 дней (впервые плодоносить начало в 2014 г.). Средняя скорость роста – 4,39±1,68 (см/год). Баллы зимостойкости –III, IV.

4.   *Rhododendron dauricum* L. [2, 426]

В мае 1981 г. из природного леса (г. Иркутск) привезено несколько взрослых экземпляров растений. [1, 157] В настоящее время из этих растений или их генераций сохранилось 11 экземпляров. В мае 2010 г. привезено 55 взрослых экземпляров с окрестностей г. Усолье-Сибирское. Все растения высажены в открытый грунт. Продолжительность вегетации - 150±7 дней, цветения – 23±3 дня, плодоношения – 32±5 дня. Средняя скорость роста – 8,3±2,47 (см/год). Балл зимостойкости – I, II.

5. *Rhododendron ledebourii* Pojark. [2, 426]

Семена получены из НИИ Садоводства Сибири им. Лисавенко (г. Барнаул) в 2008 г., посев в 2009 г., всхожесть – 97,6%, в 2010 г. высажены в открытый грунт. Продолжительность вегетации - 142±13 дня, первичного цветения – 21±5 день, вторичного цветения – 5±3 дней, плодоношения - 16±5 дней. Средняя скорость роста – 7,3±1,03 (см/год). Баллы зимостойкости – I, II.

6. *Rhododendron mucronulatum* Turcz. [2, 426]

В 2009 г. привезено 6 растений из БС МарГТУ (г. Йошкар-Ола, Республика Марий Эл). Продолжительность вегетации - 140±10 дней, цветения – 19±5 дней, плодоношения – 24±2 дня. Средняя скорость роста – 8,84±1,9 (см/год). Баллы зимостойкости – I, II, IV.

7. *Rhododendron parvifolium* Adams [2,426]

В 2009 г. привезено 3 растения с оз. Ильчир (Восточный Саян, высота 2400 м. над ур. м.). Продолжительность вегетации - 133±10 дня, цветения – 13±4 дней, плодоношения – 24±10 дня. Средняя скорость роста – 3,81±0,8 (см/год). Балл зимостойкости – I.

Виды и формы, растения которых достигли фазы цветения:

1. *Rhododendron canescens* (Michx.) Sweet [3]

В августе 2009 г. привезено 1 контейнерное растение из БС МарГТУ (г. Йошкар-Ола, Республика Марий Эл). Продолжительность вегетации - 135±7 дней, цветения – 9 дней (впервые зацвело в 2014 г.). Средняя скорость роста – 3,68±0,62 (см/год). Баллы зимостойкости –III, IV.

2. *Rhododendron molle* (Blume) G. Don subsp. *japonicim* (A. Gray) Kron [3]

В августе 2009 г. привезено 3 контейнерных растений из БС МарГТУ (г. Йошкар-Ола, Республика Марий Эл). Продолжительность вегетации - 137±5 дней, цветения – 10 дней (впервые зацвело в 2014 г.). Средняя скорость роста – 5,36±2,32 (см/год). Баллы зимостойкости –II, III.

3. *Rhododendron sichotense* Pojark. [2,426]

Семена получены из БС МарГТУ (г. Йошкар-Ола, Республика Марий Эл) в 2008 г., посев в 2009 г., всхожесть – 76.8%. Продолжительность вегетации – 155±17 дней, цветения – 117 дней (впервые зацвели в 2014 г.). Средняя скорость роста – 7,52±0,65 (см/год). Баллы зимостойкости –II, III.

Также в 2014 г. цветочные почки были заложены у растений 3 ранее не цветших в условиях г. Иркутска видов: *Rhododendron hirsutum* L. [3],

Rhododendron schlippenbachii Maxim. [2,426] и *Rhododendron luteum* Sweet [2,426].

Выводы:

К 2015 г. из 53 видов и форм рододендронов, испытуемых в Ботаническом саду ИГУ в фазу плодоношения вступили: 4 листопадных таксона (*Rhododendron camtschaticum, Rhododendron canadense, Rhododendron canadense f. albiflorum, Rhododendron mucronulatum*), 2 полувечнозеленых (*Rhododendron dauricum, Rhododendron ledebourii*) и 1 вечнозеленый (*Rhododendron parvifolium*).

Стадии цветения достигли 2 листопадных таксона (*Rhododendron canescens, Rhododendron molle subsp. japonicum*) и 1 полувечнозеленый (*Rhododendron sichotense*).

По флористическому районированию данные виды рододендронов принадлежат к Голарктическому царству, Бореальному подцарству, Циркумбореальной (*Rhododendron camtschaticum, Rhododendron dauricum, Rhododendron ledebourii* и *Rhododendron parvifolium*), Восточноазиатской (*Rhododendron molle subsp. japonicum, Rhododendron mucronulatum* и *Rhododendron sichotense*) и Атлантическо-Североамериканской (*Rhododendron canadense, Rhododendron canadense f. albiflorum* и *Rhododendron canescens*) областям.

В целом, перспективными в условиях Прибайкалья по методу сравнения климатов, разработанным Т.Н. Встовской на основе метода фитоклиматических аналогов Г. Майера, могут быть виды, ареалы которых располагаются в Северной Америке, Восточной Азии, Северо-восточной Азии, на Дальнем Востоке, в Сибири, на Камчатке и Аляске.

Литература (источники):

1. *Кузеванов В.Я., Сизых С.В.* Ресурсы Ботанического сада Иркутского государственного университета: научные, образовательные и социально-экологические аспекты. Справочно-методическое пособие. Иркутск: Изд-во Иркут. гос. ун-та, 2005. 157 с.
2. *Черепанов С.К.* Сосудистые растения России и сопредельных государств (в пределах бывшего СССР). СПб.: Мир и семья, 1995. 426 с.
3. GRIN Taxonomy for Plants [Электронный ресурс]. – Режим доступа: http://www.ars-grin.gov/cgi-bin/npgs/html/genform.pl

Князький И.О.
доктор исторических наук, профессор
Институт мировой экономики и информатизации, Москва
E-mail: knyazkiy@bk.ru

М.И. ВОРОТЫНСКИЙ – ПОБЕДИТЕЛЬ КАЗАНИ И КРЫМА

Князь М. И. Воротынский (1513-1573) - выдающийся полководец и государственный деятель Московского царства XVI в. эпохи Иоанна Грозного. Происходил из знатного рода Воротынских, принадлежащего к княжеским фамилиям Рюриковичей. Воротынские восходили к старшей ветви Рюрикова рода Ольговичам, великим князьям черниговским. Среди их предков здесь выделялся св. Михаил черниговский князь, казнённый в Орде по повелению Батыя. Воротынские относились к служилым князьям, выходцам из Великого княжества Литовского, перешедшим на московскую службу. Следовательно, относились ко второму слою московского боярства. По определению С. Ф. Платонова, первый слой составляли потомки «старинного класса «вольных слуг» московского княжеского дома». Потомки служилых князей, выходцев из Литвы, среди коренной московской знати оставались в известной степени чужаками, хотя и занимали порой высшие государственные и придворные должности. Детство и юность князя Михаила Ивановича пришлись ла годы правления великого князя Василия III, пора же возмужания совпала со временем т. н. «боярского правления» (1533 1547 гг.). когда ослабела в стране верховная власть, но зато возродилась «земщина» народное самоуправление в лице выборной земской власти на местах, усилилась роль боярства в управлении государством. В таких условиях и формировался сильный, независимый характер будущего знаменитого военачальника. В военных столкновениях с крымскими, казанскими татарами обретал он и воинский опыт. Расцвет деятельности М. М. Воротынского приходится на царствование Иоанна IV. К числу выдающихся военных заслуг князя Михаила должно отнести его деяния во время осады и взятия Казани в 1552 г. Здесь роль его сопоставима с заслугами таких выдающихся военачальников русского войска, как князь Александр Борисович Горбатый-Шуйский, осуществлявший общее руководство ратью, и князь Андрей Михайлович Курбский, чей полк первым ворвался в Казань. Именно М. И. Воротынский сумел придвинуть осадные башни - туры - к самым городским стенам, благодаря чему русские войска и сумели прорвать здесь оборону казанцев и проникнуть внутрь города. Князь Михаил первым предложил Иоанну начать общий приступ Казани. После вторичного его послания царю, где он предупреждал его, что промедление со штурмом грозит его срывом, ибо кашицы уже заметили идущие приготовления. Иоанн и дал соизволение на общий приступ. Первым же князь Воротынский сообщил царю, что русское войско уже в городе и пора вводить в дело «царский полк». Н. М. Карамзин подчёркивал, что от Воротынского-то царь Иоанн Васильевич и услышал заветные слова: «Казань наша!».

Дальнейшая деятельность М. А. Воротынского на военном и государственном поприще была успешной, но после падения правительства «Избранной рады» Сильвестра и Алексея Адашева в 1560 г. отношения гордого боярина ,с сильным, независимым нравом, и царя, вступившего окончательно на путь кровавых державных самодурств, увенчанных в конечном итоге чудовищной Опричниной, меняются к худшему. Прямой конфликт произошёл в 1562 г. и был связан с судьбой земельных владений Воротынских. 15 января 1562 г. по инициативе царя было утверждено новое уложение земельных законов, согласно которому выморочные родовые земли отходили в казну, а не наследовались братьями и племянниками умершего владельца. Они могли теперь получить их лишь с соизволения царя, а на это как раз надежды было мало. И вот под это новое положение как раз-то и угодили родовые земли Воротынских. Треть их, принадлежавшая ранее старшему из трёх братьев - Владимиру, по смерти его перешла сначала в руки вдовы, а затем во владение казны. Младшие братья - Михаил и Александр - лишились лучшей трети родового удела. Гордый князь Михаил не удержался перед самим Иоанном и «нагрубил» царю, прямо назвав его поступок с вотчиной Воротынских неправедным. В ответ царь обвинил Михаила Ивановича и брата его Александра в колдовстве. Воротынским грозила страшная расправа, однако заступничество боярской Думы и высшего духовенства смягчили царя. Александра вовсе помиловали, Михаила же отправили в заточение на Белое озеро. Родовое владение Воротынских было присвоено царём. Спустя несколько лет Иоанн смилостивился над Михаилом Ивановичем и вернул его из ссылки. Обидою М. И. Воротынского на царя попытался воспользоваться польский король Сигизмунд-Август. Через некоего Козлова, некогда бывшего «послужильцем» Воротынских, а затем переселившегося в Литву, князьям Вельскому, Воротынскому, Мстиславскому и боярину Челяднину были посланы королевские письма, предлагавшие им прямо перейти на сторону Польши. Особую надежду поляки возлагали на Воротынского. Он ведь только-только из заточения! Сигизмунд надеялся, что Михаил Иванович возглавит мятеж против царя. Письма королевские, однако, были перехвачены и оказались у самого царя. Челяднин и многие близкие к нему люди были казнены. Вины же Вельского, Воротынского и Мстиславского доказано не было. Думается, её и не было вовсе.

В последующие годы своими ратными трудами М. И. Воротынский безусловно доказал свою преданность отечеству. После нашествия крымского хана Девлет-Гирея в 1571 г., когда опричники бесславно обрекли Москву на сожжение, именно М. И. Воротынский с боярином Н. Р. Юрьевым возглавил «общий совет», разработавший новый план защиты южных земель России, приноровлённый к местным условиям. Год спустя на деле князь Михаил Иванович Воротынский избавил Москву от повторного нашествия крымской орды. В то время как «царь праздно ждал дальнейших вестей; а Москва трепетала, слыша, что хан уже назначил в её стенах домы для вельмож крымских» (Н. М. Карамзин), Воротынский в 50-ти верстах от Москвы на реке Лопасне при Молодях дал решительный бой Девлет-Гирею и наголову его разгромил. Историк Р. Г. Скрынников высказал мнение, что личная заслуга Воротынского в этой победе не столь уж велика, а истинным победителем был князь Д. И. Хворостинин. Не умаляя храбрости славного опричника Хворостинина, разгромившего крупные силы крымцев, должно помнить, что действовал-то он по приказу Воротынского, коему весь победно осуществлённый замысел сражения и принадлежал. Доблесть же Хворостинина не искупила позора опричнины, оказавшейся неспособной защитить Москву от татар. Победа при Молодях это победа ненавидимой царём Земщины и её вождя князя Воротынского. Этого-то Иоанн IV и не смог ему простить. 10 месяцев спустя после победы в апреле 1573 г. князь Михаил Иванович был по доносу своего неверного холопа обвинён в «колдовстве» и подвергнут жесточайшим пыткам. Пытал его сам царь, не побоявшийся унизить государево достоинство пытошным низким ремеслом… Вновь сосланный на Белое озеро шестидесятилетний князь от последствий жестоких пыток по дороге скончался. Эпитафию М. И. Воротынскому написал его давний соратник по казанской войне и государственным делам Избранной рады Андрей Михайлович Курбский: «О муж великий! Муж, крепкий душою и разумом! Священна, незабвенна память твоя в мире! Ты служил отечеству неблагодарному, где добродетель губит и слава безмолвствует; но есть потомство, и Европа о тебе слышала: знает, как ты своим мужеством и благоразумием истребил воинство неверных на полях московских, к утешению христиан и к стыду надменного султана! Прими же здесь хвалу громкую за дела великие, а там, у Христа, Бога нашего, вечное блаженство за неповинную муку!».

Литература:

1. Карамзин Н.М. История государства Российского. Т. IX, М,1993.
2. Костомаров Н.И. История России в жизнеописаниях её главнейших деятелей. М., 1991.
3. Соловьёв С. М. История России с древнейших времён. Кн. III. Т. 6. М., 1992.
4. Платонов С. Ф. Сочинения по русской истории. Спб., 1993.
5. Скрынников Р. Г. Иван Грозный. М., 1975.
4. Каргалов В. В. Полководцы. М., 1992.

Волков В.А.
аспирант, ФГБОУ ВПО «Ростовский государственный экономический университет (РИНХ)»
balamberf@gmail.com
Селюнина Н.В.
профессор, д.и.н, доцент «ТИ имени А.П. Чехова» (филиал)
ФГБОУ ВПО «РИНХ»

МОДЕРНИЗАЦИЯ ПО-СОВЕТСКИ. ДОН И КУБАНЬ 1943 – 1953 Г.Г.

Озвучивая новую программу развития России в своем послании от 12 ноября 2009 года к членам Федерального Собрания Российской Федерации, президент Д.А.Медведев упомянул о необходимости широкомасштабной модернизации, подобно той, что произошла в стране в период 30-50-х годов XX века: «…В прошлом веке ценой неимоверных усилий аграрная, фактически неграмотная страна была превращена в одну из самых влиятельных по тем временам индустриальных держав, которая лидировала в создании ряда передовых технологий того времени: космических, ракетных, ядерных. Но в условиях закрытого общества, тоталитарного политического режима эти позиции невозможно было сохранить. Советский Союз, к сожалению, так и остался индустриально-сырьевым гигантом и не выдержал конкуренции с постиндустриальными обществами…».[2] Отдавая должное крупным социальным и экономическим изменениям, произошедшим в Советском Союзе в середине прошлого века, лидер страны указал принципы, по которым будут происходить преобразования: «…это будет первый в нашей истории опыт модернизации, основанной на ценностях и институтах демократии. Вместо примитивного сырьевого хозяйства мы создадим умную экономику, производящую уникальные знания, новые вещи и технологии, вещи и технологии, полезные людям…».[2]

Но правомерно ли говорить о периоде восстановления 1943 – 1953 годов как о продолжении довоенной индустриализации и создании новых отраслей производства, а также изменении социальных отношений между населением и государством? Первоначальная задача правительства заключалась в скорейшем выведении страны из послевоенного кризиса, в реконверсии производства. Для этого требовалось: восстановить разрушенную инфраструктуру, решить проблему голода и безработицы, позаботиться об инвалидах и беспризорных детях, нормализовать криминальную обстановку, при этом сохраняя военных потенциал страны. Необходимо вспомнить, что в это же время человечество вступило в «ядерную эру», что сильно повлияло на изменение геополитической обстановки в мире. Этот факт оказывал огромное влияние на внутреннюю политику советского государства, заставляя власти искать новые решения поставленных задач, связанные зачастую с компромиссами. Так происходила ли модернизация в России во второй половине 1940-х начале 1950-х или нет?

Деманов А.А в своей статье «Военно-промышленный комплекс СССР в 1946 – 1955 годах: вопросы историографии» отмечал монографию И.И.Каторгина, в которой была предпринята попытка отразить объективную картину развития страны в послевоенный период. Автор положительно оценивал стремительное развитие индустрии, но как одну из причин столь стремительного подъёма производства указывал на «выкачивание» средств из сельского хозяйства в пользу тяжелой промышленности.[1,2] При этом Каторгин И.И не связывал данный эпизод с началом холодной войны и изменением внутриполитического курса, направленного на развитие мощного военно-промышленного комплекса. Не отражено развитие отдельных регионов России, особенно южных, на долю которых приходилась основная нагрузка по поставке продовольствия и горючего в индустриальный центр.

В новейшее время выходит ряд работ, в которых рассматриваются вопросы возрождения и восстановления промышленности в отдельных регионах советской России в период с 1943 – 1953 годы. Приводятся статистические данные потерь на производстве и социальной сфере. Подробно описывается комплекс мероприятий, предпринятых правительством и региональными органами самоуправления для скорейшего возвращения к мирной жизни.

В этом плане стоит отметить статью Седого Е.Ю[3], в которой автор приводит статистический материал, касающийся масштабов разрушений, вызванных оккупацией Краснодарского края. Ущерб, нанесенный региону составил сотни миллионов рублей. Были уничтожены крупнейшие предприятия, огромный урон был нанесён сельскому хозяйству, полностью был выведен из строя нефтяной комплекс. Однако менее чем за год были восстановлены нефтедобывающие и нефтеперерабатывающие мощности. Сверх плана нефтяники Кубани дали три эшелона высококачественной нефти, 2000 тонн бензина и керосина.[3,48] Немалое значение было уделено железнодорожному транспорту. Прокладывались и модернизировались старые маршруты.

Интересна статья Чайки Е.А «Восстановление социальной сферы в Краснодарском, Ставропольском краях и Ростовской области», в которой довольно подробно рассматриваются не только последствия оккупации южных регионов России, но и мероприятия, проводимые местными властями, а также профсоюзными организациями с целью скорейшего возврата к мирной жизни. Важное место в экономической политике советской власти занимал вопрос о соотношениях группы «А» (производство средств производства) и группы «Б» (производство средств потребления). От формирования этих пропорций напрямую зависело экономическое состояние общества, его хозяйственные характеристики. [4,14] Рассматривалось два пути выхода из кризиса: сохранение уклада, сложившегося в годы войны, или возвращение к довоенной модели. В свете изменений, произошедших на мировой арене, вполне логично был поддержан второй вариант. Одна из приоритетных задач государства состояла в повышении жизненного уровня граждан. Правительство требовало значительно увеличить товарооборот, расширить объем торговли между городом и деревней, наладить сеть магазинов и лавок. [4,15]

В Ростовской области и Краснодарском крае изыскивались средства для помощи семьям военнослужащих, создавались специальные фонды с целью улучшения жилищных условий нуждающихся. Для обеспечения продовольствием был создан семенной запас и выделены земельные наделы. Оказывалась помощь в приобретении скота.

Итак, что же произошло в 1943 - 1953 гг.? Во-первых, продолжена политика индустриализации в 1930-е, во-вторых, происходит изменение экономических отношений между селом и городом, в-третьих, началось развитие новых отраслей производства, направленных на улучшение военного потенциала страны. Из этого следует, что развитие страны продолжалось и после войны, хотя темпы его замедлились, по сравнению с довоенным периодом.

Библиография

1. Деманов А.А «Военно-промышленный комплекс СССР в 1946-1955 годах: вопросы историографии». Вестник чувашского университета. 2008. № 3
2. Послание президента РФ Дмитрия Медведева Федеральному Собранию Российской Федерации. «Российская газета» - Федеральный выпуск. 2009. №5038 (214)
3. Седой Е.Ю «Краснодарский край в восстановительный период 1943-1945 гг.: задачи и перспективы». Историческая и социально-образовательная мысль. 2012. №4 (14) С.47-48
4. Чайка Е.А «Восстановление социальной сферы в Краснодарском, Ставропольском краях и Ростовской области». Историческая и социально-образовательная мысль. 2010. №2 (4) С.13-19

Клиницкий А.И.
аспирант кафедры Отечественной истории
Кемеровского государственного университета
Artemkliniskiy@yandex.ru

БЛАГОТВОРИТЕЛЬНОСТЬ В СФЕРЕ НАРОДНОГО ОБРАЗОВАНИЯ XIX – НАЧАЛА XX ВЕКОВ КАК ЧАСТЬ СИБИРСКОГО БЫТА

Благотворительная деятельность в России как сейчас, так и столетие назад, имела весьма широкое распространение. Множество ее форм простиралось на широкий спектр социальных слоев и институтов: призрение и помощь нищим, больным, старикам, сиротам, детям раненых и убитых на войне солдат и многое другое. Безусловным «двигателем» этой системы в России на протяжении долгого времени была и остается деятельность Русской Православной Церкви и различных религиозных общин. Соответственно, различные формы призрения «убогим» получают распространение с принятием христианства.

Совсем иначе обстоит дело с учебной благотворительностью, поскольку она непосредственно связана со светским образом жизни и светским образованием как самостоятельной ценностью. Помощь учащимся и самим образовательным учреждениям разных типов в решении практических материальных задач, как справедливо отмечает А.Р.Соколов, представляется возможным если «оторваться от древних традиций милостыни ради спасения собственной души, превратившись в социальную деятельность во имя будущего» [10,13].

При масштабных событиях в крае, таких как открытие университета, пожертвования могли быть весьма существенные. Как было при открытии первого российского университета за Уралом – в городе Томске. Один только иркутский золотопромышленник А.М.Сибиряков щедро пожертвовал на это дело не менее 100 000 рублей [8,123]. Данная практика имела широкое распространение и, разумеется, была заметна на общем фоне повседневной общественной жизни.

Гораздо скромнее были пожертвования типовым начальным и средним школам, не имевших «особенных» заслуг, т.е., преимущественно школы в губернских городах. Мы проанализировали основные формы благотворительности в начальной и средней школах Западно-Сибирского учебного округа рубежа XIX и XX веков. Это позволило нам выделить пять основных, наиболее распространенных форм меценатства в сфере народного образования:

1) единовременные разовые пожертвования «по случаю»;

2) дарение капиталов, на процент с которых осуществлялась воля дарителя;

3) учреждение именных стипендий и (или) собственных школ;

4) работа института попечительства;

5) организованные формы общественной благотворительности (деятельность различного рода «Обществ вспомоществования учащимся» итп.)

Помимо этого, можно выделить такие формы «обратной благотворительности как деятельность различных «Обществ взаимного вспомоществования учащих и учивших». Помощь педагогам выражалась в оказании медицинской помощи, материальной поддержке при трудных жизненных ситуациях, отдых учителей. Так, «Обществом взаимного вспомоществования учащим и учившим в учебных заведениях Тобольской губернии» был организован санаторий в одном из сел Тарского уезда для летнего отдыха учителей начальных школ [4,19-22].

Характеризуя разную степень участия общества в благотворительной деятельности, необходимо отметить, что основными дарителями выступало купеческое сословие [5]. Помимо очевидных материальных, финансовых причин, крупный исследователь сибирского купечества В.П.Бойко кратко характеризует четыре побуждающих к благотворительности фактора: первое - это народная религиозная традиция, глубокая религиозность купцов, возможность заслужить прощение своих грехов за благие дела [2,241].

Вторая причина – это, безусловно, тщеславие купцов. За наиболее крупные пожертвования правительство награждало орденами, жаловало чинами и званиями, крупные жертвователи имели возможность занимать почетные должности в городском самоуправлении [2,240]; Например, знаменитый купец И.Д.Асташев, в период с 1861 по 1867 гг. выделивший в общей сложности 3641 рубля на ремонт томской мужской гимназии, оборудование для кабинетов учебного заведения и библиотеки, а также вносивший плату за бедных учеников, организовавший покупку сахара и одежды для воспитанников, содержащий на свои средства пансион при гимназии, а с 1868 г. взявший на себя все расходы по преподаванию нового предмета – гимнастики, был удостоен ряда наград и чинов. В 1848 г. он получил орден Анны 2-ой степени, в 1859 г. – орден Владимира 4-ой степени, в 1862 г. – орден Владимира 3-ей степени, в 1868 г. - звезду ордена Станислава; в 1864 г. его пожаловали в статские советники, в 1865 г. – в камергеры, в 1867 – в действительные статские советники [6,44]. Этот же меценат знаменит постройкой собора в Томске, детского приюта в Иркутске и освободивший 80 душ крестьян за несколько лет до манифеста 19 февраля 1861.

Третий мотив - личные качества купцов. Часто несколько купцов при примерно равных капиталах и доходах с них сильно отличались друг от друга в размерах благотворительности.

Четвертая причина заключается в нажиме на купцов со стороны администрации.

Например, летом 1883 г. при закладке здания для общежития студентов Сибирского университета был устроен торжественный завтрак, на котором директор Томской классической гимназии произнес речь о пользе образования. Закончил он ее призывом помочь строительству нового здания гимназии. Его поддержал только что прибывший в Томск губернатор И.И.Красовский и предложил тост за попечителя гимназии Е.И.Королева [1,219-220].

Однако же при всей значимости вклада купечества в развитие образования как в сибирского регионе, так и вообще в империи, не стоит забывать, что и иные сословия часто не стояли в стороне. Отзывались на просьбы о помощи «чем могли». Свое воплощение данный вид филантропии нашел в форме общественных организаций, ставящих целью аккумулировать усилия всего населения для ликвидации безграмотности. Первая подобная организация в Западной Сибири была открыта в Тобольске в 1865 г. «Общество вспомоществования бедным студентам Тобольской губернии». Согласно уставу, цель Общества декларировалась следующим образом: «доставлять бедным молодым людям, кончившим курс в средних учебных заведениях Тобольской губернии, средства продолжать образование в одном из русских университетов или других учебных заведений» [11]. Активными членами этого общества были М.Н.Костюрина, С. В. Бобов, А. А. Терновский и др. За первые двадцать семь лет своей деятельности (1870-1897) общество выдало образовательные ссуды 150 студентам на общую сумму 65949 рублей [9,26].

В дальнейшем данная форма филантропии широко распространились по региону как некий аналог земскому образованию, не имевшему распространения в Сибири.

В целом, медленный, но все же постоянный рост уровня образования в регионе является заслугой не только государства, но и широкой гражданской инициативы. Характеризуя множество форм и направлений благотворительности в сфере образования, следует отметить, что каждая из них имеет свои специфические черты, однако общая их цель одна - забота о тех, кто лишен материальной возможности к получению или продолжению своего образования. Бедность, разумеется, не единственный и не самый важный критерий для получения общественной поддержки. Помимо сословных, конфессиональных и прочих требований к стипендиатам и нуждающимся, главное все же было – трудолюбие и успешность в учебе. Именно в этом выражается понимание справедливого благотворительного вознаграждения в дореволюционной и современной России в сфере образования: помощь, в первую очередь тем, кто сам трудится, что вполне справедливо.

Советское общество практически свело на нет практику благотворительных пожертвований и влияния гражданского общества на школу и процесс воспитания. В наши дни, в связи с внедрением новых федеральных образовательных стандартов, эта практика возвращается.

Литература

1. Бойко В.П. Купечество Западной Сибири в конце XVIII – XIX вв. Очерки социальной, отраслевой и ментальной истории. Томск: Изд-во ТГАСУ, 2009. 307 с.

2. Бойко В.П. Томское купечество в конце XVIII - XIX вв.. Из истории формирования сиб. буржуазии. Томск: Водолей, 1996. 309 с.

3. Войтеховская М.П. Общества содействия распространению образования в Западно-Сибирском учебном округе // Научные ведомости Белгородского государственного университета. Серия: История. Политология. Экономика. Информатика. 2011. Вып. 7 (102).

4. ГАТО Ф. 126. Оп. 2. Д. 1776.

5. Клиницкий А.И. Роль частных пожертвований и взносов в развитие среднего образования Западной Сибири конца XIX – начала XX вв. // European social science journal, 2014. Вып. 1 (40). т. 1.

6. Краткая энциклопедия по истории купечества и коммерции в Сибири. Новосибирск, 1994. Т. 1.

7. Попов Д. И. Культурно-просветительские общества в Сибири в конце XIX – начале XX в. Омск: Изд-во ОмГУ, 2006. 512 с.

8. Разумов О.Н. Александр Михайлович Сибиряков – предприниматель, меценат, исследователь (к 150-летию со дня рождения) // Вестник ТГУ. 1999. № 268.

9. Скачкова Г. К. Общества вспомоществования учащимся в Тобольской губернии // Общество, школа, педагог: материалы VI Тюменской областной научно-практической конференции, посвященной 300-летию Указа Петра I об открытии в Тобольске первой сибирской школы. Тобольск, 1997.

10. Соколов А.Р. Благотворительность в народном образовании. СПб: Лики России, 2005. 256 с.

11. Устав общества вспомоществования бедным студентам из Тобольской губернии. Тобольск: Тип.

Тобольского губ. правления, 1881.

Журбенко В.А.

ГБОУ ВПО Курский государственный медицинский университет МЗ РФ, кафедра терапевтической стоматологии

ОЗОНОТЕРАПИЯ КАК ОДНО ИЗ СОВРЕМЕННЫХ НАПРАВЛЕНИЙ В ЛЕЧЕНИИ ВОСПАЛИТЕЛЬНЫХ ЗАБОЛЕВАНИЙ ПАРОДОНТА

Среди актуальных задач стоматологии заболевания пародонта занимают одно из ведущих мест. Диагностика и лечение воспалительных заболеваний тканей пародонта является не только серьезной стоматологической, но и общемедицинской проблемой. Без адекватного лечения они являются очагами хронической инфекции, приводят к значительному снижению функциональных возможностей зубочелюстной системы и ухудшению качества жизни [3].

Данная группа заболеваний требует комплексного подхода, трудоемкого лечения и длительного периода реабилитации.

Выделяют основные принципы лечения заболеваний пародонта:

1. Последовательность – лечение воспалительных заболеваний пародонта строится как поэтапная терапия, что предусматривает обоснованный выбор лечебных методов и средств воздействия на каждом этапе лечения.

2. Индивидуальность – необходимо проводить детальный анализ формы и тяжести поражения пародонта, особенности его клинического течения у конкретного пациента, а также наличия и характера сопутствующей патологии, состояния реактивности тканей полости рта и организма в целом.

3. Систематичность – с целью профилактики обострения воспалительных заболеваний пародонта необходимо проведение повторного лечения, то есть поддерживающей терапии. Интервалы между курсами лечения определяются индивидуально и зависят от тяжести и клинической картины заболевания у конкретного пациента.

4. Взвешенность и сбалансированность – выбор средств и методов лечения должен быть обоснованным и взвешенным, учитывать форму и степень тяжести процесса, индивидуальные особенности пациента, величину возможного эффекта и его стоимость.

Таким образом, лечение болезней пародонта должно быть комплексным. Индивидуальность комплексов для каждого больного обусловлена различием этиологических факторов, характером и степенью выраженности воспалительных, деструктивных и дистрофических изменений в тканях, а также данными клинико-лабораторных исследований. Чаще всего осуществляется комплексная терапия, направленная и на причину (этиотропная терапия), и на патогенез (патогенетическая терапия) и, при необходимости, – на ликвидацию отдельных проявлений заболевания (симптоматическая терапия); т.е. это – применение средств, методов и приемов разного целевого назначения в определенной последовательности и сочетаниях. Выявление необходимости и возможности применения причинного, патогенетического или симптоматического лечения основывается на точном диагнозе болезни и анализе проявлений ее у данного больного.

Цель комплексной терапии – усиление эффективности лечения заболевания пародонта. Достигается она решением ряда задач:

1. усиление терапевтического влияния (при недостаточной выраженности действия одного приема, способа, манипуляции, применения лекарственного препарата);

2. повышение вероятности лечебного эффекта (при неполном этиологическом и патогенетическом диагнозе);

3. снижение дозы обладающего нежелательным действием препарата; нейтрализация нежелательного действия основного лекарственного средства;

4. уменьшение негативных последствий агрессивного по своей сути хирургического вмешательства.

При проведении комплексной терапии необходим обоснованный выбор методов и средств воздействия на патологический очаг в пародонте и организм больного в целом, а также соблюдение логической последовательности применения различных методов и средств, а также сочетаний их.

Показания к выбору различных методов лечения, их комбинаций, последовательность применения определяются:

1. клинической формой заболевания (гингивит, пародонтит, пародонтоз и т.д.);

2. степенью (тяжестью) выраженности патологического процесса в пародонте;

3. стадией патологического процесса;

4. наличием сопутствующей соматической патологии (фонового заболевания).

Учитывая высокую распространенность заболеваний пародонта, тяжесть течения, интоксикацию и сенсибилизацию организма, недостаточную эффективность, существующих схем консервативного лечения, следует признать целесообразным и необходимым дальнейший поиск новых подходов, рациональных и наиболее эффективных методов и средств терапии.

Использование озона - один из инновационных и наиболее эффективных методов лечения воспалительных заболеваний пародонта [1].

Эффективность применения медицинского озона показана и обоснована при ряде различных патологических состояний как хирургического, так и терапевтического профиля. Предпосылкой использования озона в пародонтологии являются его физико-химические и биологические свойства, определяющие бактерицидный, антигипоксический, дезинтоксикационный, иммунокоррегирующий эффекты, отсутствие канцерогенных свойств [3].

1. Бактерицидное и противовирусное действие: озон способен нарушить целостность оболочек бактериальных клеток, частично разрушить оболочку вируса, проникнуть внутрь ее. Озон вызывает структурные изменения в клетках грибов candida, гибель золотистого стафилококка, синегнойной и кишечной палочки,

2. Противогипоксический эффект, уменьшение степени тканевой гипоксии: под действием озона облегчается высвобождение кислорода в ткани, (происходит насыщение кислородом, как сыворотки крови, так и эритроцитов).

Повышенное содержание кислорода в крови может иметь терапевтическое влияние и тогда, когда лечение озоном уже закончено.

3. Обезболивающий эффект: озон действует как антагонист боли.

4. Иммуномодулирующиее действие озона: (влияет на фагоцитарную активность лейкоцитов).

5. Дезинтоксикационный эффект.

Литература:

1. Петрухина Н.Б. Использование медицинского озона в комплексном лечении воспалительных заболеваний пародонта // Автореф. дис. к.м.н. Москва. -2004.

2. Конторщикова К.Н. Регуляторные эффекты озона. // Нижегородский медицинский журнал. 2003. - Приложение: «Озонотерапия»,- С. 5-6.

3.Фабрикант Е.Г. Динамика изменения качества жизни при лечении хронического генерализованного пародонтита / Фабрикант Е.Г., Смирнягина В.В., Гуревич К.Г. // Научно – практический журнал Институт Стоматологии. – 2008. - № 4 (41). – С. 78-79.

Жураковский И.П., Битхаева М.В., Ищенко В.И., Майс О.И., Мауль Е.В.

Жураковский И.П. - доктор медицинских наук, Новосибирский государственный медицинский университет

Битхаева М.В. - Новосибирский государственный медицинский университет

Ищенко В.И. - Новосибирский государственный медицинский университет

Майс О.И. – Новосибирский государственный медицинский университет

Мауль Е.В. - Новосибирский государственный медицинский университет

ЭКСПРЕССИЯ МАРКЕРОВ P53, BAX, BCL-2 В РЕГИОНАРНЫХ УЗЛАХ ПЕЧЕНИ ПРИ ВТОРИЧНОЙ СИСТЕМНОЙ ДЕЗОРГАНИЗАЦИИ СОЕДИНИТЕЛЬНОЙ ТКАНИ

Печень является своеобразным «метаболическим мозгом» организма, поэтому не случайно ее функция оказывается нарушенной при различных заболеваниях. Так определенные изменения наблюдаются при патологии сердечно-сосудистой системы [1,1614], системных заболеваниях соединительной ткани [2, 545], дыхательной системы [3, 1620], инфекционных заболеваниях [4, 1493]. Как правило, патологические изменения в печени при данных состояниях не носят специфичного характера и проявляются изменениями, характерными для неспецифического реактивного гепатита. Лимфатическая система, играющая существенную роль в поддержании гомеостаза организма, существенно реагирует на функциональные и, тем более, патологические изменения в печени [5,90; 6,53].

Цель исследования – изучение экспрессии маркеров p53, bax и bcl-2 в лимфатических узлах печени при вторичной системной дезорганизации соединительной ткани.

Эксперимент проведен на 24 половозрелых крысах-самцах Вистар с массой тела 180-220 г. У 18 животных под общим ингаляционным наркозом проведена трепанация большеберцовой кости с последующим тампонированием отверстия хлопчатобумажной нитью, находившейся 30 минут в смыве суточной культуры Золотистого стафилококка (штамм 209). В последующем у крыс развивался остеомиелит большеберцовой кости, а также признаки вторичной системной дезорганизации соединительной ткани [7,142; 8,81]. Животных выводили из эксперимента через 1, 2 и 3 мес с момента воспроизведения модели. В качестве контроля использовали 6 интактных животных. Для выявления маркеров p53, bax и bcl-2 использовали двухэтапный иммуногистохимический метод. Площадь, занимаемую клетками, экспрессирующих изучаемые маркеры и интенсивность окрашивания оценивали с использованием системы анализа изображений на базе микроскопа Micros MC 300A, цифровой камеры CX 13c (фирма Baumer Optronic GmbH, Германия) и программного обеспечения ImageJ 1.42g (Национальный институт здоровья, США). Для каждой группы оценивали по 48 изображений, площадь каждого составляла 21455 мкм².

Для статистической обработки данных использовали программный пакет SPSS v 13.0 for Windows. Сравнение независимых групп проводили с использованием критерия Крускала-Уоллиса с последующим межгрупповым сравнением с помощью критерия Манна-Уитни. Различия между значениями сравниваемых параметров расценивали как статистически значимые при p<0,05.

Через месяц после воспроизведения очага стафилококковой инфекции, относительная площадь клеточных элементов паракортикальной зоны лимфатического узла печени, экспрессирующих проапоптотический белок bax, по сравнению с интактными животными не изменилась. Вместе с тем интенсивность окрашивания статистически значимо возросла. Это свидетельствовало о том, что хотя популяция клеточных элементов паракортикальной зоны, экспрессирующих данный белок, количественно не изменилась, экспрессия данных маркеров в иммунокомпетентных клетках увеличилась на 15%. Увеличение экспрессии белка bax наблюдалось на фоне статистически достоверного уменьшения относительной площади и интенсивности окрашивания клеточных элементов, экспрессирующих bcl-2. Морфометрический анализ относительной площади иммунокомпетентных клеточных элементов, экспрессирующих маркер p53, выявил ее возрастание на 52%.

Через 2 месяца после воспроизведения очага стафилококковой инфекции, на фоне формирования вторичной системной дезорганизации соединительной ткани, относительная площадь клеточных элементов паракортикальной зоны лимфатического узла печени, экспрессирующих белок bax, по сравнению с интактными животными возросла в 1,7 раза, хотя интенсивность окрашивания статистически значимо снизилась. Что характеризовало общее увеличение популяции клеточных элементов, экспрессирующих bax, с более низким содержанием данного белка в цитоплазме клеток. Увеличение популяции клеточных элементов, экспрессирующих проапоптотический белок bax наблюдалось на фоне уменьшения более чем в 3 раза относительной площади клеточных элементов, экспрессирующих bcl-2, что свидетельствовало о резком снижении популяции клеточных элементов, экспрессирующих данный антиапоптотический белок. Анализ относительной площади клеточных элементов, экспрессирующих белок p53, выявил ее увеличение в 3 раза.

В дальнейшем, через 3 месяца после воспроизведения очага стафилококковой инфекции, относительная площадь клеточных элементов паракортикальной зоны лимфатического узла печени, экспрессирующих bax была больше аналогичного показателя контрольной группы на 44% при сохранении статистически значимого более низкого уровня интенсивности специфического окрашивания. Сохранение повышенной экспрессии проапоптотических белков наблюдалось на фоне статистически достоверного уменьшения относительной площади клеточных элементов, экспрессирующих bcl-2. Морфометрический анализ относительной площади иммунокомпетентных клеточных элементов, экспрессирующих маркер p53, выявил ее возрастание в 3,7 раза.

Таким образом, полученные данные, могут свидетельствовать, о том, что продукция белков p53, bax и bcl-2 в паракортикальной зоне лимфатических узлов печени претерпевает существенные изменения при вторичной системной дезорганизации соединительной ткани, развившейся при наличии очага бактериальной инфекции. Учитывая, что члены семейства белков bcl-2 непрерывно взаимодействуют друг с другом и с белком-регулятором пролиферации и апоптоза (p53). Это может служить причиной развития апоптотических изменений в иммунокомпетентных клеточных элементах регионарных лимфатических узлов печени.

Литература

1. Tiukinhoy-Laing S. The liver in cardiovascular disease / Tiukinhoy-Laing S., Blei A.T., Gheorghiade M. // In: Rodés J, Benhaumou JP, Blei AT, Reichen J, Rizzetto M, editors. Textbook of Hepatology. 3rd ed. Oxford: Blackwell Publishing.- 2007.- P. 1609-1615.

2. Ross A. The liver in systemic disease / Ross A., Friedman L.S. // In: Bacon BR, O'Grady JG, Di Bisceglie AM, Lake JR, editors. Comprehensive Clinical Hepatology. 2nd ed. Philadelphia: Mosby Elsevier Ltd.- 2006.- P. 537-547.

3. Blei A.T. The liver in lung diseases / Blei A.T., Sznajder J.I. // In: Rodés J, Benhaumou JP, Blei AT, Reichen J, Rizzetto M, editors. Textbook of Hepatology, 3rd ed. Oxford: Blackwell Publishing.- 2007.- P. 1616-1621.

4. Chazouillères O. Intrahepatic cholestasis / Chazouillères O., Housset C. // In: Rodés J, Benhaumou JP, Blei AT, Reichen J, Rizzetto M, editors. Textbook of Hepatology. 3rd ed, Oxford: Blackwell Publishing.- 2007.- P. 1481-1500.

5. Влияние отдельных и сочетанных воздействий круглосуточного освещения и бенз(а)пирена на лимфатический регион печени и содержание половых гормонов / Мичурина С.В., Бородин Ю.И., Белкин А.Д., Шурлыгина А.В., Вакулин Г.М., Архипов С.А., Жураковский И.П. // Морфология. -2008.- Т. 133, № 2.- С. 89-90.

6. Микроциркуляция в печени и процессы апоптоза при сочетанных воздействиях магнитного поля промышленной частоты и круглосуточного освещения / Мичурина С.В., Бородин Ю.И., Труфакин В.А., Белкин А.Д.,

Архипов С.А., Шурлыгина А.В., Жураковский И.П., Ларионов П.М. // Морфологические ведомости.- 2008.- Т. 1, № 3-4.- С. 52-54.

7. Жураковский И.П., Битхаева М.В., Пустоветова М.Г. Вторичная системная дезорганизация соединительной ткани как одно из проявлений синдрома сочетанных дистрофически-дегенеративных изменений мезенхимальных производных: монография.- LAP LAMBERT Academic Publishing, 2012.- 168 с.

8. Особенности распределения хондроитинсульфатов и коллагена в области триад и центральных вен в зависимости от морфологических изменений в печени при персистенции бактериальной инфекции / И.П. Жураковский, С.А. Архипов, М.Г. Пустоветова, Т.А. Кунц, М.В. Битхаева, И.О. Маринкин // Кубанский научный медицинский вестник.- 2011.- № 4.- С. 79-83.

Перепелкин А.И. - д.м.н, профессор кафедры анатомии человека ГБОУ ВПО "Волгоградский государственный медицинский университет", E-mail: similipol@mail.ru,

Мандриков В.Б. - д.пед.н, профессор, заведующий кафедрой физической культуры и здоровья ГБОУ ВПО "Волгоградский государственный медицинский университет",

Краюшкин А.И. - д.м.н, профессор, заведующий кафедрой анатомии человека ГБОУ ВПО "Волгоградский государственный медицинский университет",

Плешаков И.А. - к. ф.-м. н., доцент кафедры экспериментальной физики ФГБОУ ВПО "Волгоградский государственный технический университет",

Атрощенко Е.С. – студентка 6 курса лечебного факультета ГБОУ ВПО "Волгоградский государственный медицинский университет"

ПЛАНТОГРАФИЧЕСКИЕ ПАРАМЕТРЫ У БОЛЬНЫХ СО СКОЛИОЗОМ

В научной литературе не вполне достаточное внимание уделяется изменениям нижних конечностей и особенно стоп при сколиозе у детей, несмотря на разнообразное и многоплановое изучение других органов и систем. Не изучены подробно до настоящего времени возрастные, половые и соматотипологические изменения структуры и функции стопы человека, как в норме, так и при патологии. У детей со сколиозом среди различных деформаций нижних конечностей наиболее часто встречается плоскостопие, характеризующееся многокомпонентными изменениями. Преобладание изменений в структуре патологии стоп говорит о необходимости совершенствования методов диагностики этого состояния [1, 25; 3, 3-5].

Существуют различные методы исследования морфофункциональных параметров стопы, однако, по нашему мнению, наиболее оптимальным и отражающие современные технические достижения является оптическая плантография. Нами предложен метод компьютерного плантографического исследования с использованием программно-аппаратного комплекса (ООО «Ортопед», Волгоград). Ключевыми составляющими комплекса являются укрепленный сканер, способный выдерживать массу тела человека, и программа для получения снимков стопы, анализа и выдачи диагностического заключения [2, 15; 4, 382].

С использованием указанного комплекса проведено морфофункциональное исследование стоп у 136 детей, обучающихся в школе-интернат для детей со сколиозом. В ходе исследовании было выявлено, что у детей с 1 по 9 классы отмечается постепенное увеличение длины стопы. Увеличение высоты стопы у школьников со сколиозом отмечается с 1 по 2 класс, затем до 8 класса высота стопы остается без динамики и только у девятиклассников происходит дальнейшее увеличение высоты стопы.

Динамика роста переднего отдела левой стопы у школьников с 1 по 9 классы несколько опережает темпы роста этого же отдела стопы противоположной конечности. Отмечаются одинаковые темпы роста среднего и заднего отделов стопы.

С процессом возраста у детей со сколиозом отмечается увеличение отклонения как 1 пальца кнаружи, так и приведение 5 пальца. Наибольшее отклонение 1 пальца отмечено слева у школьников 3 класса, а 5 пальца справа – у школьников 9 класса.

С возрастом количество больных с деформацией передне-медиального отдела стопы резко увеличивается, если во втором классе выявлен 1 человек с плоскостопием 1 степени, то в 9 классе уже 12 человек, из них 3 со второй степенью.

Увеличивается в процессе роста и количество детей с деформацией передне-латерального отдела стопы. Так если в 1 классе отклонение 5 пальца стопы выше нормальной величины отмечалось у 10 человек, то в 9 – уже у 34 детей, причем у большинства была 2 степень деформации.

У детей со сколиозом в процессе их роста отмечается уменьшение коэффициента К, указывающего на состояние продольного свода стопы в среднем его отделе. Так, если у первоклассников этот показатель равен 1,1 для обеих стоп, то у школьников 9 классов – 1,04 слева и 1,06 справа. Изменение этого показателя указывает на увеличение продольного свода стопы у детей со сколиозом.

Если количество детей с поперечной формой плоскостопия, как было указано выше, увеличивается, то количество детей с продольной формой плоскостопия с возрастом уменьшается. Если в 1 классе изменения в среднем отделе стопы отмечались у 32 человек, то в 9 классе – у 18.

В процессе возраста отмечается уменьшение угла НС'К, что свидетельствует о вальгизировании пяточной кости, если у учащихся 1 классов он составляет в среднем $17,8^0$ слева и $16,9^0$ справа, то у школьников 9 классов – $12,15^0$ и $11,13^0$ соответственно.

Темпы увеличения средней величины общей площади подошвенной поверхности стопы у детей со сколиозом с 1 по 3 классы незначительны, однако к 5 классу отмечается некоторый скачок, а еще большее увеличение его отмечается в 8 классе. Общая площадь подошвенной поверхности правой стопы у детей 1-8 классов больше, по сравнению с противоположной конечностью. Средние показатели площади переднего отдела стопы имеют аналогичные тенденции. Среднее значение площади среднего отдела стопы у детей с 1 по 3 класс уменьшается, затем происходит постепенное его увеличение с достижением максимальных показателей у школьников 8 класса. Темпы изменений средней площади заднего отдела стопы не столь выражены. Увеличение этого показателя вплоть до 5 класса не наблюдается. Скачок увеличения площади этого отдела наблюдается лишь у школьников 8 класса.

Выводы:

У детей с 1 по 9 классы отмечается постепенное увеличение длины стопы. Темп увеличения высоты стопы у школьников со сколиозом отмечается с 1 по 2 класс, затем до 8 класса высота стопы остается без динамики и только у учащихся 9 класса происходит дальнейшее ее нарастание. Динамика роста переднего отдела левой стопы у школьников с 1 по 9 классы несколько опережает темпы роста этого же отдела стопы противоположной конечности. С процессом возраста у детей со сколиозом отмечается увеличение отклонения как 1 пальца кнаружи, так и приведение 5 пальца. Наибольшее отклонение 1 пальца отмечено слева у школьников 3 класса, а 5 пальца справа – у школьников 9 класса. У детей со сколиозом в процессе их роста отмечается уменьшение коэффициента К, что свидетельствует об увеличении продольного свода стопы. В процессе возраста у детей со сколиозом отмечается уменьшение угла НС'К, свидетельствующее о вальгизировании пяточной кости.

Литература

1.   Перепелкин, А.И. Динамика линейных параметров стопы девушек при возрастающей нагрузке / А.И. Перепелкин, А.И. Краюшкин // Вестник Волгоградского государственного медицинского университета. - 2013. - № 2. - С. 25-27.

2.   Перепелкин, А.И. Исследование опорной поверхности стопы в юношеском возрасте / А.И. Перепелкин, А.И. Краюшкин, Е.С. Смаглюк, Р.Х. Сулейманов // Вестник новых медицинских технологий. -2011. - Т. 18, № 2. - С. 150-152.

3.   Перепелкин, А.И. Соматотипологические закономерности формирования стопы человека в постнатальном онтогенезе / А.И. Перепелкин: Автореф. дис. … д-ра мед. наук. - Волгоград, 2009. - 53с.

4.   Перепелкин А.И. Исследование упругих свойств стопы человека / А.И. Перепелкин, С.И. Калужский, В.Б. Мандриков, А.И. Краюшкин, Е.С. Атрощенко // Российский журнал биомеханики. – 2014. – Т18, №3. – С. 381-388.

Шкурова Н.А, Починина Н.К.
ассистент кафедры, К.М.Н., доцент, заведующая кафедрой
оториноларингологии и сурдологии-оториноларинглогии
ГБОУ ДПО ПИУВ Минздрава России

МИКРОБНЫЙ ПЕЙЗАЖ ПРИ РИНОСИНУСИТАХ И СРЕДНИХ ОТИТАХ У БОЛЬНЫХ НА ФОНЕ САХАРНОГО ДИАБЕТА 2 ТИПА

Гнойно-воспалительные заболевания среднего уха и околоносовых пазух занимают лидирующее положение в мире по распространенности среди заболеваний ЛОР – органов [1,14] . Одним из факторов, отягощающим течение гнойных средних отитов и гнойных синуситов являются коморбидные заболевания, в частности сахарный диабет 2 типа (СД 2) [2,76].Особенности течения и клинического проявления ЛОР - инфекции у больных сахарным диабетом зависят не только от нарушений иммунной системы, сопутствующей патологии, но также и от свойств микроорганизмов, вызывающих патологический процесс.

Цель:
Исследовать спектр возбудителей, а также антибактериальную чувствительность у больных с острыми и хроническими риносинуситами и средними отитами на фоне сахарного диабета 2 типа.

Материал и методы:
На базе ЛОР - отделения ГКБ СМП им. Захарьина нами были детально проанализированы результаты исследования 68 пациентов с риносинуситами и средними отитами, протекающими на фоне СД 2, в возрасте от 35 лет до 82 лет. Средний возраст больных составил 59,6 ±1,4 лет. Из них женщин – 48, мужчин – 20. Контрольную группу составили 34 пациента с риносинуситами и средними отитами без сопутствующего сахарного диабета. С целью оценки микробного состава в очагах воспаления мы выполнили микробиологическое исследование. Забор материала осуществляли стерильными тампонами с соблюдением правил асептики. В качестве материала мы использовали отделяемое из наружного слухового прохода и отделяемое из полости носа. Забор материала производили в день поступления пациента в стационар до начала антибактериальной терапии.

Результаты: Выделенные при бактериологическом исследовании возбудители гнойной инфекции характеризовались достаточным полиморфизмом..

Основные возбудители острого и хронического синусита представлена в таблице №1.

Микроорганизмы	Основная группа		Группа сравнения	
	острые	хронические	острые	хронические
Staphylococcus aureus	17,6%	30,7%	29,4%	25%
Staphylococcus epidermidis	41,1%	15,3%	29,4%	50%
Staphylococcus warneri	11,7%	-	-	-
Streptococcus pneumoniae	5,8%	23,0%	5,8%	12,5%
Streptococcus pyogenes	-	-	-	-
Streptooccus aerogenes	-	-		-
Pseudomonas aeruginosa	-	7,6%		-
Enterobacter faecalis	-	-	11,7%	-
Enterobacter aerogenes	-	7,6%	-	-
Actinobacter samarii	5,8%		5,8%	-
Corynebacterium xerosis	5,8%	-	5,8%	-
Klebsiella pneumoniae	-	-	11,7%	-
Citrobacter amalonaticus		-	-	12,5%
Candida aibicans	5,8%			-
Роста нет	23,5%	15,3%	11,7%	12,5%

Основными возбудители острого и хронического среднего отита представлены в таблице № 2.

При изучении микробного состава выявлено наличие микробных ассоциаций в 2 случаях при остром гнойном риносинусите в основной группе. Компоненты микробных ассоциаций были представлены Candida aibicans + Corynebacterium xerosis; Staphylococcus epidermidis + Streptococcus pneumoniae. В 2-х случаях при остром гнойном среднем отите комбинация Pseudomonas aeruginosa+ Staphylococcus warneri; Streptococcus pyogenes + Staphylococcus aureus. В группе сравнения в случаях при остром гнойном риносинусите комбинация Staphylococcus aureus+ Staphylococcus epidermidis; Staphylococcus epidermidis+ Corynebacterium xerosis+ Actinobacter samarii.

При оценке антибиотикочувствительности, выделенная основная микрофлора оказалась чувствительна к действию макролидов, цефалоспоринов 3 поколения, фторхинолонов 3-4 поколения. Наибольшая резистентность бактерий наблюдалась к амоксициллину, бензилпеницилину, тетрациклину, линкомицину

Микроорганизмы	Основная группа		Группа сравнения	
	острые	хронические	острые	хронические
Staphylococcus aureus	23,8%	22,2%	40%	-
Staphylococcus epidermidis	28,5%	9,5%	40%	16,6%
Staphylococcus warneri	14,2%	5,5%	-	33,3%
Streptococcus pneumoniae	-	-	-	-
Streptococcus pyogenes	4,7%	-	-	-
Streptooccus aerogenes	-	-	-	-
Aenterococcus faecalis	4,7%	-	-	-
Pseudomonas aeruginosa	9,5%	22,2%	-	16,6%
Enterobacter faecalis	-	-	-	-
Enterobacter aerogenes	-	-	-	-
Actinobacter samarii	-	-	-	-
Corynebacterium xerosis	-	-	-	16,6%
Klebsiella pneumoniae	-	-	-	-
Citrobacter amalonaticus	-	-	-	-
Actinobacter bannanii	4,7%	-	-	-
Грибы		-	-	-
Роста нет	19,0%	33,3%	20%	50%

Выводы:

1. По результатам микробиологического исследования мы установили, что наиболее часто у пациентов страдающих риносинуситами и средними отитами на фоне СД 2 встречались следующие представители микрофлоры – *S. aureus* , Staphylococcus epidermidis , Staphylococcus warneri , грибковая микрофлора.

2. У больных с острыми и хроническими средними отитами, необходимо отметить высокую частоту встречаемости синегнойной палочки.

3. Наиболее оптимальными препаратами для лечения риносинуситов и средних отитов на фоне СД 2 являются современные макролиды, фторхинолоны III – IV поколений и цефалоспорины III поколения.

4. Большой процент в исследуемом материале отсутствия микрофлоры в основной группе может косвенно указывать на частое применение у этих пациентов антибактериальной терапии при гнойных процессов, разной локализации.

Литература

1. Пальчун В.Т., Крюков А.И.// Оториноларингология «Клинические рекомендации», 2013, С 14-15
2. Гуров А.В., Бирюкова Е.В., Юшкина М.А// Современные проблемы диагностики и лечения гнойно-воспалительных заболеваний ЛОР-органов у больных сахарным диабетом//Вестник оториноларингологии,2,2011, С 76-79.

Избасаров Б.У.
Западно-Казахстанский Государственный Медицинский
Университет им. М. Оспанова
b-izbassarov@mail.ru

ГОСУДАРСТВЕННО-ЧАСТНОЕ ПАРТНЕРСТВО В СФЕРЕ ЗДРАВООХРАНЕНИЯ РЕСПУБЛИКИ КАЗАХСТАН

Проблема государственного финансирования строительства, реконструкции и обслуживания инфраструктурных проектов в сфере здравоохранения стоит сегодня в Казахстане довольно остро.

В настоящее время во всем мире наблюдается тенденция роста затрат на здравоохранение, так как происходит рост численности населения, появляются новые медицинские инновационные технологии, новые дорогостоящие эффективные препараты. Подобные тенденции отмечаются и в Казахстане.

Система здравоохранения в современном государстве связана с большими расходами для общества. Во многих странах система здравоохранения, так или иначе, регулируется и поддерживается государством, но бюджетных денег часто бывает недостаточно для модернизации системы. Содержание за счет бюджетных средств всей системы здравоохранения не под силу даже самому богатому государству. Для решения подобных проблем правительства многих зарубежных стран, таких как Великобритания, США, Германия, Франция, Австралия, Австрия, Испания и др. вступили в партнерство с бизнесом.

Исследование сотрудничества государства и частного сектора в разных странах мира показало, что их взаимовыгодное сотрудничество является важнейшим фактором успешного социально - экономического роста государства. Во многом это связано с созданием новых принципов развития социально-экономических отношений, с совершенствованием взаимодействия между государственными институтами и частным бизнес сообществом.

Мировая практика, показывает, что одним из альтернативных инструментов обеспечения необходимой финансовой базы для создания, модернизации, содержания и эксплуатации объектов, в условиях ограниченности государственных ресурсов, является механизм государственно частного партнерства. [1,3]

В законодательстве Республики Казахстан государственно-частному партнерству дается официальная трактовка, в частности в Законе РК "О Концессиях" указано что, государственно-частное партнерство - это форма сотрудничества между государством и субъектами частного предпринимательства, направленная на финансирование, создание, реконструкцию и (или) эксплуатацию объектов социальной инфраструктуры и жизнеобеспечения. [2,4]

Одним из приоритетных направлений Государственной программы развития здравоохранения Республики Казахстан «Саламатты Қазақстан» на 2011 – 2015 годы является обеспечение высокого качества и доступности медицинской помощи, а также формирование эффективной системы здравоохранения, в том числе путем привлечения частных компаний к управлению государственными медицинскими объектами на основе принципов государственно-частного партнерства. [3,37]

Политика, проводимая государством в области здравоохранения, за годы независимости стала следствием экономических и политических изменений в стране. В рамках реализации Единой национальной системы здравоохранения некоторые аспекты государственно-частного партнерства успешно внедряются в сферу здравоохранения. Так по данным Министерства здравоохранения частный сектор принимает участие в реализации государственного заказа в рамках гарантированного объёма бесплатной медицинской помощи. Если в 2009 году в стране не было ни одной подобной частной организации, то в 2013 году количество частных поставщиков составило 17%. Эффективный механизм реализации социально значимых проектов по ГЧП наглядно виден на примере программного гемодиализа. Так частные поставщики гемодиализа составляют 34% и оказывают 40% услуг. Потребность населения в услугах гемодиализа в 2012 году покрыта на 90% в сравнении с 2010 годом, когда данный показатель составлял 50%. Дополнительно с частными поставщиками заключаются контракты на эксплуатационные услуги, поставку лекарственных средств, медицинского оборудования, сервисное обслуживание медицинского оборудования, сопровождение информационных систем и поставку ИТ-оборудования.

При использовании механизма государственно-частного партнерства появляется возможность повышения эффективности взаимовыгодного сотрудничества государства и частного сектора, повышения качества предоставляемых услуг, ускоренной модернизации инфраструктуры, необходимой для диверсификации экономики.

Таким образом, обе стороны заинтересованы в развитии партнерских отношений при реализации социально-значимых проектов, поскольку, с одной стороны, снижается нагрузка на государственный бюджет, сохраняется значимое государственное присутствие и контроль над деятельностью государственных медицинских организаций, а, с другой стороны, инвестор получает возможность финансирования и реализации финансово-привлекательных проектов.

На сегодняшний день сфера здравоохранения в Казахстане нуждается в дальнейшем совершенствовании с необходимостью внедрения новых стратегий, основанных на четком видении перспективных целей. В связи с этим, государственно-частное партнерство в области здравоохранения, может принести неоспоримые выгоды обществу, бизнесу и государству, которое открывает возможности для привлечения частных инвестиций в государственные сферы, являющиеся непосильными для государственного бюджета. Наряду с этим, граждане Республики Казахстан получат доступ к медицинским услугам в современных и высокотехнологично-оснащенных медицинских учреждениях, что позволит увеличить доступность и улучшить качество оказания медицинской помощи.

Литература

1. Постановление Правительства Республики Казахстан от 29 июня 2011 года № 731 «Об утверждении Программы по развитию государственно-частного партнерства в Республике Казахстан на 2011 - 2015 годы и внесении дополнения в постановление Правительства Республики Казахстан от 14 апреля 2010 года № 302»;
2. Закон Республики Казахстан от 7 июля 2006 года № 167-III «О концессиях»;
3. Указ Президента Республики Казахстан от 29 ноября 2010 года № 1113 «Об утверждении Государственной программы развития здравоохранения Республики Казахстан «Саламатты Қазақстан» на 2011-2015 годы»

Волкова Е. В., Уткин Ю.А., Адмаева С.В., Амплеев А.К.

Волкова Е.В. - к.м.н., доцент кафедры психиатрии-наркологии, психотерапии и сексологии ГБОУ ДПО ПИУВ Минздрава России, г. Пенза
Уткин Ю.А. - главный врач ГБУЗ Пензенская областная наркологическая больница, г. Пенза
Адмаева С.В. - зам. главного врача ГБУЗ Пензенская областная наркологическая больница, г. Пенза
Амплеев А.К. - ординатор кафедры психиатрии-наркологии, психотерапии и сексологии ГБОУ ДПО ПИУВ Минздрава России, г. Пенза

ОСОБЕННОСТИ ТАБАКОКУРЕНИЯ У ВРАЧЕЙ ПСИХИАТРОВ-НАРКОЛОГОВ Г. ПЕНЗЫ

Распространение табакокурения имеет форму эпидемии и является глобальной проблемой для человечества, так как воздействие табачного дыма – это одна из причин смерти, болезней и инвалидности большого числа людей.

Российская Федерация относится к странам с очень высокой распространенностью потребления табачных изделий. По абсолютному числу курильщиков Россия занимает четвертое место в мире. Среди взрослого населения Российской Федерации 39,1 % (43,9 миллиона) являются активными курильщиками табака [1,113] . Среди мужчин распространенность табакокурения составила 60,2 % (30,6 миллиона), среди женщин - 21,7 % (13,3 миллиона). Необходимо отметить высокую распространенность курения среди врачей России в возрастной группе 25-64 лет: 51,3 % у мужчин и 27,3 % у женщин [2,130; 3,67]. В то же время в большинстве развитых стран уровень табакокурения среди врачей в несколько раз ниже, чем среди общего населения. К примеру, в США курит 3% врачей, а среди общего населения 21%.

Сравнение показателей распространенности аддиктивного поведения среди врачей, имеющих различную специализацию, показало, что табакокурение чаще встречалось у психиатров и наркологов, чем у врачей других специальностей терапевтического профиля [4,57].

Работа врачей связана с обязательной пропагандой здорового образа жизни населению, и от настроенности и приверженности врачей к контролю собственных факторов риска зависит формирование мотивации врачей к коррекции факторов риска у своих пациентов.

Цель: изучить особенности распространенности и клиники табакокурения среди врачей психиатров - наркологов г. Пензы.

Материалы и методы: для изучения распространенности табакокурения, выявлению клинических особенностей табачной зависимости были исследованы врачи психиатры-наркологи Пензенской областной наркологической больницы (21 врач), (средний возраст 40,67 года). Они составили основную 1-ю группу. В группу сравнения вошли 154 врача терапевтического факультета, проходившие обучение в ГБОУ ДПО ПИУВ Минздрава России на циклах тематического усовершенствования и профессиональной переподготовки (средний возраст 40,92 года). Все врачи были включены в исследование методом сплошной выборки. Для обеспечения стандартизации исследования использовалась анкета анонимного характера, разработанная на кафедре психиатрии-наркологии, психотерапии и сексологии ГБОУ ДПО ПИУВ Минздрава России. Для статистического анализа полученных результатов были использованы компьютерные программы Microsoft Excel (Версия 7.1), Statistica 6.0.

Результаты исследования: в 1-й группе табачная зависимость была диагностирована у 5 врачей (23,81 %) (F 17.2) по МКБ-10, во 2-й группе у 18 врачей (11,69 %). Наибольшая наследственная отягощенность была выявлена по табакокурению:15 врачей* (71,43%) 1-ой группы и 52 врача (33,77%) 2-ой группы, (p < 0,01). Наследственная отягощенность по алкоголизму была у 2 врачей (9,52%) 1-й группы 12 врачей (7,79%) 2-ой группы, по неврозам в каждой группе по одному врачу(4,76% и 0,65%), по психопатиям у 1 врача (4,76%) 1-ой группы и 2 врачей (1,29%) 2-ой группы, по суицидам только во 2-й группе (2 врача-1,29%). Социально-психологические характеристики (стаж работы, отношения на работе, семейное положение, отношение в браке, увлечения) врачей наркологов-психиатров и врачей терапевтического факультета статистически значимых различий не имеют, кроме преобладания ровного настроения у врачей наркологов-психиатров (19* врачей – 90,48% 1-ой группы и 93 врача – 60,39% 2-ой группы, p < 0,01). Мотивацией курения врачей 1-й группы чаще всего являлись другие мотивы, которые не были расшифрованы при заполнении анкеты, (3 врача – 14,29 %); стресс (2 врача – 9,52 %).Во 2-й группе преобладали коммуникативные мотивации (7 врачей - 4,55 %), другие мотивы (6 врачей – 3,89 %); сниженное настроение (5 врачей - 3,25 %), стресс (5 врачей –3,25 %). Систематически стали курить психиатры-наркологи с 18 лет, врачи терапевтического профиля с 20, 88 года. Во 1-й группе зависимость от табака выше, так 4 врача* (19,05 %) выкуривали от 15 до 30 сигарет ежедневно по сравнению со 2-й группой (4 врача - 2,59%), (p < 0,01). Тягу к курению позже осознали врачи 1-й группы в среднем в 26,25 года, во 2-й группе в 23,63 года. Психический компонент патологического влечения к табаку (неусидчивость, раздражительность, слабость, тревога, беспокойство) преобладал у врачей 1-й группы (4 врача* - 19,05%) по сравнению со 2-й группой (6 врачей - 3,89%), (p < 0,01). Идеаторный компонент влечения к табаку, в виде мыслей, воспоминаний, представлений о курении был выявлен в 1-й группе (1 врач- 4,76 %) и 2-й группе (9 врачей - 5,84 %). Первую утреннюю сигарету сразу выкуривали после пробуждения натощак 4* врача (19,05 %) 1-й группы и 4 врача (2,59 %) 2-й группы, (p < 0,01). Это говорит о более выраженной зависимости к табаку у врачей 1-й группы. В табачном абстинентном синдроме преобладали аффективные нарушения (раздражительность, тревога) у 4* врачей (19,05 %) 1-й группы и 7 врачей (4,55 %) 2-й группы, (p < 0,01). Преобладающим при формировании спонтанных и терапевтических ремиссий у врачей с табачной зависимостью было колебание настроения в течение суток у 3 врачей (14,29 %) 1-й группы и 6 врачей (3,89 %) 2-й группы. Основной причиной отказа от табака в 1-ой группе стали психологические проблемы в виде отрицательного отношения к курению в семье, на работе - (4* врача-19,05%), во 2-ой группе - (6 врачей-3,89%), (p < 0,01). Проблемы со здоровьем послужили причиной отказа от табака у 9 врачей (5,84%) 2-ой группы и 1 врача (4,76%) 1-ой группы.

Выводы: Социально-психологические характеристики врачей психиатров - наркологов и врачей терапевтического факультета не имеют статистически достоверных различий, кроме преобладания ровного фона настроения у врачей психиатров - наркологов(p <0,01). Наследственная отягощенность по табакокурению, степень выраженности зависимости к табаку, толерантность больше у врачей психиатров - наркологов (p < 0,01). В патологическом влечении к табаку, табачном абстинентном синдроме преобладает аффективный компонент, (p <0,01).

Потребление табака является одним из регулируемых факторов риска для здоровья человека. Общепризнано, что искоренение курения - одна из наиболее эффективных мер оздоровления населения. Полученные данные по особенностям табакокурения у врачей можно использовать при разработке лечебных и профилактических программ, так как курение медицинскими работниками приносит вред не только собственному здоровью, но и ведет к отрицательным последствиям для их больных и населения.

Список литературы
1. Мировая статистика здравоохранения 2013// сборник ВОЗ. - Женева, Швейцария. - 2014 г. - 168 с.
2. Кислов А.И., Волкова Е.В. «Особенности распространенности и клиники табакокурения среди врачей терапевтического и хирургического профилей»// статья, г. Пенза, рецен. журнал Известия высших учебных заведений. Поволжский регион. Медицинские наук, 2012 г., № 1 (21), С. 130-137.
3. Александров А.А., Шальнова С.А., Деев А.Д. и др. Распространенность курения у врачей Москвы // Журн. Вопросы наркологии. - М., 2001. - №3. - С.67-71.
4. Говорин Н.В., Бодагова Е.А. Психическое здоровье и качество жизни врачей// Томск, Чита.- 2013г. - 124с.

Зыкова О.А., Баранова И.П., Никольская М.В., Краснова Л.И.

Зыкова Ольга Алексеевна – к.м.н., доцент кафедры инфекционных болезней ГБОУ ДПО «Пензенский институт усовершенствования врачей» Минздрава России; ozpenza@yandex.ru

НЕЖЕЛАТЕЛЬНЫЕ ЯВЛЕНИЯ ПРОТИВОВИРУСНОЙ ТЕРАПИИ ХРОНИЧЕСКОГО ГЕПАТИТА С: ВОЗМОЖНЫЕ ПУТИ КОРРЕКЦИИ

Вирус гепатита С (HCV) является одной из ведущих причин развития хронических заболеваний печени, в частности – хронического гепатита С (ХГС), который может стать прогрессирующим заболеванием имеющим социальные последствия при развитии неблагоприятных исходов. ХГС является наиболее частой причиной развития цирроза печени, печеночной недостаточности, гепатоцеллюлярной карциномы. Летальность, обусловленная последствиями цирротической стадии хронических заболеваний печени, по-прежнему остается высокой, унося ежегодно около миллиона жизней [1,36; 2,47]. При хроническом поражении печени развивается тканевая гипоксия, приводящая к нарушению функции митохондрий, истощению запасов АТФ, образованию свободных радикалов и активации перекисного окисления липидов (ПОЛ). При этом повреждаются клеточные мембраны (цитоплазматическая, митохондриальная) [3,3; 9,213] .

Остановить прогрессирование заболевания, предотвратить развитие цирроза печени и ГЦК позволяет противовирусная терапия, целью которой является улучшение качества и продолжительности жизни пациентов, что может быть достигнуто только при эрадикации вируса, что в клинической практике соответствует устойчивому вирусологическому ответу (УВО). В России при хронической HCV-инфекции показано применение пегилированного интерферона - α (Пег-ИФН-α) и рибавирина у пациентов, инфицированных 2-м и 3-м генотипами вирусами гепатита С и тройная терапия с включением ингибиторов протеаз у пациентов с 1 генотипом. [5, 5;7,17].

Одним из принципом терапии хронического вирусного поражения печени является патогенетическое лечение, включающее применение средств восстановления энергетического потенциала клеток в условиях тканевой гипоксии; средств индуктивной и заместительной иммунокоррекции. Препаратами выбора для коррекции патогенетических нарушений метаболизма клеток печени являются метаболические средства с антигипоксическим и антиоксидантным свойствами. К таким препаратам относится комплексный «гепатопротекторный метаболит» ремаксол. В состав препарата входят янтарная кислота, N-метилглюкамин, рибоксин, метионин и никотинамид. По результатам многоцентрового рандомизированного исследования, применение ремаксола в составе комплексной патогенетической терапии больных вирусными гепатитами, значительно улучшает биохимические показатели, уменьшает выраженность цитолитического и холестатического синдромов, снижает активность процессов ПОЛ, эндотоксикоза, повышает потенциал антиоксидантной защиты [2,49; 4,9].

Вместе с тем, лимитирующим фактором достижения УВО при противовирусной терапии (ПВТ) являются различные нежелательные явления (НЯ), которые значительно выражены при использовании комбинаций Пег-ИНФ и рибавирина [6,50;7,18;8,1064]. Так, по данным исследований, в период с 3 до 6 мес. отказались продолжать лечение от 6 до 20 % пациентов по причине появления побочных эффектов, снижающих качество жизни. Многолетний опыт противовирусной терапии больных ХГС показал значение стратегии активной профилактики, ранней диагностики и фармакотерапии НЯ, которая позволяет повысить безопасность и эффективность противовирусного лечения [3,10].

Цель: изучить клиническую эффективность гепатопротектора ремаксола в коррекции нежелательных явлений противовирусной терапии ХГС. Методы исследования: проведен частотный анализ развития нежелательных явлений противовирусной терапии у 60 пациентов с хроническим гепатитом С в возрасте 21-57 лет (средний возраст пациентов составил 32,11 ± 0,75г.), находившихся на лечении в медицинском центре по диагностике, лечению и профилактике вирусных гепатитов (на базе ГБУЗ ПОКЦСВМП, г. Пенза), ранее не получавших противовирусного лечения (Пег-ИНФ и рибавирин). Диагноз верифицировали с помощью метода ИФА и ПЦР с проведением генотипирования вируса и определением РНК HCV в сыворотке крови качественным и количественным тестом на амплификаторе Icycler с оптическим модулем IQ5 (США). У всех обследованных до начала терапии отсутствовали изменения со стороны системы кроветворения, функции почек, щитовидной железы, отмечали нормальные уровни креатинина и тиреотропного гормона в плазме.

Методом случайных чисел больные были рандомизированы на две группы. В первой, основной группе 30 пациентам, помимо ПВТ, в состав лечения был включен ремаксол. Вторую, контрольную группу составили 30 больных, получающих ПВТ и симптоматическую терапию. Ремаксол вводили по схеме внутривенно капельно в суточной дозе 400 мл в течение 7 дней. Эффективность препарата оценивали по степени выраженности и динамике клинических проявлений нежелательных явлений ПВТ.

Результаты и их обсуждение: у 91,6% пациентов на 2-3 сутки после начала лечения появились лихорадка до 39°С, головная боль, озноб; жалобы на утомляемость, выраженную слабость предъявляли 95% пациентов; 63,3% больных отметили тошноту, иногда рвоту, отсутствие аппетита, тяжесть в эпигастрии. Указанные симптомы были расценены как проявление нежелательных явлений ПВТ (гриппоподобный, астенический и диспепсический синдромы). После курса антигипоксической гепатотропной инфузионной терапии ремаксолом было отмечено, что в 1-й, основной группе больных, проявления гриппоподобного синдрома значительно уменьшились и не требовали назначения жаропонижающих средств у 66,6% и на прежнем уровне отмечались у 23,4% пациентов, тогда как во 2 группе больных прежние жалобы сохранялись у 93,3% (р<0,05). Проявления астенического синдрома в 1 группе сохранялась у 50%, во 2 группе – у 93 % обследованных пациентов (р<0,05). Диспепсический синдром больные 1 группы отмечали в 23,3% случаев, что достоверно меньше (р<0,05), чем во 2 группе пациентов (66,6%).

Выводы:

1. Стандартная противовирусная терапия хронического гепатита С (Пег-ИНФ + рибавирин) сопровождается развитием нежелательных явлений различной степени тяжести более чем у 95% больных.

2. Включение ремаксола в комплексную терапию больных хроническим гепатитом С, приводит к улучшению общего состояния больных, достоверному уменьшению (в 1,5-3,0 раза) частоты и выраженности проявлений гриппоподобного, астеновегетативного и диспепсического синдромов.

Список литературы:

1. Дудина К.Р., Царук К.А., Шатько С.А., Бокова Н.О., Ющук Н.Д. Факторы прогрессирующего течения хронического гепатита С. Лечащий врач №10, 36-39 (2013)

2. В.К. Козлов, В.Г. Радченко, В.В. Стельмах, Метаболические корректоры на основе янтарной кислоты как средства патогенетической терапии при хронических вирусных гепатитах, Реферативный сборник экспериментальных и клинических научных работ, процитированных в PubMed, Л.Г. Горячева (ред), Санкт-Петербург, (2012), сс. 46-51.

3. И.Г. Бакулин, Ю.Г. Сандлер, А.С. Шарабанов, Гепатологический форум, №4, 2-15 (2011).

4. М.Г. Романцов, Т.В. Сологуб, А.А. Шульдяков, М.Н. Бизенкова и др., Подходы к лечению поражений печени в практике клинициста (клинический обзор), Санкт-Петербург, (2011).

5. Т.М. Игнатова, Гепатологический форум, №2, 4-8 (2006).

6. Т.М. Игнатова, Рос. ж. гастроэнтерол., гепатол., колопроктол., 22 (4), 47-57 (2012).

7. Т.Н. Лопаткина, Гепатологический форум, №4, 15-20 (2011).

8. J.G. VcHutchison, M.R. Manns, K. Patel et al., Adherence to combination therapy enhancer sustained response in genotype-1-infected patients with chronic hepatitis C, Gastroenterology, 123(4), 1061-1069 (2002).

9. M.S. Sulkowski, C. Cooper, B. Hunyady et al., Nat. Rev. Gastroenterol. Hepatol., 8(4), 212-223 (2011).

Вязьмин А.Я., Клюшников О.В., Подкорытов Ю.М., Никитин О.Н.

1) Д.м.н., профессор, зав.кафедрой ортопедической стоматологии;
2) к.м.н., ассистент кафедры ортопедической стоматологии;
3) к.м.н., доцент кафедры ортопедической стоматологии;
4) к.м.н., ассистент кафедры ортопедической стоматологии

Иркутского государственного медицинского университета

E: mail - klush.stom@mail.ru

ОЦЕНКА СОСТОЯНИЯ ВИСОЧНО-НИЖНЕЧЕЛЮСТНОГО СУСТАВА ПРИ ФУНКЦИОНАЛЬНЫХ ИЗМЕНЕНИЯХ ЗУБОЧЕЛЮСТНОЙ СИСТЕМЫ

Зубочелюстная система функционирует благодаря тесному взаимодействию ее многочисленных компонентов — зубов и периодонта, челюстных костей и височно-нижнечелюстных суставов, нейромышечного аппарата. Любые изменения структуры элементов системы вызывают изменения их функций, так как морфологическая структура неразрывно связана с функцией зубочелюстной системы в целом.

Заболевания и повреждения височно-нижнечелюстного сустава (ВНЧС) встречаются у 25—65% населения (Баданин В.В.1996). По данным (Thompson J.R. et al. 1985, Weinman A. Et al. 1986), клинические признаки дисфункции височно-нижнечелюстного сустава можно выявить у 14-40 % всего населения. При этом частота дисфункций возрастает по мере увеличения возраста пациента и потери жевательных зубов. Развивающиеся функциональные и морфологические нарушения вследствие частичного отсутствия зубов, снижения высоты нижнего отдела лица также нередко приводят к дезорганизации деятельности жевательной мускулатуры и функциональным нарушениям височно-нижнечелюстного сустава, вследствие чего изменяется нагрузка на сустав. Учитывая тот факт, что наличие полноценных зубных рядов является необходимым условием для поддержания нормального минерального обмена костной ткани нижней челюсти и ее гистоструктуры, а также то, что жевание является важнейшим физиологическим раздражителем, поддерживающим трофику костной ткани, представляется чрезвычайно интересным и актуальным изучить изменения ВНЧС при его дисфункции путем определения оптической плотности его костных анатомических элементов. Выявить влияние синдрома болевой дисфункции ВНЧС на состояние его костных анатомических элементов очень сложно, так как визуальная оценка рентгенограмм очень субъективна и зависит от многих факторов — от способности врача зрительно воспринимать рентгенологическую картину патологического процесса, от клинического опыта специалиста, его знаний и т.п.

Определение оптической плотности костной ткани с использованием метода компьютерной томографии позволяет не только исключить субъективные факторы при изучении томограмм, но и получить количественное выражение имеющихся изменений костной ткани в динамике, что позволяет своевременно провести реабилитационные мероприятия и оценить результаты лечения. Целью нашего исследования было изучение изменений оптической плотности костных элементов ВНЧС при синдроме болевой дисфункции у больных с частичным отсутствием зубов со снижением высоты нижнего отдела лица.

Материал и методы

Обследовали 25 пациентов (17 женщин и 8 мужчин) в возрасте 20—55 лет с дисфункцией ВНЧС при частичном отсутствии зубов со снижением высоты нижнего отдела лица; они составили основную группу. В качестве контрольной группы нами обследованы 16 человек (10 женщин и 6 мужчин) в возрасте 20—40 лет с интактными зубными рядами.

Обследование больных проводили по схеме, включающей сбор анамнеза, осмотр лица и полости рта, мануальная функциональная диагностика, изучение диагностических моделей челюстей в артикуляторе, рентгеновскую компьютерную томографию ВНЧС с последующим определением относительной оптической плотности его костных элементов. КТ-исследование проводили с помощью рентгеновского компьютерного томографа "Somatom AR C" ("Siemens", Германия). Для анализа элементов ВНЧС использовали аксиальные срезы с последующей трехмерной реконструкцией полученного изображения в сагиттальной плоскости. Использовались следующие параметры сканирования: Напряжение – 130 кВ, сила тока – 70 мА, толщина среза – 2 мм, время исследования до 4 мин., время изображения среза 3-5 сек., костный режим реконструкции. Больной лежал на спине, голову фиксировали в краниостате, центрирование осуществляли по средней линии лица в соответствие со световыми индикаторами.

Определение оптической плотности кортикальной и губчатой кости головки нижней челюсти и кортикальной пластинки суставного бугорка проводили путем мануального выделения нужной области. Полученные данные записывали в единицах Хаунсфилда (HU), характеризующих относительную КТ плотность исследуемой ткани.

Результаты исследования

При изучении аксиальных срезов головки нижней челюсти, полученных с использованием КТ ВНЧС выявлено, что оптическая плотность костной ткани у больных с синдромом болевой дисфункции в пределах компактной кости составляет 420 – 460 HU, а губчатых структур кости составляет 330 – 380 HU. У исследуемых из контрольной группы показания оптической плотности были: 570 – 600 HU для компактной кости и 470 – 520 HU для губчатой кости.

Анализ результатов исследования показал, что в группе больных с синдромом болевой дисфункции ВНЧС имеется снижение оптической плотности изучаемых аксиальных КТ-срезов в различных участках головки нижней челюсти по отношению к значениям аналогичных показателей у здоровых пациентов. На сагиттальных срезах ВНЧС у исследуемых из контрольной группы оптическая плотность кортикальной кости суставного бугорка составляет 910 – 970 HU, а кортикальной кости передневерхнего отдела головки нижней челюсти 590-640 HU. У больных с синдромом болевой дисфункции ВНЧС отмечается повышение оптической плотности кортикальной кости суставного бугорка до 1050 – 1300 HU, а кортикальной кости передневерхнего отдела головки нижней челюсти до 700-900 HU.

	Оптическая плотность в единицах Хаунсфилда	
	Контрольная группа	Группа больных с синдромом дисфункции ВНЧС
Кортикальная кость головки нижней челюсти	585±14,85	448±20,54
Губчатая кость головки нижней челюсти	493±23,53	354±27,45
Кортикальная кость суставного бугорка	926±34,46	1136±38,83
Кортикальная кость передневерхнего отдела головки нижней челюсти	617±24,75	769±26,38

Заключение

Таким образом, проведенные нами исследования показали наличие морфологических изменений элементов ВНЧС при синдроме болевой дисфункции. Эти изменения выражаются в уменьшении показателей относительной оптической плотности костной ткани головки нижней челюсти, и происходят в результате снижения функциональной нагрузки.

В области суставного бугорка и кортикальной кости передневерхнего отдела суставной головки у больных с синдромом болевой дисфункции ВНЧС отмечается повышение относительной оптической плотности костной ткани, что говорит о кальцификации волокнистого хряща, покрывающего эти отделы.

Применение компьютерной томографии с последующим определением оптической плотности костных структур ВНЧС дает возможность улучшить диагностику нарушений суставного комплекса.

Клюшникова М.О., Клюшникова О.Н., Большедворская Н.Е.
1) К.м.н., ассистент кафедры терапевтической стоматологии
2) К.м.н., ассистент кафедры стоматологии детского возраста
3) К.м.н., ассистент кафедры терапевтической стоматологии
Иркутский государственный медицинский университет

НЕКОТОРЫЕ АСПЕКТЫ ЭТИОЛОГИИ ХРОНИЧЕСКОГО ГЕНЕРАЛИЗОВАННОГО ПАРОДОНТИТА

Хронический генерализованный пародонтит это одно из самых широко распространённых стоматологических заболеваний, встречающиеся во всех возрастных группах среди населения во всем мире. Углубленное изучение болезней пародонта во многих странах мира значительно обогатило знания по этой теме. Выявлен ряд этиологических факторов заболеваний, выяснены многие аспекты механизмов развития процесса. Если ранее исследователи отдавали приоритет общим факторам в инициации поражений пародонта, то в последнее время ведущим фактором признается патогенное действие микроорганизмов зубного налета [2-5, 7-9].

Слизистая оболочка десны служит местом обитания целого ряда сапрофитных микроорганизмов, находящихся между собой в состоянии динамического равновесия, которое сложилось в процессе длительной эволюции и поддерживается факторами иммунитета, обеспечивающими гомеостаз. В нормальных условиях в сложившейся экосистеме изменяется только количество представителей нескольких или большинства видов, однако видовое представительство остается у конкретного индивидуума практически постоянным в течение практически всей жизни или длительного периода [7].

В течение последних ста лет исследователи пытались понять микробную природу болезней ротовой полости. Их взгляды на зубную бляшку и составляющие ее микроорганизмы менялись от гипотез о специфичности бляшки к предположениям о ее неспецифичности и снова возвращались к теории о наличии специфических пародонтальных патогенов в бляшке[7].

Впервые о ведущей роли микроорганизмов зубного налета в этиологии гингивита сообщил Zonenwert (1958), выделив ферменты агрессивности. В 1963 году Rosbery подтвердил эту точку зрения. Участие микроорганизмов в развитии воспаления тканей пародонта в настоящее время принято как отечественными, так и зарубежными стоматологами [2-5, 7-9]. Убедительным доказательством роли микроорганизмов в развитии пародонтита являются опыты на гнотобиотах, которые показали, что без микроорганизмов нет пародонтита [1].

После клинического и гистологического подтверждения значения и роли дентального налета в возникновении воспаления десны возникли основания считать, что степень повреждения пародонтита зависит непосредственно от количества скопившегося налета. Была высказана мысль о неспецифическом дентальном налете, который является таким же по своему составу, но отличается по количеству. Эта гипотеза основывается на том, что переменчивость признаков заболевания пародонта можно объяснить изменением его количества. Другим фактором считается различная сопротивляемость пародонтальных тканей. Комплекс этих предположений и составляет неспецифическую гипотезу зубного налета [1].

С улучшением перспектив культивирования отдельных микроорганизмов зубного налета появилась возможность наблюдать за взаимосвязью между активностью процесса в пародонтальном кармане и появлением отдельных микроорганизмов. Повторно удалось доказать, что некоторые микроорганизмы встречаются в больших количествах там, где происходит активная деструкция пародонтальных тканей. И, наоборот, на участках здорового пародонта они не встречаются вообще, или лишь в единичных случаях. К этим микроорганизмам относятся, например, *A. actinomycetemcomitans*, *P. gingivalis*, *P. intermedia*, *Tannerella forsythia*, *Eikenella corrodens*, *Fusobacterium nucleatum*, *Peptostreptococcus micros*, *Selenomonas species*, *Wolinella recta*, *Treponema species*. Вышеназванные виды бактерий определены в настоящее время, как патогенны при заболеваниях пародонта. Эти исследования стали основой для возникновения специфической гипотезы зубного налета. Эта гипотеза утверждает, что за деструкцию пародонтальных тканей несут ответственность определенные микроорганизмы [2-5, 7-9]. Однако нет единого мнения о роли в этом процессе отдельных групп пародонтопатогенных микробов. По мнению одних исследователей наиболее выраженным токсическим действием на ткани десны обладают представители бактероидов — *Porphyromonas gingivalis* и *Prevotella intermedia*. По мнению других — грамположительные представители группы актиномицетов *Actinomyces naeslundii*, *A. Israelii* и некоторые анаэробные стрептококки, которые продуцируют специфические экзотоксины (*Streptococcus intermedius*, *Peptosthreptococcus micros*). Отдельными авторами сообщается о существенной роли некоторых видов дрожжеподобных грибов рода *Candida* в развитии так называемого кандида-ассоциированного пародонтита [8].

В последние годы некоторые исследователи стали рассматривать бляшку как биопленку. Биопленка — это хорошо организованное, взаимодействующее сообщество микроорганизмов. Установлено, что свыше 95% существующих в природе бактерий живут в биопленках. Микроорганизмы в биопленке ведут себя не так, как бактерии, выращенные классическим методом в культурной среде.

Основными свойствами биопленки являются взаимодействующая общность разных типов микроорганизмов и агрегация микроорганизмов в микроколонии. Эти микроколонии имеют свои особенные микросреды, отличающиеся уровнями pH, усваиваемостью питательных веществ, концентрацией кислорода. Бактерии внутри биопленки способны «обмениваться информацией» посредством выработки и восприятия определенных химических веществ-раздражителей. Эти раздражители определяют степень выделения микроорганизмами потенциально патогенных белков и ферментов.

Попытки предвидеть и контролировать заболевания пародонта были основаны на свойствах бактерий, выращенных на питательных средах в лабораторных условиях. С пониманием сути биопленки было показано, что существуют большие различия в поведении бактерий в лабораторной культуре и в их естественных экосистемах. К примеру, бактерия в биопленке вырабатывает такие вещества, которые она не продуцирует, будучи в культуре. Кроме того, матрикс, окружающий микроколонии в биопленке, служит защитным барьером. Это помогает понять, почему назначение антимикробных средств как общего действия, так и применяемых местно, не всегда дает положительные результаты, даже тогда, когда оно нацелено на конкретный вид микроорганизмов. Это также помогает объяснить, почему механическое удаление бляшек и личная гигиена ротовой полости продолжают оставаться неотъемлемой составной частью лечения заболеваний пародонта.

Критерии, обычно используемые в случаях,, необходимости отличить патогенные микроорганизмы от непатогенных, в данном случае применять довольно проблематично, так как при заболеваниях пародонта многие потенциально патогенные микроорганизмы постоянно обнаруживаются как в здоровых, так и в пораженных участках.

При оценке этиологической роли того или иного микроорганизма в заболевании пародонта учитывается комплекс его характеристик. Вирулентность патогенных микроорганизмов зависит от способности к адгезии, инвазивности, капсуло- и токсинообразования, наличия механизмов защиты макроорганизма. Так, предполагается, что потенциальный возбудитель заболевания будет присутствовать в больших количествах в пораженных участках, чем в здоровых. Удаление его с пораженных участков приостанавливает активный процесс в пародонте. Повышенная или пониженная клеточная и гуморальная иммунная реакция на данный микроорганизм при наличии адекватной иммунной реакции на другие микроорганизмы может свидетельствовать о его особой патогенной роли в данном случае [7].

Бактерии, внедряющиеся в ткани, поражают клетки, выделяя токсины и продукты метаболизма. Никаких экзотоксинов, кроме лейкотоксина, продуцируемого *A. actinomycetemcomitans*, не было обнаружено. Однако микрофлорой продуцируются различные ферменты, которые могут разрушать внутриклеточные структуры ткани. К ним относятся фосфотазы, аминопептидазы, протеазы, фосфоамидазы и гликозидазы. Бактероиды (*P. gingivalis, Prevotella melaninogenica*) продуцируют протеазы, которые разрушают протеины, играющие важную роль в защите от бактериальной инфекции, например иммуноглобулины (Ig G, Ig A, Ig M) и многие другие плазменные протеины. Разрушение иммуноглобулинов, защитная функция которых заключается в блокировании бактериальных и прочих антигенов, ингибировании прикрепления бактерий, бактерицидных и опсонирующих эффектах, способствует распространению микроорганизмов и накоплению продуктов их жизнедеятельности [7].

Продукция фосфолипазы *A* представителями пародонтопатогенной микрофлоры способствует образованию в тканях простагландинов. Бактерии в пародонтальных карманах могут также выделять цитотоксические продукты метаболизма: аммоний, сульфид водорода, индол или карбоксильную кислоту, а также бутират и пропионат. Существует прямая зависимость между выработкой бактероидами жирных токсических кислот и тяжестью поражения пародонта.

Липополисахариды таких микроорганизмов, как *P. gingivalis*, *P. melaninogenica*, оказывают значительное патогенное действие на ткани пародонта, начиная от нарушения микроциркуляции и кончая снижением синтеза коллагена соединительной ткани десны [7,8].

Риск прогрессирования заболевания выше на тех участках, где присутствуют комбинации нескольких видов микроорганизмов. Например, по данным Haffajee, Socransky (1994), наличие *A. actinomycetemcomitans* и *P. gingivalis* увеличивает риск прогрессирования пародонтита до 7,6 в то время как показатели риска при существовании одного из них 3,2 и 2,2 соответственно [7].

К важным открытиям последнего десятилетия относится и установление того факта, что колониальные типы какого-либо патогенного вида не являются одинаково вирулентными [7,8].

Имеется значительное генетическое разнообразие среди естественных изолятов *A. actinomycetemcomitans* и предполагается, что могут существовать изменения в потенциале токсичности штаммов. До настоящего времени было выявлено 5 серотипов пародонтальных *A. actinomycetemcomitans*. Недавно идентифицировали 6 серотип – серотип f. Исследования по распределению серотипов *A. actinomycetemcomitans* показали, что серотипы *a* и *b* чаще выделяются от пациентов с локализованным ювенильным пародонтитом, штаммы серотипа *c* более обычны при экстраоральных инфекционных заболеваниях и у здоровых людей, штаммы серотипов *d* и *e* редки во всех популяциях [7].

Бактериальные протеолитические ферменты, непосредственно разрушающие пародонтальные связки, корневой цемент и альвеолярную кость, стимулируют и активность различных иммунокомпетентных клеток.

Хроническая пародонтальная инфекция имеет все анатомические предпосылки для того, чтобы практически без каких-либо проблем взаимодействовать с внутренней средой. Бактерии и их эндотоксины могут проникать в кровообращение значительно чаще и в большей степени, нежели считалось до сих пор. У большинства пациентов бактериемия протекает субклинически, но у пациентов со сниженным иммунитетом, что встречается довольно часто при заболеваниях пародонта, она очень опасна, т.к. может вызывать изменения в сосудистой системе (атеросклероз, эндокардит) и других органах и системах организма [2-4]. Степень бактериемии зависит от интенсивности манипуляций на тканях пародонта и степени воспаления. Так, усиление бактериемии при пародонтите наблюдалась уже при нормальном прожевывании пищи или при обычной чистке зубов [2].

Современный уровень знаний об этиологии воспалительных заболеваний пародонта позволяет определить субгингивальную микрофлору как доминирующий причинный фактор хронического генерализованного пародонтита. Однако многие вопросы о роли тех или иных микроорганизмов в возникновении пародонтита и механизмы повреждений тканей пародонта до сих пор остаются открытыми.

Литература

1. Артюшевич А.С., Трофимова Е.К., Латышева С.В. Клиническая периодонтология: Практ. пособие / Под ред. А.С. Артюшевича. - Мн.: Ураджай, 2002. - 303 с.
2. Безрукова И.В., Грудянов А.И. Агрессивные формы пародонтита: Руководство для врачей. - М.: МИА, 2002. - 127 с.
3. Безрукова И.В. Быстропрогрессирующий пародонтит: Иллюстрированное руководство. - М.: Медицинская книга, 2004. - 144 с.
4. Безрукова И.В., Н.А. Дмитриева, Л.Н. Герчиков // Стоматология. - 2005 - № 1. - С. 13 - 15.
5. Грудянов А.И., И.В. Безрукова // Стоматология. - 2000. - Т. 79, № 3. - С. 15 - 17.
6. Иванов В.С. Заболевания пародонта. - М.: Медицинское информационное агентство. - 2001. - 296 с.
7. Пародонтит / Под ред. проф. Л.А.Дмитриевой. - М. : МЕДпресс-информ, 2007. - 504 с.
8. Царев В.Н., Плахтий Л.Я., Николаева Е.Н. // Стоматолог. – 2008. - № 7. – С. 47-54
9. Haake S.K., Meyer D.H., Fives-Taylor P.M., Schenkein H. Болезни пародонта. В кн.: Микробиология и иммунология для стоматологов. Под ред. Р. Дж. Ламант, М.С. Лантц, Р.А. Берне, Д.Дж Лебланк. М.: Практическая медицина.- 2010. – С. 297-340.

Тусупкалиев Б.Т. - дмн, профессор кафедры детских болезни№1
Жумалина А.К.- дмн, профессор, руководитель кафедры детских болезни №1
Жекеева Б.А - PhD докторант
Абильдаева Ж.Д, Бигалиева А.З. - резиденты
Западно-Казахстанкий Государственный Медицинский Университет им. М. Оспанова. Казахстан. Актобе

ГЕМОРРАГИЧЕСКИЙ СИНДРОМ У БОЛЬНЫХ НОВОРОЖДЕННЫХ С НЕОНАТАЛЬНЫМ ГЕПАТИТОМ

Неонатальный гепатит –заболевания печени инфекционной этиологии в внутриутробной и внеутробной жизни, обнаруженные в 3 месяца внеутробной жизни, хотя это может быть связана с заражением внеутробном периоде жизни [1,474]. Чаще всего инфекционный гепатит новорожденных является проявлением внутриутробной (врожденной) инфекции. Врожденные инфекции развиваются в результате внутриутробного (анте- и/или интранатального) инфицирования плода. При этом в подавляющем большинстве случаев источником инфекции для плода является мать. Истинная частота врожденных инфекций до настоящего времени не установлена, но, по данным ряда авторов, распространенность данной патологии в человеческой популяции может достигать 10%[2,3]. Одним из органов который чаще поражается при различных заболеваниях является печень, что связанно с физиологически не зрелостью обусловленной стонавлением фунциональных систем печени [4]. В связи с этим возникновение геморрагического синдрома у новорожденных следует рассматривать с позиции особенностей формирования и созревания свертывающей и антисвертывающей систем в периоде внутриутробной и постнатальной жизни. По-видимому это обстоятельство приобретает особое значение при заболеваниях инфекционного характера, которые протекают с поражением печени, что имеет непосредственное значение при инфекционных неонатальных гепатитах. Не смотря на это доступной нам литературе нам не удалось обнаружить работы исследовательского характера о клинико – лабораторных проявлениях геморрагического синдрома при гепатите у новорожденных.

Цель исследования. Изучить клинико-лабораторные проявления геморрагического синдрома при гепатите у новорожденных.

Материалы и методы исследования. Было изучено клинико-лабораторные проявления геморрагического синдрома у 39 больных с неонатальным гепатитом находившиеся на лечение в клинике кафедры детских болезней №1 с неонаталогией ЗКГМУ им. Марата Оспанова (Городская детская клиническая больница-главный врач Головырина

Н.П.). Из этого числа больных в 33% случаях проявился геморрагический синдром. У этих детей проанализированы анамнестические данные, проводились клинические исследования, общий анализ крови, общий анализ мочи, биохимические анализы: билирубин крови, АсТ, АлТ, белок крови, СРБ; Иммуноферментный анализ, Полимеразно-цепная реакция; А также проводились визуальные исследования (УЗИ, НСГ, компьюторная томография головного, печени, магнитно-резонансная компьюторная томография). Полученные результаты статистически обработаны. **Результаты исследования и их обсуждение.** У всех наблюдаемых пациентов геморрагический синдром развивался остро, от нескольких часов до нескольких суток. У всех детей в начале отмечено нарушение стула, вздутие живота. Повышенная кровоточивость проявились кровоподтеками на коже (80%), петехиями на твердом небе (37,5%), кровотечение из мест инъекции (37,5%). Увеличение печени выявлено 80%, селезенки 75% больных.

Из них у 23% отмечалось увеличение печени до 3-х см, у 10,2% более 4-х см и у 7,6% до 5- 6 см. Более 2\3 детей отмечено сочетание увеличение печени с увеличением селезенки (гепатоспленомегалия), у 12,8% детей выявлено увеличение селезенки до 3-5 см.

Результаты клинического анализа крови у 61,5% детей выявило анемию. Из них у 25% легкой, у 50% средней тяжести и у 25% тяжелой степени. Заметного нарушения числа тромбоцитов при ненатальном гепатите не выявляется.

Удлинение времени свертываемости у новорожденных с неонатальным гепатитом практически отмечается у всех больных с проявлением геморрагического синдрома. Показатели каогулограммы исследованы у 89,7% случаях из всех обследованных детей. Снижение уровня фибриногена (ниже 2 г/л) определялось 80% случаях, у 71,4% случаях тромботест был на уровне II степени. Укорочение тромбинового времени и тромботеста у 65,7% случаях. Изменения показателей коагулограммы является патогноматичными сипмтомами для поражения печени при неонатальном гепатите.

Все дети были осмотрены нейрохирургом, неврологом, окулистом. Все детям с подозрением на внутричерепное кровоизлияние проведена нейросонография (НСГ) (Рис.1 и 2), компьюторная томография головного мозга (КТ)

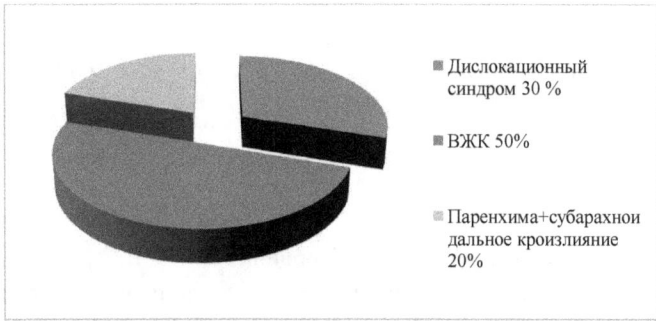

- Дислокационный синдром 30 %
- ВЖК 50%
- Паренхима+субарахнои дальное кроизлияние 20%

Рис.1. Данные НСГ

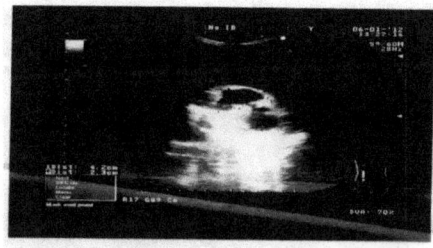

Рис.2. НСГ: Резкая дилятация боковых: III и IV желудочков.

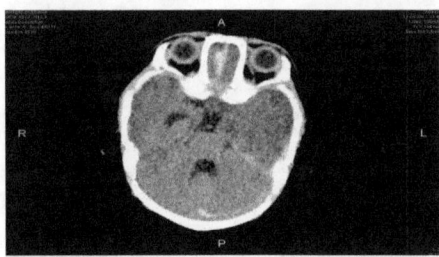

Рис. 3. КТ картина характерна для внутримозговой гематомы теменной доли левой гемисферы. Признаки субарахноидального кровоизлияния слева. Признаки отека левой гемисферы головного мозга.

Выводы. 1. Основными клиническими диагностическими критериями геморрагического синдрома у больных новрожденных неонатальным гепатитом является геморагии на коже, симптомы повышения внутричерепного давления, гепатоспленомегалия различной степени.

2. Лабораторным проявлениям геморрагического синдрома при неонатальном гепатите являются удлинение времени свертываемости, изменения показателей коагулограммы и данные НСГ, КТ.

Литература

1.Володин Н.Н.Национальное руководство. ГЭОТАР-МЕДИА-2012.749с.

2. Врожденные, перинатальные и неонатальные инфекции/Под ред. А. Гриноу, Дж. Осборна, Ш. Сазерленд: Пер. с англ. М.: Медицина, 2000. 288 с. 45стр. Pages: 407.

3.Заплатников А. Л., Корнева М. Ю., Коровина Н. А. и др. Риск вертикального инфицирования и особенности течения неонатального периода у детей с внутриутробной инфекцией//Рус. мед. журн. 2005. № 13 (1). С. 45-47.

4. Tearcan A., Ticker F., Guvenir H., Gurakan B. \ Hepatic involvement in perinatal asphyxia \\Jourmal of maternal-fetal & neonatal medicine. Volume:20. Issue:5. Pages: 407-410 DOL: 10.1080\1467050701287459 Pu.

Тусупкалиев Б.Т. - дмн, профессор кафедры детских болезни№1
Байжанова Р.М. - PhD докторант
Есенкулова А.С, Кажимуратова А.С, Кенбай И. - резиденты
Западно-Казахстанкий Государственный Медицинский Университет
им. М. Оспанова. Казахстан. Актобе

ЧАСТОТА НЕОНАТАЛЬНОГО ГЕПАТИТА В ЗАВИСИМОСТИ ОТ МАССЫ ТЕЛА ПРИ РОЖДЕНИИ

Неонатальный гепатит – одна из наиболее актуальных проблем детей первого полугодия жизни. Под термином «неонатальный гепатит» понимают инфекционное поражение печени, развившиеся антенатально или в первые 3 месяца жизни. Наиболее часто поражение печени у новорожденных происходит при вирусных инфекциях, обусловленных цитомегаловирусом, вирусом простого герпеса, энтеровирусами, парвовирусом, вирусами гепатита В,С. [1,474]

В Казахстане состояния, возникшие в перинатальном периоде, в основном обусловлены предотвратимыми причинами, которые достаточно часто выявляются у детей с нормальной массой при рождении (2,257).

Среди умерших детей в раннем неонатальном периоде, доля новорожденных с очень низкой массой тела(до 1500 г.) составляет не более 15% и основные потери (более 67%) приходится детей с промежуточной (2000 – 2500 г.) и нормальной массой тела (свыше 2500г.).

Цель исследования: выявление частоты заболевания неонатальным гепатитом в зависимости от массы тела при рождении.

Материалы и методы исследования. Нами было изучено 39 больных с неонатальным гепатитом находившихся на лечение в клинике кафедры детских болезней №1 с неонаталогией ЗКГМУ им. Марата Оспанова (Городская детская клиническая больница- главный врач Головырина Н.П.). Из числа обследованных детей с массой тела при рождении более 3-х кг составили 46,1%. С массой тела от 2,5 до 3-х кг- 15%, ниже 2,5 кг составили 38%. Среди детей последней группы новорожденных с малой массой тела (2,5-1,5 кг) было 60%, а с очень малой массой тела составили 40 % .

Результаты исследования и их обсуждение: Масса тела при рождении в зависимости от числа беременности представлены в таблице 1.

Таблица 1.

Вес	Более 3-х кг	2,5-3,0	1,5-2,5	1,0-1,5
Беременность I	38,9	50	55,5	66,7
Беременность II	27,8	0	33,3	33,3
Беременность III	22,2	33,3	0	0
Беременность IV	0	0	11,2	0
Беременность V	0	16,7	0	0

Беременность VI	11,1	0	0	0
Всего	100	100	100	100

Как видно, из таблицы 1 большинство детей с массой тела при рождении более 3-х кг родились от 1 беременности 38,9% , от 2 беременности 27,7%, от 3 беременности- 22,3%, от 6 беременности в 11,1%. Дети с массой от 2,5 до 3,0 кг при рождении в 50% родились от 1 беременности , в 33,4% от 3 беременности, 16,6% от 5 беременности. Дети с массой от 1,5 до 2,5 кг при рождении в 55%родились от 1 беременности, от 2 беременности в 33,3%, от 4 беременности 11,1%. Дети с массой от 1 до 1,5 кг при рождении от 1 беременности в 66,6%, от 2 беременности в 33,4%.

Всем детям были проведены иммуноферментные анализы (цитомегаловирус, вирусом простого герпеса, хламидии). Результаты ИФА на внутриутробные инфекции в зависимости от массы тела при рождении представлены в таблице 2.

Таблица 2

Процентное содержание результатов ИФА в зависимости от массы тела при рождении

Масса тела Инфекции	Более 3-х кг (%)	2,5-3,0 (%)	1,5-2,5 (%)	1,0-1,5 (%)
ЦМВ	67,7	66.7	77,8	83,3
ЦМВ и ВПГ	11,1	0	22,2	0
ЦМВ и хламидии	22,2	33,3	0	0
Отрицательные результаты	-	-	-	16,7
Всего	100	100	100	100

Как видно из таблицы 2 у всех детей рожденных с массой тела более 3 кг при рождении была диагностирована цитомегаловирусная инфекция (ЦМВ), из этого числа только ЦМВ в 66,7%, а в сочетании с вирусом простого герпеса (ВПГ) 11,1%, в сочетание ЦМВ и хламидий 22,2%.

Во всех случаях у детей с массой тела при рождении от 2,5 до 3,0 кг была обнаружена ЦМВ, из них сочетание ЦМВ и хламидии 33,4%, а только ЦМВ 66,7%.

У детей с массой тела при рождении от 1,5 до 2,5 кг ИФА на ЦМВ был положительным в 77,8% случаях, сочетание ВПГ и ЦМВ в 22,2% случаях.

У детей с массой тела при рождении от 1 до 1,5 кг в 83,3% выявлена ЦМВ. У 16,7% детей не выявлена инфекция.

Выводы : Анализ инфицированности детей в зависимости от массы тела при рождении показал, наибольший процент положительных результатов определяется у детей с очень малой массой тела, также у детей более высокой массой тела при рождении чаще выявляется сочетанные инфекции .

Использованная литература:

1.Володин Н.Н. 1.Володин Н.Н.Национальное руководство. ГЭОТАР-МЕДИА-2012.749с.
2.Чувакова Т.К. Ситуация по перинатальному уходу в Казахстане//Материалы УI съезда детских врачей Казахстана. Алматы, 2006. С. 257-258.

Чернова Н.В., Шестопалова Е.Л., Морозова Т.В., Бочарова Л.М.

ст. преподаватель кафедры общей гигиены и экологии, к.м.н., ВолгГМУ
ассистент кафедры общей гигиены и экологии, к.м.н., ВолгГМУ
ассистент кафедры общей гигиены и экологии, ВолгГМУ
ассистент кафедры общей гигиены и экологии, к.м.н., ВолгГМУ
chernova_n_v@mail.ru

СРАВНИТЕЛЬНАЯ ХАРАКТЕРИСТИКА ПСИХОЛОГИЧЕСКОГО СОСТОЯНИЯ СТУДЕНТОВ В ЗАВИСИМОСТИ ОТ УСЛОВИЙ ПРОЖИВАНИЯ

На этапе получения высшего профессионального образования закладываются основы будущей успешности всей жизни студента. Студенты не только готовятся к будущей профессиональной деятельности, но формируется их стиль и цель жизни, отношения в коллективе. В последние годы увеличилось количество иногородних студентов, которые в период обучения в ВУЗе вынуждены проживать в общежитиях или на съемных квартирах. Новые условия проживания – это новая социальная микросреда, определяющая перспективные направления профессионального и духовного развития личности, преодоления трудностей и противоречий процесса адаптации молодёжи к новым социально-бытовым условиям.

Безусловно, все люди, проживающие в общежитиях, не обладают схожим характером или одинаковыми желаниями и целями, но тенденции все-таки есть. Нахождение этих тенденций и определение влияния на различные стороны жизни студентов условий проживания и вызвало у нас интерес к написанию этой работы [1,2,3].

Цель: оценить психофизиологическое состояние, социальную активность, успеваемость студентов, проживающих в общежитиях и в съемных квартирах.

Были сформированы 2 группы наблюдения: 1-студенты, проживающие в общежитии университета (n = 60), 2 - студенты, проживающие на съемных квартирах (n = 60). Исследования проводились по нескольким направлениям: оценивали степень удовлетворенности условиями проживания, психологическое состояние (опросник Спилбергера), степень участия студентов в общественной и спортивной жизни ВУЗа, успеваемость.

Результаты изучения отношения студентов к условиям проживания, показали, что по большинству показателей (планировка помещений, оснащенность интернетом, площадь помещений, взаимоотношения с соседями) большинство студентов удовлетворены условиями проживания. Однако, значительная часть студентов (80 %), проживающих в общежитии высказали неудовлетворенность санитарно-гигиеническими условиями санузла, среди студентов, проживающих на съемных квартирах таких оказалось в 2 раза меньше - 42 % ($p < 0,01$).

Однако, несмотря на то, что большинство студентов удовлетворены условиями проживания, многие из них хотели бы сменить место жительства. Среди студентов, проживают в квартирах, таких оказалось 66%±8,6, среди студентов, проживающих в общежитиях - 17%±6,9 ($p < 0,01$).

Результаты исследования показали, что студенты, проживающие в общежитии, оказались более уверенными в себе, активными и общительными. Так, у 87 %±6,1 студентов, проживающих в квартирах, часто возникало желание побыть одному (одной) против 50%±9,1 студентов, проживающих в общежитии ($p < 0,01$). У большинства студентов (75%±8,1), проживающих в съемных квартирах, был выявлен средний с тенденцией к высокому уровень тревожности, у студентов, проживающих в общежитиях, чаще регистрировался средний уровень тревожности с тенденцией к низкому ($p < 0,01$). Высокую уверенность в себе, отсутствие трудностей в общении с соседями, наличие большого круга друзей отметили 93%±4,7 студентов, проживающих в общежитиях и только 63%±8,8 студентов, проживающих в квартирах ($p < 0,01$).

Также было выявлено, что студенты, проживающие в общежитии принимают более активное участие в общественной жизни университета: участвуют в спортивных соревнованиях, в работе студенческого совета и профкома. Студенты, проживающие в съемных квартирах, более активно занимаются научно-исследовательской работой ($p > 0,05$). Так, в 2013-2015 учебных годах студенты, проживающие в съемных квартирах, значительно чаще принимали участие в предметных олимпиадах и научных конференциях в сравнении с студентами, проживающих в общежитиях, которые чаще участвовали в спортивных мероприятиях ($p < 0,01$).

Анализ успеваемости студентов, проживающих в съемных квартирах, показал, что большая часть студентов, имеют рейтинг от 85 до 91 баллов и высокий средний балл за экзамены (4,5-5,0). Студенты, проживающие в общежитии, значительно уступают по успеваемости студентам, проживающим в квартирах, и имеют рейтинг от 61 до 76 баллов, а средний балл за экзамены 3,0-3,5($p < 0,01$).

Выявлены некоторые различия в организации жизни студентов двух наблюдаемых групп. Выявлены различия в продолжительности подготовки домашнего задания. У большинства студентов, проживающих на съемных квартирах, продолжительность подготовки домашнего задания составляла более 4 часов в день. Этот факт, очевидно, объясняет их более высокую успеваемость. При этом студенты, проживающие в общежитии, тратят на подготовку в среднем 1-2 часа в день ($p < 0,01$). Не выявлено различий в бюджете времени, которое студенты, проживающие в разных бытовых условиях, тратят на приготовление пищи и уборку жилого помещения (p>0,05).

Таким образом, выполненное исследование показало, что бытовые условия проживания оказывают влияние на психологическое состояние студентов, активность их жизненной позиции, успеваемость. Для студентов, проживающих в съемных квартирах, более характерно стремление к максимальной реализации своих профессиональных возможностей, активное участие в научной жизни университета.

Литература

1. Трушников Д.Ю. Воспитание в студенческом общежитии: Монография. Тюмень: издательство ТюмГНГУ, 2006. - 104 с.
2. Латышевская Н.И., Перфильева И.В., Саакян Е.Г. Физическая культура и спорт – эффективное направление профилактики наркомании подростков и молодежи. Вестник Волгоградского медицинского университета, 2006. – С. 5-7.
3. Латышевская Н.И., Давыденко Л.А., Сливина Л.П. Гигиенические и социальные аспекты образа жизни школьников крупного промышленного города. Монография. Волгоград: издательство Государственное учреждение " Издатель", 2006. – 264 с.

Валов М.В.
аспирант кафедры экологии, природопользования, землеустройства и БЖД
Бармин А.Н.
заведующий кафедрой экологии, природопользования, землеустройства и БЖД
Иолин М.М.
заведующий кафедрой географии, картографии и геоинформатики
ФГБОУ ВПО «Астраханский государственный университет»
Россия, г. Астрахань, 414000, пл. Шаумяна, д. 1
m.v.valov@mail.ru

РЕЗУЛЬТАТЫ МНОГОЛЕТНЕГО ПОЧВЕННОГО МОНИТОРИНГА, ПРОВОДИМОГО НА СТАЦИОНАРНОМ ПРОФИЛЕ В ДЕЛЬТЕ РЕКИ ВОЛГИ

Дельты крупных рек являются уникальными природными образованиями, обладают богатейшими природными ресурсами и играют важную роль в жизни человечества. Дельты великих рек, таких как Нил, Инд, Ганг, Хуанхе, Янцзы, Рейн, Дунай, Волга используются различными отраслями хозяйства, в том числе как объекты орошаемого земледелия. [6, с. 59]

Река Волга относится к основным водным транспортным потокам России, а её дельта является крупнейшей в Европе. Одной из важнейших особенностей почвенного покрова этого региона является естественная склонность к соленакоплению, причём значительная часть солей являются токсичными. В связи с высокой плотностью населения засолённые почвы активно вовлекаются в сельскохозяйственный оборот, поэтому на данной территории очень значимым аспектом является организация и ведение почвенного мониторинга, важность которого определяется решением сельскохозяйственных, природоохранных и экологических задач. [5, с. 360]

В статье приводятся результаты исследований динамики содержания водорастворимых солей в почвах дельты реки Волги с 1979 по 2011гг.

В экологическом смысле луга поймы и дельты подразделяются на три уровня: высокого, среднего и низкого. [7, с. 124]

Сопоставление ионного состава водных вытяжек за наблюдаемый период показало, что от 1981 г. к 2002г. на лугах низкого уровня шло направленное уменьшение всех солей, которое совпало с увеличением водного стока р. Волги. Но в 2006 и в 2011 гг., в связи с очень малым и низким половодьем, количество солей возросло вновь (рис. 1).

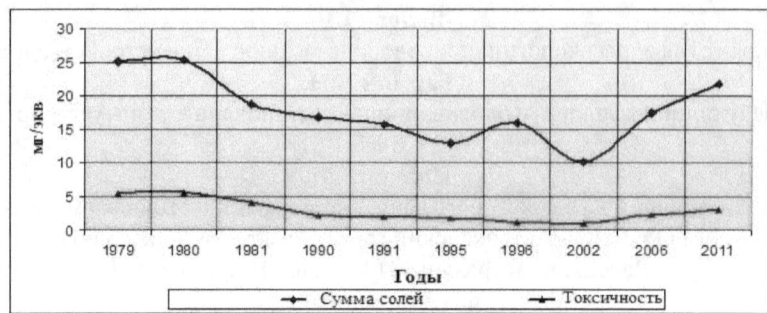

Рис. 1 Динамика средневзвешенного содержания ионов и токсичности из верхнего слоя почвы лугов низкого уровня

За счет уменьшения содержания иона хлора и натрия токсичность почвенного раствора продолжала падать во все годы наблюдений и уменьшилась в 5 раз от 1979 к 2002 году. В связи с резким спадом объёма водного стока за второй квартал в 2006 и в 2011 гг. [1, с. 160; 3, с.98] содержание иона хлора по сравнению с результатами 2002 г. возросло в 2,6 и 4 раза соответственно.

На лугах среднего уровня (1,3 – 1,8 м) общее количество солей от начала наблюдений до 1991 г. упало на 42%. Начиная с 1995 г. количество солей вновь стало возрастать, приблизившись по своим значениям к 1980 г. Несмотря на увеличение общего содержания солей в 2002 г. отношение Cl/SO_4 было меньше чем в 1979 г. в 2 раза. Тоже происходило и с суммарным эффектом токсичных ионов. Несмотря на то, что общее содержание солей выросло, этот показатель в 2002 г. был в 2 раза ниже. В 2011 году общая сумма солей была наименьшей за все годы наблюдений и, по сравнению с 1979 г., снизилась на 44%. Токсичность от 1979 к 2011 г. уменьшилось в 3 раза и была наименьшей за весь период наблюдений (рис. 2).

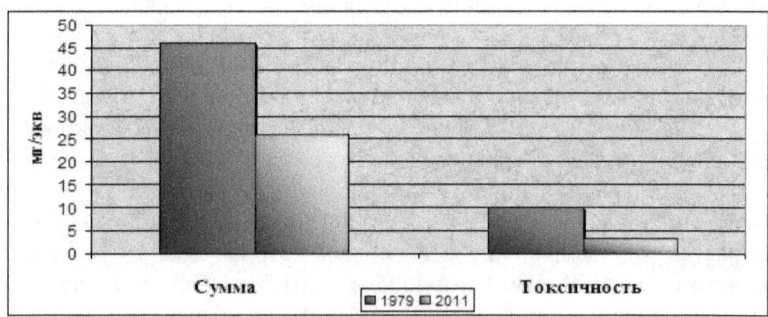

Рис. 2 Динамика средневзвешенного содержания ионов и токсичности верхнего слоя почвы лугов среднего уровня (1.3-1.8 м)

Содержание солей в интервале высот 1,9 – 2,4 м. флуктуировало, повышаясь или уменьшаясь в незначительных пределах. Однако, в 2011 г. произошло снижение содержания большинства рассматриваемых элементов. Сумма солей и токсичность в 2011 г. были наименьшими за период анализа. Общее содержание солей в 2011 г. снизилось по отношению к 1979 г. на 33%, токсичность почвенного раствора в 2011 г. по отношению к 1979 г. снизилась на 39%.

На лугах высокого уровня (интервал высот от 2,5 м и более) содержание солей флуктуировало, при общей тенденции уменьшения содержания токсичных ионов хлора и натрия, что привело к снижению токсичности почвенного раствора. От начала наблюдений в 1979 г. к 2002 г. токсичность почвенного раствора на лугах высокого уровня снизилась в 2,6 раза. Однако, в 2006 и в 2011 гг. происходит некоторое увеличение содержания токсичных солей. В 2011 г. по отношению к 2002 г. происходит увеличения содержания в почве ионов Cl (на 47%). [4, с. 63]

На треть возрастает общее содержание солей и увеличивается токсичность почвенного раствора, но значения 1979 г. превышены не были (рис. 3).

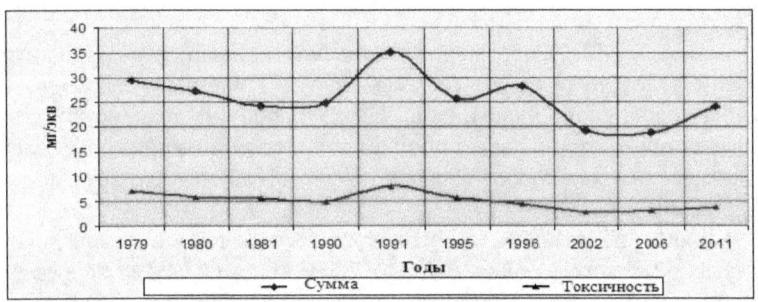

Рис. 10 Динамика средневзвешенного содержания ионов и токсичности из верхнего слоя почвы лугов высокого уровня

Таким образом, в дельте р. Волги установлена обратная зависимость между объёмами весенне-летних половодий и содержанием водорастворимых солей в почвах лугов низкого и среднего уровня. При увеличении объёма водного стока за второй квартал происходит уменьшение содержания токсичных ионов в верхнем слое почвы в интервалах высот 1,2 м и ниже и 1,3-1,8 м, что связано с преобладанием промывного гидрологического режима над выпотным.

На лугах среднего уровня с середины 90-х годов, в связи с уменьшением объёмов весенне-летних половодий [3, с. 97], общее количество солей несколько возросло и флуктуировало в нешироких пределах. Однако, общая тенденция рассоления не нарушилась. В 2011 г. отношение Cl/SO$_4$ и токсичность почвенного покрова резко сократились и были наименьшими за весь период анализа.

На лугах высокого уровня можно отметить закономерность: в годы с наиболее высоким половодьем и уровнем воды увеличивалось содержание водорастворимых солей в почве, а в годы с более низким половодьем оно уменьшалось. Это связано с преобладанием в данном интервале высот выпотного гидрологического режима над промывным. Некоторое уменьшение содержания солей на лугах высокого уровня в периоды высоких половодий можно связать с увеличением количества осадков. [1, с. 161; 2, с. 57]

Литература

1. Бармин, А.Н. Климатические изменения как фактор влияния на биоценозы дельты р. Волги / Бармин А.Н., Иолин М.М., Асанова Г.З. // Известия высших учебных заведений. Геодезия и аэрофотосъёмка. 2010. №3. С. 159-162.

2. Валов, М.В. Анализ метеогидрологических данных в дельте реки Волги за девяностолетний период / Валов М.В., Бармин А.Н. // Доклады VI Международной конференции «Геоэкологические проблемы современности». Владимир. 8 октября 2014 г. ОАО «Аркаим». 2014. С. 55-58

3. Валов, М.В. Современные тенденции изменения гидрологических условий в дельте реки Волги / Валов М.В., Бармин А.Н. // Материалы научных докладов участников Международной научно-практической конференции «Региональные проблемы водопользования в изменяющихся климатических условиях» (Россия, Уфа, 11-12 ноября 2014 г.) – Уфа: Аэтерна. 2014. С. 96-99

4. Валов, М.В. Изменение солевого состава почв в дельте реки Волги на лугах высокого уровня / Валов М.В., Бармин А.Н., Иолин М.М. // Материалы 3-й Всероссийской научно-практической конференции с Международным участием, «Биоэкологическое краеведение: мировые, российские и региональные проблемы» 14 ноября 2014 г. Самара: ПГСГА, 2014. С. 61-67

5. Конюшкова, М.В. Современное состояние засолённости почв солонцового комплекса района Джаныбекского стационара (Северный Прикаспий) // Почвоведение. 2008. № 3. С. 360-370.

6. Михайлов, В.Н. Речные дельты: строение, образование, эволюция // Соровский образовательный журнал. Том 7. № 3. 2001. С. 59-66.

7. Цаценкин, И.А. Растительность и естественные кормовые ресурсы Волго-Ахтубинской поймы и дельты р. Волги // Природа и сельское хозяйство Волго-Ахтубинской поймы и дельты р. Волги. М.: Изд-во МГУ, 1962. С. 118-192.

Кузнецов Г.В.
Тульский филиал Финансового университета
доцент, кандидат физико-математических наук
E-mail: kuzgv-tula@mail.ru
Манохин Е.В.
Тульский филиал Финансового университета
доцент, кандидат физико-математических наук
E-mail: emanfinun@mail.ru
Добрынина И.В.
Тульский государственный педагогический университет
им. Л.Н. Толстого
доцент, доктор физико-математических наук

О МЕТОДИКЕ ФОРМИРОВАНИЯ КОМПЕТЕНЦИЙ В ПРОЦЕССЕ ИЗУЧЕНИЯ ДИСЦИПЛИНЫ ПО ВЫБОРУ

В данной работе мы рассмотрим методику формирования специальных компетенций в процессе изучения дисциплины по выбору «Основы теории групп». Экспериментальной группой являлись студенты факультета математики, физики и информатики. Им читался курс лекций, проводилось закрепление лекций задачами на практических занятиях.

Специальные компетенции, формируемые в процессе изучения основной образовательной программы (ООП)

Код компетенции	Название компетенции	Краткая характеристика
СК-1	демонстрирует, применяет, критически оценивает и пополняет математические знания для решения профессиональных задач, понимает роль и место математики в системе наук, ее общекультурное значение; владеет фактами, обосновывающими практическое применение математики	**Выпускники должны знать:** • важнейшие математические понятия, факты и закономерности, доказательства основных утверждений; • историю формирования и развития математических терминов, понятий и обозначений; • понятие частично-рекурсивной функции; • определения и свойства преобразований плоскости; • основные понятия и методы исследования свойств линий и

		поверхностей с помощью дифференциального исчисления; • понятие вероятности, основные характеристики случайных величин; **уметь:** • применять теорию при решении математических задач; • применять полученные математические сведения в практической педагогической деятельности; • применять математические знания на междисциплинарном уровне; • анализировать алгоритмически разрешимые задачи и проблемы; **владеть:** • навыками практического использования математического аппарата для решения конкретных задач; • логикой развития математических методов и идей; • классическими положениями истории развития математической науки; • математическими знаниями и методами, математическим аппаратом, необходимым для профессиональной деятельности;

		• навыками практического использования математического аппарата для решения конкретных задач.
СК-2	владеет содержанием и методами элементарной математики и методикой обучения математике, способен организовывать различные виды учебной и проектной деятельности обучающихся	**Выпускники должны знать:** • учебные программы базовых и элективных курсов в различных образовательных учреждений; • место школьного курса математики в целостной системе математического знания; • различные виды учебной и проектной деятельности; **уметь:** • анализировать программу школьного курса математики, определять методы, формы и средства обучения, разрабатывать цели обучения и различные дидактические системы задач; • использовать внутрипредметные и межпредметные связи, раскрывать практическую значимость теоретического материала; • разрабатывать и проводить специальные курсы по различным темам школьных разделов математики; **владеть:** • методами

			формирования математических понятий, доказательства теорем, решений задач школьного курса математики, современными технологиями обучения; • методикой обучения решению задач школьного курса математики; • навыками проектной деятельности; • навыками решения алгоритмических задач.
СК-3		владеет информационными технологиями в математике и обучении математике	**Выпускники должны знать:** ➢ особенности символьных алгоритмов; ➢ системы компьютерной алгебры; **уметь:** ➢ реализовывать классические алгоритмы; ➢ изображать геометрические фигуры, заданные уравнениями, на чертеже, используя компьютерную графику; **владеть:** ➢ компьютерной графикой; ➢ методами решения позиционных и метрических задач теории изображений; ➢ информационными технологиями для выполнения проектных разработок, презентаций и отчетов.

Разработана методика формирования специальных компетенций в процессе изучения дисциплины по выбору «Основы теории групп».

Для формирования компетенции СК-1 предложено:

1.   Проверять пройденный материал тестированием.

2.   В качестве самостоятельной работы студентов (СРС) были предложены темы докладов, в которых, по возможности, студент должен был рассказать историю возникновения или развития данной проблемы. Также если в докладе встречается теорема, то нужно было объяснить ее доказательство аудитории.

3.   Решить с помощью исследованной теории задачу.

4.   Также студентам был предложен инновационный метод – работа в малых группах. Такая работа предполагала совместное обсуждение поставленной проблемы. При таком виде работы важно и необходимо учитывать мнение каждого участвовавшего в обсуждении.

Для формирования компетенции СК-3:

1.   Представлялись   презентации   студентов   по выбранным темам.

Рассмотрим подробнее. В начале изучения дисциплины проводится понятийный диктант, который показывает, как *студенты демонстрируют знания по написанию математических символов*, которые необходимо знать как при решении задач, так и в доказательстве теорем (СК – 1).

	Сравнимость	$\equiv$
	Принадлежность	$\in$
	Изоморфизм	$\cong$

И т.д. до 23 строк в таблице. Критерии оценивания:

•   студент верно написал от 21 до 23 символов – студент хорошо знает математические символы и готов применять их на практике;

•   далее на протяжении всего курса наблюдаем за студентами как они показывают, как умеют владеть основными математическими символами.

В ходе изучения теории групп студенты проходят тестирование по каждой пройденной теме, в которых проверяется *усвоение студентами теоретических знаний* (СК – 1). Тестирование целесообразно проводить после каждой изученной темы и в конце освоения дисциплиной, что улучшает качество контроля знаний. Задания тестирование состоят как из вопросов с вариантом ответа, так и с развернутым ответом.Приведем начало теста.

Тест №1 «Множества. Понятие группы»

№ п/п	Вопрос	Варианты ответа	Количество баллов
	«Под множеством мы понимаем соединение в некое целое М определенных хорошо различимых предметов m нашего созерцания или нашего мышления». *Кому принадлежит это определение:*	а) Э. Галуа б) Г. Кантор в) Н. Абель	0,5

И т.д. до четырех тестов по 11 вопросов каждый.

Критерии оценивания:

1) студенты работали с заданиями теста самостоятельно, используя только те знания, которые они получили на лекциях;

2) студент справился с заданиями теста, если в каждом тестировании допустил не более одной ошибки. В этом случае студент знает основные понятия и теоремы теории групп

3) знания, показанные студентами на данном тестировании можно распределить с учетом набранных баллов по уровням:

- 15-16 высокий уровень теоретических знаний;
- 12-15 студент знает теоретический материал на среднем уровне;
- меньше 12 студент знает теоретический материал на низком уровне.

Статистическая гипотеза: количество верных ответов итогового тестирования значительно отличается от количества верных ответов первых трех тестов.

В конце каждого практического занятия, кроме умения решать задачи по теории групп, предлагаем студентам ответить на вопросы из уже изученного материала. Такой формой работы проверяем уровень усвоения тем дисциплины. Всего за все вопросы можно набрать 44 балла. Такая форма работы предполагает чтение студентами основной и дополнительной литературы. Задания могут совпадать с вопросами в тесте, но в этом и суть, что тестирование дается в начале следующей лекции, а опросник для выявления знаний – в конце каждого практического занятия. В конце изучения курса баллы набранные студентами, суммируются и делаются выводы. Некоторые из вопросов представлены ниже.

Опросник для выявления уровня знаний студентов

1.	Дать определение понятию множества в формулировке Г. Кантора. – 1 балл

2.	Привести примеры бесконечных и конечных множеств. – 1 балл

3.	Дать определение понятию полугруппе. – 2 балла

Таким комплексом заданий мы проверяем теоретические знания студентов по курсу. Далее приступаем к проверке навыков применения теоретических знаний при решении задач. Студентам предлагается задача, обдумывают индивидуально, затем обсуждается решение со всем коллективом. Индивидуальные умения решать задач проверялись на контрольной работе, которая представляется в трех вариантах.

В качестве самостоятельной работы в начале изучения курса студентам были предложены темы рефератов. Рефераты должны быть защищены. Также аудитории демонстрируется презентация на выбранную тему. В рефератах должен быть указан список литературы. Основные моменты доклада конспектируются студентами. В конце изложения доклада, докладчик задает вопрос по теме реферата.

Критерий оценивания выступлений студента с докладом и презентацией:

•	в реферате указана основная и дополнительная литературы по данной теме;

•	терминологическая четкость;

•	глубина, полнота раскрытия темы;

•	логика изложения материала;

•	подкрепляет свой ответ слайдами с презентации, которые дополняют его выступление.

Представленные презентации оцениваются по следующим критериям:

1.	соответствие содержания презентации поставленным дидактическим целям и задачам;

2.	соблюдение принятых правил орфографии, пунктуации, сокращений и правил оформления текста;

3.	лаконичность текста на слайде;

4.	сжатость и краткость изложения, максимальная информативность текста;

5.	расположение информации на слайде (предпочтительно горизонтальное расположение информации, сверху вниз по главной диагонали; наиболее важная информация должна располагаться в центре экрана; если на слайде картинка, надпись должна располагаться под ней; желательно форматировать текст по ширине; не допускать «рваных» краев текста);

6. читаемость текста на фоне слайда презентации (текст отчетливо виден на фоне слайда, использование контрастных цветов для фона и текста);

7. использование единого стиля оформления;

8. соответствие стиля оформления презентации содержанию презентации;

9. целесообразность использования анимационных эффектов.

Калитина В.В.
КрасГАУ,
Пушкарева Т.П.
доцент, д-р пед.наук КГПУ им. В.П. Астафьева
Степанова Т.А.
доцент, канд. пед.наук КГПУ им. В.П. Астафьева

РАЗВИТИЕ АЛГОРИТМИЧЕСКОГО СТИЛЯ МЫШЛЕНИЯ СТУДЕНТОВ НАПРАВЛЕНИЯ «БИЗНЕС-ИНФОРМАТИКА» ПРИ ОБУЧЕНИИ ПРОГРАММИРОВАНИЮ

Среди современных информационных технологий программирование занимает особую роль в связи с интенсивным развитием и активным внедрением программного и аппаратного обеспечения в бизнес. Именно поэтому появилась острая потребность в специалистах, которые могли бы соединить ИТ с задачами, стоящими перед бизнесом; могли не только пополнять свой багаж знаний, но и развиваться как личность; обладали бы достаточным уровнем сформированности компетенций в области программирования.

Для решения задач программирования в области бизнеса необходим развитый алгоритмический стиль мышления (АСМ). Если обучаемый не обладает таким стилем мышлением, то даже знание языков программирования будет практически бесполезным. Именно этим объясняется, что часто обучаемые демонстрируют знания конкретных операторов, но не могут их применить на практике при решении новой для них задачи.

В методической литературе отмечены различные способы формирования и развития АСМ: проведение систематического и целенаправленного применения идей структурного подхода (А.Г. Гейн, В.Н. Исаков, В.В. Исакова, В.Ф. Шолохович); повышение уровня мотивированности задач (В.Н. Исаков, В.В. Исакова); постоянная умственная работа (Я.Н. Зайдельман, Г.В. Лебедев, Л.Е. Самовольнова) и пр.

Для определения методов и средств развития АСМ, с нашей точки зрения, целесообразно учитывать особенности когнитивных способностей обучаемых, а значит выявить особенности АСМ.

Решением этой задачи может стать применение информационного подхода к обучению программированию.

С позиций информационного подхода вся деятельность человека является, по сути, информационным процессом. Описать с информационной точки зрения сознательную деятельность живой природы означает определить алгоритм. Под *алгоритмом* будем понимать некоторую последовательность целенаправленных (разумных) действий или операций над исходными объектами, которые приводят к прогнозируемой смене их состояний или реализации того или иного события.

Все действия, проводимые человеком, фиксируются и запоминаются в памяти в виде алгоритма. Образ алгоритма состоит из последовательности элементарных операций. Сложные алгоритмические структуры строятся из базовых алгоритмических конструкций путем принципов преобразования информации (суперпозиции, рекурсии, итерации) иерархическим образом.

Оперирование алгоритмическими образами формирует АСМ, который осуществляется на основе алгоритмического тезауруса путем формирования подходящей цепочки из алгоритмических конструкций, хранящихся в памяти.

В работах Н.И. Пака показано, что память в каждый момент времени может быть условно разделена на 4 области: чувственную область, модельную, понятийную и абстрактную область.

Если рассматривать модель памяти с точки зрения действий, то получится модель алгоритмического мышления. Чем больше образов задействовано с верхних уровней – тем выше уровень развития АСМ.

Таким образом, особенность АСМ заключается в том, что он содержит три составляющие: чувственную, модельную и понятийную. Это обусловило построение трехуровневой ментальной модели развития АСМ (рис. 1), в соответствие с которой развивать его следует на каждом уровне, применяя соответствующие методы и средства.

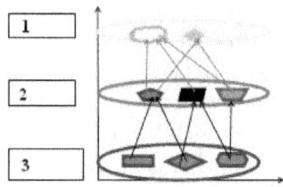

Рис.1. Ментальная модель развития АСМ

Для развития АСМ студентов при обучении программированию обучающий процесс следует разбить на три стадии, каждая из которых нацелена на развитие АСМ на соответствующем уровне ментальной модели развития АСМ.

1.   Стадия обучения

На первой стадии обучения стоит задача формирования представления об изучаемом объекте. Наблюдая за различными алгоритмическими действиями или выполняя какие то алгоритмические действия на натурном материале, направленными на достижение необходимого результата, учащиеся должны эти действия классифицировать по различным комбинациям алгоритмов: последовательная, суперпозиционная, рекурсивная.

Все комбинации необходимо рассматривать одновременно для нахождения различий между ними и приобретения навыков отличать одну комбинацию от другой.

Результатом будет способность студента различать последовательности действий в жизни. Для этого придумываются различные ситуации для формирования образа (например, летящая птица с препятствием, посадка аллеи деревьев, вычисление прибыли). В качестве основных методов обучения выделены применение ИКТ, динамическая визуализация учебного материала, метод системной динамики.

Наиболее эффективными средствами обучения на этой стадии мы считаем мультимедиа средства и натурные тренажеры.

Мультимедиа – это совокупность программно-аппаратных средств, реализующих обработку информации в звуковом и зрительном видах. Мультимедиа средства обеспечивают образное восприятие изучаемого материала и его наглядную конкретизацию в форме наиболее доступной для восприятия. Однако следует отметить, что при использовании готовых мультимедиа продуктов обучаемые, в основном, играют пассивную роль. Поэтому наряду с мультимедиа ресурсами на занятиях применяются натурные тренажеры.

Натурный тренажер представляет собой некое приспособление, изготовленное вручную преподавателем или самими студентами, позволяющее осуществить алгоритм решения задачи. В этом случае обучаемые сами реализуют алгоритм.

2. Стадия обучения

Задача второй стадии обучения – это запись увиденных или выполненных самим студентом алгоритмических действий в определенной последовательности. Комбинации алгоритмических структур описываются любым доступным способом: словесное описание, в виде схемы, понятной студенту, или в виде визуального образа. Далее комбинации алгоритмических структур, описанные таким образом, оформляются по правилам блок-схем. Основным средством обучения являются ментальные карты. Результатом обучения будут описание алгоритмических действий по правилам блок-схем или ментальных карт.

3. Стадия обучения

На третьей стадии обучения стоит задача, связанная с изучением правил записи комбинации алгоритмических структур на формальном языке – языке программирования. Результат поставленной задачи – это способность написать программу. Используемые методы – частично-поисковый и проектно-исследовательский. Средства – ментальные карты, комплекс специальных многоэтапных задач.

Обучение программированию на основе предложенной модели способствует развитию АСМ студентов направления бизнес-информатика.

Кондратюк Л.Н.

к.т.н., доцент

Финансовый университет при Правительстве Российской Федерации

К ВОПРОСУ РАЗРАБОТКИ УЧЕБНЫХ МАТЕРИАЛОВ И ИХ ОЦЕНКИ ПРИ ОТБОРЕ СОДЕРЖАНИЯ ОБУЧЕНИЯ ИНОСТРАННОМУ ЯЗЫКУ ДЛЯ СПЕЦИАЛЬНЫХ ЦЕЛЕЙ В НЕЯЗЫКОВОМ ВУЗЕ

Иностранный язык в неязыковом вузе, на наш взгляд, одна из немногих дисциплин, содержание которой непосредственно обусловлено направлением/профилем подготовки будущих специалистов.

Отбор и организация содержания обучения иностранному языку является необходимым условием достижения целей обучения.

Отбор содержания обучения иностранному языку приобретает особую актуальность в неязыковом вузе, где, не будучи профилирующей дисциплиной, иностранный язык является неотъемлемой составляющей формирования профессиональной компетентности будущих специалистов. Исходя из этого, мы считаем, что необходимым условием формирования профессиональной компетентности обучающихся является соответствие содержания обучения иностранному языку специфике профессиональной деятельности будущего специалиста.

Вместе с тем, до сих пор в методах отбора и структурирования содержания обучения иностранному языку для его использования в профессиональной сфере, или как его все чаще называют, «иностранному языку для специальных целей», не выработано единой концепции.

Поскольку «содержание обучения иностранным языкам составляет все то, что вовлекается в преподавательскую деятельность, учебную деятельность учащегося, учебный материал, а также процесс его усвоения, [1, 123,124], особенно актуальным нам видится отбор учебных материалов (УМ), на базе которых строится обучение.

В настоящее время существует множество учебников, учебных пособий, курсов для изучения иностранного языка (ИЯ) для специальных целей, созданных как за рубежом, так и отечественными авторами для учебных заведений определенного профиля. Однако, далеко не каждая дисциплина изучения ИЯ для специальных целей (а таких дисциплин в неязыковом вузе с учетом множества направлений подготовки может быть не один десяток) обеспечена готовыми учебными материалами. К тому же, как правило, ни один учебный курс, созданный вне стен конкретного вуза, не используется целиком от начала и до конца. Скорее, отдельные части (блоки, тексты, упражнения, задания) сводятся воедино из разных источников и, в случае необходимости, дополняются материалами, созданными непосредственно преподавателями кафедр, будь то учебные пособия или задания, созданные для одного определенного занятия, так сказать, на злобу дня. Этому существует ряд причин: от несоответствия объема уже существующих УМ количеству часов, отведенных программой данного вуза на изучение конкретного материала, несоответствия уровня сложности УМ уровню подготовки обучающихся и т.п., до индивидуального мнения конкретного преподавателя относительно эффективности использования того или иного учебника или учебного пособия. Очень часто возникает необходимость в создании дополнительных УМ как для аудиторной, так и для самостоятельной работы студентов, а также для обновления информации в уже существующих УМ, что немаловажно для повышения мотивации студентов в изучении иностранного языка.

В силу этого в неязыковых вузах задача отбора содержания обучения ИЯ для специальных целей, а также учебных материалов как его составляющей, в подавляющем большинстве случаев возлагается на профессорско-преподавательский состав кафедр иностранных языков данных вузов. Педагогическим коллективам кафедр иностранных языков зачастую приходится решать задачу обеспечения дисциплины за счет отбора УМ среди уже существующих, а также создания собственных и для внутреннего использования (т.н. "in-house") учебных пособий и учебно-методических материалов. Т.о. преподавателям приходится брать на себя роль экспертов по оценке УМ, а также их разработчиков. И хотя эта роль не является исключительной для преподавателей иностранных языков в целом, преподавателям ИЯ для специальных целей чаще других приходится оценивать, отбирать, проектировать и разрабатывать УМ для использования на своих занятиях.

В связи с этим нам хотелось бы остановиться на одной из насущных проблем, с которой сталкиваются преподаватели ИЯ для специальных целей, а именно, на проблеме оценки используемых УМ, включая собственные, в отборе содержания обучения ИЯ. Однако следует отметить, что данная проблема неизмеримо шире и глубже рамок данной статьи.

Мы согласны с тем, что в обучении языку в качестве учебного может выступить любой материал, будь то учебник, художественное произведение, CD-ром, видео, фотокопируемый раздаточный материал, газетная статья, предложение, написанное на доске, и т.п., - все, что представляет собой изучаемый язык или информирует о нем. [5, xi]. Однако мы уверены, что далеко не все вышеперечисленное является материалами, готовыми к использованию в учебном процессе. И об этом особенно важно помнить с приходом Интернета, когда огромное количество информации приблизилось к нам до расстояния клика компьютерной мыши, и у преподавателей появились практически неограниченные возможности использования того или иного материала в качестве учебного.

К сожалению, не существует универсального рецепта проведения эффективной оценки УМ на всех уровнях и по всем направлениям. Однако существуют некоторые методики, включающие списки контрольных вопросов и критерии, помогающие выявить пробелы, избежать ошибок, оценить преимущества, и взвесить сильные и слабые стороны тех или иных УМ для принятия решения относительно их использования. Как правило, УМ оцениваются с помощью анкетирования и списка контрольных вопросов. Существуют и другие методы, такие как интервью, использование данных наблюдения, оценочные (рейтинговые) шкалы и т.д. [2, 148].

Надо признать, что подобные методы оценки требуют значительных временных затрат. В силу этого они более применимы для таких УМ, как базовый учебник или учебно-методический комплекс. Если же речь идет о таком материале, как например, статья из медиа источника, используемая в качестве дополнительного материала, то в этом случае преподаватель вряд ли прибегнет к его всесторонней оценке, какими бы цели обучения на конкретном этапе ни были. В этом случае он чаще полагается на собственный опыт, знания и интуицию.

В случае отсутствия готовых УМ, или если материалы не вполне соответствуют определенным критериям, перед педагогами возникает задача обеспечения дисциплины либо путем разработки собственных УМ «с нуля», либо путем адаптации уже имеющихся материалов к конкретным учебным целям, направлению подготовки, целевой группе обучающихся, срокам и комплексу уже существующих обучающих ресурсов.

Говоря о разработке преподавателями собственных УМ, хочется остановиться на отборе, а также на создании учебных текстов как необходимых компонентов содержания обучения иностранным языкам, т.к. «наряду с тематикой тексты служат основой для практического овладения иностранным языком» [1, 129].

В этой связи нельзя не сказать о т.н. «аутентичных» текстах и их использовании в качестве УМ. С приходом Интернета, а вместе с ним и практически неограниченного доступа к различным источникам информации, у преподавателей появились широкие возможности использовать для создания УМ так называемые «аутентичные» (подлинные, оригинальные) материалы. Зачастую преподаватели используют их в своих учебных материалах для обучения ИЯ для специальных целей в неизмененном виде, упуская из виду тот факт, что они написаны специалистами определенной предметной области для специалистов, а не для обучающихся иностранному языку. Среди части педагогов бытует мнение, что адаптированные («упрощенные») тексты чрезмерно оберегают обучающихся от языковых сложностей, и не готовят их к реальному использованию языка, в то время как аутентичные тексты (т.е. тексты, не написанные специально для обучения языку) предъявляют язык в том виде, в котором он обычно используется.

Позволим себе поспорить с таким подходом и согласиться с мнением [6, 19], что то, что является подлинным или аутентичным для пользователей, для которых данные тексты предназначены, не является вполне надежным и правильным для обучения иностранному языку как таковому. Мы считаем, что при создании собственных УМ преподаватели должны рассматривать учебные тексты с точки зрения целесообразности, результатов учебной деятельности, эффективности и взаимосвязи с другими УМ, а не на основе их происхождения, и не пренебрегать приемами адаптации оригинальных текстов.

По нашему мнению один из основных недостатков «аутентичного» текста заключается в том, что количество информации в них в подавляющем большинстве случаев превышает объем языка, поддающегося изучению. В этом смысле «упрощенные» тексты более способствуют сосредоточению внимания обучающихся на особенностях языка и его использовании.

К тому же адаптированные тексты соответствуют двум принципам отбора содержания обучения ИЯ: 1) необходимости и достаточности содержания для реализации целей обучения учебному предмету; 2) доступности содержания в целом и его частей для усвоения [1, 137].

Приведем пример адаптации оригинального текста при разработке УМ для обучения ИЯ (английскому) для специальных целей (Таблица 1). В колонке А приведена оригинальная статья газеты Financial Times [7]. В колонке Б приведен адаптированный на ее основе текст, использованный при создании учебного пособия на английском языке «Accounting and Finance» («Бухгалтерский учет и финансы») серии Market Leader, Business English [3, 13] (уровень Intermediate – Upper-intermediate). В таблице сопоставляются оригинальный и адаптированный материал.

В колонке Б жирным шрифтом курсивом (в скобках) даются краткие пояснения, какие именно изменения были произведены в оригинальном тексте. Изменяемый текст оригинала (А) и соответствующие ему произведенные изменения (Б) выделены курсивом. (Нумерация абзацев в колонке А наша.)

Адаптированный текст является базовым текстом раздела (Unit 3), основная тема которого «Международные стандарты финансовой отчётности (International Financial Reporting Standards (IFRS))». В рамках данной темы и на основе текста автор разработал ряд заданий и упражнений. Мы не будем подробно останавливаться на их видах, отметим только, что они охватывают такие виды речевой деятельности, как говорение и чтение и предполагают совершенствование тех лексических и грамматических навыков, которые необходимы для специалистов, изучающих английский язык для его использования в сфере бухгалтерского учета и финансов. [3, 12, 14, 15].

Таблица 1

А	Б
April 30, 2008 3:25 am **CEOs need to take account of IFRS** By Jennifer Hughes	**CEOs need to take account of IFRS** by Jennifer Hughes
1. "No one anticipated how big it was going to be," says Ken Wild, global *IFRS* leader at Deloitte, speaking of the European switch to new accounting standards. "Every company was too late and too slow in preparing – even the good ones."	'No one anticipated how big it was going to be!' says Ken Wild, global *International Financial Reporting Standards* (IFRS) leader at Deloitte, speaking of the European switch to the new international accounting standards. 'Every company was too late and too slow in preparing - even the good ones.' *(Добавление: расшифровка аббревиатуры.)*
2. *It is a warning executives around the world will do well to heed as another raft of countries prepares to switch from their own national accounting rules to International Financial Reporting Standards, the system now being used, or adopted, by more than 100 countries.*	*(Сокращение)*
3. Accounting *was once the preserve* of the bookkeepers and auditors, but no more. The wide effects on a company of switching accounting rules has forced many managers to roll up their sleeves – and even when they have reached the first milestone of the switchover – executives need *to keep abreast* of the ongoing developments in IFRS *to understand the impact on perceptions of their company's financial performance.*	Accounting *used to be in the hands of only* the bookkeepers and auditors. Not any more. The change in accounting rules has forced many Chief Executive Officers (CEOs) to roll up their sleeves. Even when they have reached the first milestone of the changeover, they need *to keep up to date* with ongoing developments in IFRS *in order to deal with the way their company's financial performance will be viewed from the outside.* *(Перефразирование)*

4. Those already on board with IFRS include all 27 members of the European Union, Australia and South Africa. 5. In the coming years they will be joined by Japan, South Korea, Canada and – at some point – the US. The clear message from those who have gone before is not to underestimate the scale of the change.	*(Сокращение)*
6. *At first glance, the switch of accounting rules seems to belong firmly to the accountants, but experience shows that there are far more changes under the surface – the internal effects range from re-training staff and changing systems to collect different data, to potentially changing remuneration policies and other key accounting policies to avoid unwelcome lumps and bumps in the reported accounts.*	*A changeover to IFRS involves far more changes than might at first appear. These range from retraining staff and altering data-collection systems to potentially changing pay policies and adjusting key accounting policies in order to avoid anomalies in the reported accounts. Changing over was more difficult than many originally anticipated. It required a lot of adjustments to the computer information systems to try to build the final financial statements.* *(Перефразирование)*
7. *"The public perception was that the European transition was very successful – and it was. But it was also more difficult than people realised, requiring lots of patches and offline adjustments to try and get to the final report," says Amin Mawji, a partner in the Financial Reporting Advisory group at Ernst & Young.*	*(Сокращение)*

8. Mark Smith, director of external reporting at Tomkins, led the engineering group through the change. "There were really two phases to the whole project," he says. *"First was the differences in accounting policies and seeing what had to change there.* Then second was producing the accounts and working out what you needed to do to do that."*	Mark Smith, Director of External Reporting at Tomkins, led his engineering group through the change. 'There were really two phases to the whole project, he says. *'Firstly, we had to work out which accounting policies had to change. Secondly, we had to understand how to produce the new style of accounts.* The extra disclosure requirements caused headaches. It was not necessarily huge additional amounts of data, *but the differences in the data which caused problems - collecting it and explaining why you need it.'*
9. The extra disclosures companies were required to produce under IFRS caused significant headaches. "It was not necessarily huge additional amounts of data, *but it was different and that was what caused problems – you had to work out how to collect it and explain to people why you need it,"* adds Mr Smith.	*(Сокращение: объединение абзацев 8, 9. Перефразирование.)*
10. Externally, there were also big challenges. Executives had to educate the market as to what the different numbers meant and prepare investors and analysts for any significant changes.	Externally, there were also big challenges. Executives had to educate the market as to what the different numbers meant and prepare investors and analysts for any significant changes. During the UK conversion, PwC staff tracked the share price movements of companies on the first day they reported results under IFRS. 'The moves were normally 1 or 2 per cent, so that is not bad, but that is, in fact, a big deal for something that was *promoted* as only a change in book keeping,' says Ian Dilks, head of the IFRS conversion team at PwC.
11. During the UK conversion, PwC staff tracked the share price movements of companies on the first day they reported results under IFRS. "The moves were normally 1 or 2 per cent, so that is not bad, but that is in fact a big deal for something that was *mooted* as only a change in bookkeeping," says Ian Dilks, head of the IFRS conversion team at PwC.	*(Сокращение: объединение абзацев 10, 11.* *Упрощение: замещение менее употребительного слова на более употребительное)*
12. *He also talks of a "first-*	

mover" advantage for companies in educating investors and analysts – something upcoming adopters would do well to bear in mind.	
13. *"Analysts can sit through any amount of training, but they need to see things in practice, so they are really going to learn the most on the first presentations they go to," he explains. "After that, they will apply that first view of what you told them to the next company they talk to."*	
14. *Accounting has never been a science, and the differences between old and new systems need careful explanation.*	
15. *For example, research by staff at Analyst's Accounting Observer newsletter looking at foreign companies that filed results in the US in 2006, found only two reported the same earnings under both US GAAP and IFRS.*	
16. *For those with higher IFRS earnings – 64 per cent – the median increase was 12.9 per cent while for those who benefited under US GAAP, the median gain was 9.1 per cent.*	
17. *Companies in Canada and elsewhere are already working towards their own 2011 conversion date but a similar target date is not yet clear for the US.*	
18. *The US Securities and Exchange Commission is known to be broadly supportive of changing and is in the process of developing a plan, but no date has yet been set.*	
19. *US multinationals, many of whom have overseas subsidiaries using IFRS, are keenest and many*	*(Сокращение)*

are already preparing.	
20. *"We do have managements coming to us and asking the questions: they are reading about it in the press and asking about the impact and how do they get there," says Robert Dohrer, a partner at RSM McGladrey, the accountancy firm.*	
21. *"This is not like translating English to French or Spanish. It is about taking what you have done to date to account for your transactions and looking at doing it in another framework, with all these options you have never thought about," he adds.*	
22. No two companies go through exactly the same experience and the extent of the change depends on the complexity of the company. Financial services and multinational firms tend to be at one end of the scale and small companies that operate only domestically at the other.	No two companies go through exactly the same experience, and the extent of the change depends on the complexity of the company. Financial services and multinational firms tend to be at one end of the scale, and small companies that operate only domestically at the other.
23. In Europe, the process was complicated further by different accounting rules in each country, some of which were more geared towards tax collection, requiring *a huge leap to* the capital market-centric focus of IFRS.	In Europe, the process was complicated further by different accounting rules in each country. Some of these were more geared towards tax collection and required a major reorientation towards capital markets, *in line with IFRS.* **(Упрощение: разбивка одного предложения на два более коротких. Перефразирование.)**
24. *European companies operating with less developed accounting systems were generally more prepared for the switchover.*	*Interestingly, European companies with less-developed accounting systems were generally better prepared for the switchover,*

25. Laggards, interestingly, included many in the UK, where local accounting was considered similar enough to IFRS that the change would be relatively easy.	whereas many UK companies had to rush to work through the unexpected detail of the new requirements. UK accounting was considered quite similar to IFRS. Some companies made the mistake of thinking that the change would be relatively easy. ***(Упрощение: объединение абзацев 24, 25.; разбивка двух предложений на три более коротких. Перефразирование.)***
26. In the end, many spent a rushed last year working through the unexpected detail of the new requirements.	
27. This could hold lessons for other countries with well-developed systems and highly skilled staff, such as the US. Until IFRS took hold, US GAAP was considered the lingua franca of international financial reporting.	
28. "The US has trained the profession around those rules for decades and the new learning is going to be a really difficult task," says Mr Wild. "They are going to need a conceptual shift in their minds."	
29. The toughest change will be the shift from a heavily prescriptive rules-based system to one that strives to rely on broad principles instead, which could have far-reaching implications given the litigious culture of the US.	
30. The US GAAP rulebook, including interpretations and other guidance, is about 25,000 pages compared with the 2,500-odd pages of IFRS.	
31. There are also implications for tax and other areas	*(Сокращение)*

of general business that companies will also want some answers to. US rules, for example, allow a form of inventory accounting, known as LIFO, that has the effect of lowering profits and tax bills.	
32. *IFRS does not allow this, which could leave many manufacturers facing a very large one-off charge if a deal is not worked out.*	
33. *"The key message is that this is not a technical issue,"* says Mr Dilks. "Should CEOs be panicking? No – but neither should they be thinking *this is gobbledegook that belongs* to someone else much lower down."	*'This is absolutely not just a technical issue,'* says Mr Dilks. 'Should CEOs be panicking? No - but neither should they be thinking *that they can simply leave this issue* to someone else much lower down [*their organisation*].' **(Перефразирование. Добавление: уточнение)**
Количество слов: 1220; количество знаков с пробелами: 7217; абзацев: 33.	Количество слов: 560; количество знаков с пробелами: 3371; абзацев: 9

В таблице показано, что в процессе адаптации текст статьи был сокращен более чем вдвое за счет исключения из него менее релевантной информации. В таблице также продемонстрировано, что в адаптированной статье также широко используются перефразирование, реже - упрощение и дополнение. Подобные приемы адаптации УМ снимают барьеры восприятия текста и способствуют реализации учебных целей.

Процесс разработки учебных материалов при обучении иностранному языку происходит непрерывно, и мы считаем, что всем, кто в нем участвует, следует проводить пилотные тесты разрабатываемых УМ, а также собирать об этих УМ экспертные заключения/отзывы. Это позволит со временем скорректировать УМ в соответствии с результатами их внедрения, современными тенденциями и результатами исследований в определенной профессиональной области. Этот этап является крайне желательным для педагогов-практиков, т.к. "материалы, которые проходят такую экспертизу и редакцию, будут для студентов и преподавателей более эффективными, чем материалы, которые эти этапы не прошли" [4, 175)].

Мы также полагаем, что при оценке учебных материалов полезно учитывать отзывы и экспертные заключения коллег-предметников с целью своевременного включения в УМ отдельных тем, а также уточнения актуальности определенных видов речевой деятельности. Мы также согласны с мнением [2, 150], что желательно получать обратную связь от обучающихся как потенциальных или реальных пользователей определенных учебных материалов и учитывать их мнение при адаптации последних. В общем и целом, как отзывы коллег, использующих те или иные учебные материалы в обучении ИЯ для специальных целей, так и мнение коллег-предметников, работающих в данной области, а также обратная связь с обучающимися могут быть чрезвычайно эффективными для приведения в соответствие содержания обучения в определенной профессиональной сфере (профессионального контента) содержанию обучения иностранному языку для специальных целей.

Литература, источники

1. Гальскова Н.Д., Гез Н.И. Теория обучения иностранным языкам. Лингводидактика и методика. М.: Академия, 2006.

2. Bocanegra-Valle A. Evaluating and designing materials for the ESP classroom. / English for Professional and Academic Purposes. Edited by Miguel F. Ruiz-Garrido Juan C. Palmer-Silveira Inmaculada Fortanet-Gomez: Rodopi B.V., Amsterdam - New York, NY, 2010.

3. Helm S. Accounting and Finance. Market Leader. Business English. Pearson Education Limited, 2010.

4. Stoller F.L., B. Horn, W. Grabe and M.S. Robinson. Evaluative review in materials development, Journal of English for Academic Purposes (5), 3, 2006.

5. Tomlinson B. (ed) Materials Development in Language Teaching, Cambridge, Cambridge University Press, 1998.

6. Widdowson H.G. Communication and community: The pragmatics of ESP/ English for Specific Purposes (17) 1, 1998.

7. www.ft.com.

Данилов Д.А.
д.пед.н.,проф.,чл.-корр.РАО.
Северо-Восточный федеральный университет, г.Якутск,
Корнилова А.Г.
д.пед.наук, проф.
Северо-Восточный федеральный университет, г.Якутск.

ДУХОВНО-НРАВСТВЕННАЯ КУЛЬТУРА УЧИТЕЛЯ – ПОКАЗАТЕЛЬ ЕГО ПРОФЕССИОНАЛИЗМА

Происходящие в России противоречивые социально-экономические процессы, обоснованные на потребительски-гедонистическом идеале, когда ценности вытеснены стремлением к богатству, принципом личной выгоды, сопровождаются идейной и моральной дезориентацией людей, культурной и моральной деградацией, духовной опустошенностью. И в этих условиях нередко нарушаются этические нормы в деятельности специалистов, духовно-нравственные ценности общества. Как верно подчеркивает Б.С. Гершунский, современное человечество все более теряет духовные ориентиры и жизненные истинные ценности, стремительно движется к полной нравственной деградации [2]. Все это свидетельствует о духовном кризисе, что изменения в жизни общества не имеют опоры на стабильные духовные и культурные ценности.

Формирование и развитие ценностных ориентаций людей определяются многими факторами жизни, среди которых немаловажную роль играет образование. В этой связи справедливо замечание А.Э.Воскобойникова: «образование важно превратить в непрерывное, целостное, многосвязное, постоянно обновляющееся, а также принципиально ориентированное на глобальные проблемы и духовные (особенно нравственные) ценности» [1]. И решение этой задачи в целом зависит от духовно-нравственной культуры педагога, который является живым примером для его воспитанников

Эмпирический опыт показывает, что образовательный процесс в вузе построен на принципах оптимизации, интенсификации обучения, ориентируется на развитие технократического и технологического сознания будущего специалиста, несколько остается в стороне его эмоционально-чувственная, нравственная сторона. Недостаточно обращается внимание на формирование личности будущего педагога, для которого духовные ценности являются профессионально значимыми. Здесь следует подчеркнуть, что в педагогических учебных заведениях образование сегодня должно быть направлено на развитие не только профессиональных, но и духовно-нравственных качеств личности будущего специалиста.

Как верно отмечается в изученной литературе, выпускник педвуза должен быть высоконравственный, ответственный и интеллигентный человек, обладающий толерантным сознанием, критическим мышлением и способностью к воображению. Это должен быть специалист, умеющий решать нестандартные задачи, принимать оперативно решения, обладать толерантностью, целеустремленностью, гуманностью, ответственностью. И профессиональная подготовка учителя в вузе должна быть основана на понимании его как человека культуры. В соответствии с этим будущий педагог как субъект современной культуры характеризуется высокой нравственностью, благородством характера, деликатностью, внимательным отношением к людям, а также приобщенностью к достижениям мировой и национальной культуры.

В контексте рассматриваемой нами проблемы немаловажный интерес представляет разработанная специалистами под руководством Т.В.Лодкиной модель выпускника университета [3]. В ней подчеркиваются: *ценностные ориентации* (отношение как к ценности к себе и другому человеку; следование велениям совести, а не внешнего императива; сохранение и приумножение социокультурных традиций и др.); *культурный уровень* (приобщенность к достижениям мировой и национальной культуры; уважительное, деликатное, тактичное отношение к старшим и детям; внутренняя высоконравственная позиция и др.); *личностные качества* (милосердие, умение прощать; толерантность, активный гуманизм и др.).

В процессе опытной работы мы руководствовались данными показателями профессиональной культуры будущего учителя. В целом, к ее признакам мы считаем целесообразным отнести также способность педагога создавать вокруг себя атмосферу благожелательности, добра. Это качество, как показывает изученный материал, представляет собой результат приобретенной личностью способности и ее природной одаренности концентрировать в себе духовную энергию и передавать ее окружающим, т.е. одухотворять их. Нет сомнения в том, что сформированность данного личностного образования для учителя выступает важнейшим условием профессионального становления и служебной самореализации.

Анализ эмпирического опыта показывает, что формирование профессиональной культуры студентов в вузе – многоэтапный процесс. В нем личностные качества и умения будущего специалиста наращиваются постепенно. В изученной литературе находим недостаточное научное обоснование основополагающих подходов формирования профессионально-нравственной культуры студентов. Требуется переосмысление теории и технологии учебно-воспитательной работы со студентами в этом направлении. Ниже вкратце остановимся на этом.

Профессионально-нравственная культура – это составная часть общей культуры человека, в которой воплощен накопленный человечеством опыт ценностного отношения к обществу, природе, родине, людям и самому себе, в основе которого лежат нравственные нормы, принципы, идеалы. В духовно-нравственной культуре создаются условия для интериоризации духовных ценностей в качества личности, детерминирующие и регулирующие ее мотивацию, выражающиеся в творческом опыте самосовершенствования.

Из обобщения практики видно, что составляющими духовно-нравственной культуры будущего специалиста являются:

- духовно-нравственная направленность личности (положительная мотивация, отношение к формированию духовно-нравственной культуры);

- специальные знания (о сущности духовно-нравственной культуры, генезисе и современных тенденциях ее развития, организации процесса ее формирования);

- умения (проектировать, реализовывать, анализировать процесс формирования духовно-нравственной культуры);

- система качеств личности (нравственная саморегуляция; культура поведения и взаимоотношений; понимание самоценности человеческой жизни, своего места в мире).

Образовательный процесс в вузе, как показывает анализ эмпирического опыта, обладает возможностью готовить специалиста, обладающего этической культурой, способного придавать высший смысл делам и поступкам, к нравственной регуляции деятельности, переживать чувства любви, дружбы, добра, созидающего свое бытие, ощущающего полноту жизни. В данном контексте следует отметить, что духовно-нравственная культура зависит от микроклимата в коллективе, высоконравственной среды учебного заведения, стимулирования самовоспитания, диалогового открытого общения, взаимопонимания педагога и студентов.

Опытная работа по формированию профессиональной культуры у будущих учителей проводилась в педагогическом институте Северо-Восточного Федерального университета. В своей работе мы исходили из следующих составляющих профессионально-нравственной культуры будущего учителя: духовно-нравственная направленность личности; специальные знания; педагогические умения; система качеств личности; нравственная саморегуляция; культура поведения и взаимоотношений; понимание самоценности человеческой жизни, своего места в мире, предназначения.

Разработанная нами модель процесса формирования духовно-нравственной культуры будущего учителя состоит из взаимосвязанных блоков: *целевого* (актуализация духовных потребностей будущих учителей; осознание ими своей индивидуальности в качестве носителя и субъекта культуры, формирование самооценки; приобщение их к духовно-нравственной проблематике); *содержательно-технологического* (знакомство будущих учителей с сущностью, структурой и функциями духовно-нравственной культуры, закономерностями, логикой и технологией организации данного процесса; совокупность умений и навыков по планированию, диагностике, коррекции и анализу своей деятельности; усвоение нравственных понятий); *аналитического* (отслеживание результатов деятельности студентов через систему творческих сочинений, проектов, выступлений на занятиях, проведения анализа и самоанализа).

В основе целевого блока как саморегулирующего механизма нами выделены такие факторы, как: потребность в духовно-нравственном совершенствовании; моральная направленность личности; «Я-концепция». И в процессе работы со студентами проводилась работа по данным факторам. Так, в аудиторных и внеаудиторных занятиях проводились парные и групповые обсуждения проблем и вопросов о высшем смысле дел и поступков людей, касающихся творческого преображения действительности. Особое место занимало обсуждение общечеловеческих морально-этических ценностей, межнациональной доброжелательности и т.д. Все это, по программе опытной работы, направлено на развитие у студентов самосознания, самооценки, самоуважения («Я-концепции»).

Содержательно-технологический блок направлен на то, чтобы у будущего учителя на высоком уровне была сформирована духовно-нравственной культура. Для этого необходимо выработать у студентов нравственные сознание, чувства и поведение. Под нравственным сознанием подразумевается усвоение понятий и представлений, являющихся нравственными знаниями, которые присваиваются личностью во время деятельности и общения. На основе ассимиляции этих знаний возникают нравственные чувства, способствующие глубокому усвоению нравственных знаний. В соответствии с формированием нравственных сознания и чувств оформляется нравственное поведение. В целом, профессионально-нравственное формирование личности будущего учителя – организованный, целенаправленный процесс развития нравственных убеждений, чувств, потребностей, привычек, нравственных качеств и нравственного поведения.

В процессе формирования духовно-нравственной культуры использовались интерактивные методы: дискуссии, деловые игры, пресс-конференции, диспуты. В процессе аудиторных занятий использовалась учебная дискуссия, как целенаправленный обмен идеями, мнениями всех участников обсуждения для поиска смысла (истины). Этот метод позволяет использовать опыт и знания студентов, способствуя лучшему усвоению изучаемого материала. Деловые и ролевые игры, проводимые в аудиторных и внеаудиторных занятиях, помогают формировать такие важные профессионально-нравственные качества будущих учителей, как коммуникативные способности, толерантность, умение работать в малых группах, самостоятельность мышления и т. д.

Следует заметить, что интерактивные методы способствуют установлению диалога. Диалоговая технология является способом познания себя и окружающей действительности в условиях общения, когда передается разнообразная информация как по существу разговора, так и о собеседниках, их внутреннем мире и уровне коммуникативной и диалоговой культуры. Данная технология ориентирует на обретение ценностей и смыслов будущей профессиональной деятельности, на овладение творческими способами решения профессиональных и жизненных проблем, на открытие рефлексивного мира собственного «Я». В целом, диалоговая технология позволяет реализовать глубокий анализ проблемы, понимание ее ценностно-смыслового содержания, развитие диалоговой культуры.

На основе диалогического взаимодействия достигается ценностно-смысловое равенство участников, и отношения между ними строятся по типу «субъект-субъект». Как известно, преподаватель и студент часто отделены друг от друга культурной и временной дистанцией, на них влияют различные социокультурные установки. В программе опытной работы в данном контексте предусматривалось, чтобы между преподавателем и студентами установилось взаимопонимание, совместное переживание и проживание радости, печали, вдохновения и других эмоций студентов. При этом важное значение играют условия для духовно-нравственной самореализации студентов, понимание преподавателем студента, целью которого является помощь, поддержка, предостережение, сообщение энергии успеха, доверие.

Система работы в этом направлении была ориентирована на то, чтобы будущий учитель понимал, что его призвание – образовывать человека, то есть не просто формировать потребителя знаний, а заботиться и о духовном развитии человека. И перед преподавателями ставилась задача: излагая материал на занятиях, стремиться формировать нравственно насыщенное, с позиции истины, добра, отношение к научным знаниям, к самой жизни. Как показывает аналитический блок разработанной модели, анализ проводимых в данном контексте учебных занятий, студенты проявляют самостоятельность, внеся в полученную информацию свое истолкование, творческий дух, и формируя образ мыслей будущего учителя – носителя духовно-нравственной культуры.

Таким образом, из представленного материала видно, что одним из показателей профессионализма педагога выступает его духовно-нравственная культура. В процессе подготовки учителя в учебном заведении она, как показала опытная работа, не усваивается студентами автоматически, а вырабатывается в процессе многогранной деятельности, зависит от определенных условий: микроклимата в коллективе, высоконравственной среды учебного заведения, стимулирования самовоспитания, диалогового открытого общения, взаимопонимания педагога и студентов.

Литература

1. Воскобойников А.Э. Образование как диалог и сотворчество // Высшее образование для XX1 века: Межд.научная конф. – М.: Моск.гум.ун-т, 2006. – С.139-147.

2. Гершунский Б.С. Философия образования для 21 века. – М.: Интер.Диалеюн, 1997. – 697 с.

3. Лодкина Т.В. Концепция модели выпускника педаг.унив-та // Профессиональное становление специалиста в вузе: Матер.межвуз.конф. – М.-Вологда, 2004. – С.3-12.

Смирнова М.Н.

доцент, кандидат педагогических наук, кафедра иностранных языков и методики преподавания Глазовского государственного педагогического института имени В.Г. Короленко

E–mail: dozentggpi@yandex.ru

СОВРЕМЕННЫЕ ТЕНДЕНЦИИ В ОБУЧЕНИИ ВТОРОМУ ИНОСТРАННОМУ ЯЗЫКУ В НЕЯЗЫКОВОМ ВУЗЕ

В свете глобальных изменений в современном обществе, проблема обучения иностранным языкам становится все более актуальной. Сейчас много говорится о необходимости пересмотра подходов в системе педагогического образования. Разрабатываются новые концепции вузовского образования, появляются новые модели подготовки специалистов. Целью образования становятся не только знания и умения, но и определенные качества личности, формирование ключевых компетенций, которые должны вооружить молодежь для дальнейшей жизни общества.

На повестку дня сейчас выносится проблема повышения уровня подготовки специалистов, а именно: не только высокий уровень профессиональной компетентности, но и владение иностранным языком. Поэтому, в свете более жестких требований, предъявляемых к выпускникам вузов мы должны пересмотреть методы обучения, чтобы добиться поставленной цели.

Становится все более очевидным, что высококвалифицированный специалист должен владеть хотя бы одним иностранным языком, чтобы иметь устойчивое положение в мире жестокой конкуренции. Поэтому дисциплина «иностранный язык» занимает не последнее место в программе обучения студентов вузов, которые начинают осознавать важность владения иностранным языком.

В последнее время более приоритетным языком становится английский, без знаний которого трудно использовать все возможности компьютера, систему Интернет. Поэтому в некоторых вузах на технических факультетах переходят на обучение английскому языку как второму иностранному.

В самой постановке проблемы обучения иностранному языку расставлены новые акценты, главный из которых – использование иностранного языка как средства профессионального, межкультурного и личностного общения. В связи с этим выдвигаются и обсуждаются новые технологии в преподавании второго иностранного языка [2, 15].

Например, одним из приемов обучения второму иностранному языку, является деление студентов на две группы: группа с «0» знанием английского языка (студенты, которые в школе изучали немецкий или французский языки) и группа со средним уровнем владения английским языком (студенты, изучавшие в школе английский язык). Следует отметить, что студенты, в целом, положительно относятся к нововведению, т.к. понимают важность изучения английского языка на современном этапе развития общества. Студенты с желанием начинают осваивать английский язык и делают значительные успехи. На конечном этапе обучения можно наблюдать, что студенты группы с «0» уровнем знаний английского языка подчас имеют более систематизированные знания, нежели те, которые изучали иностранный язык на протяжении 7-8 лет в школе. Какие причины? На наш взгляд, можно выделить следующие причины:

- мотивация обучения (параллельное изучение основ компьютерной грамотности и иностранного языка);
- единый стартовый уровень;
- интенсивный курс обучения;
- контрастивный принцип обучения (сопоставление английского и немецкого языков);
- использование компьютерных технологий при обучении английскому языку.

Познавательные мотивы являются самыми устойчивыми, поскольку сама учебная деятельность приносит удовлетворение и это побуждает студентов активнее, интенсивнее получать знания, формировать навыки и умения. Именно с познавательной мотивацией связывают продуктивную творческую активность личности в учебном процессе. Лишь через мотивацию появляется интерес, который вызывает самостоятельность, переходящую в активность и умение. Вся трудность заключается в том, какими средствами формировать учебно-познавательную мотивацию студентов неязыковых факультетов.

Явно прослеживаются гуманистические тенденции при обучении иностранному языку в вузе. На занятии студент чувствует себя комфортно, т.к. обучение для всех начинается с «нуля». Нет слабых и сильных студентов. Использование интенсивного курса обучения ускоряет процесс изучения языка. Студенты динамично овладевают всеми грамматическими, лексическими структурами и сразу на занятиях отрабатывают их в речи. А знания немецкого языка, полученные в школе, также помогают им в изучении английского языка.

Естественно, для интенсификации процесса обучения необходимо использовать современные методики. И одной из таких методик является сопоставительный (контрастивный) подход, где сравнение двух языковых систем осуществляется не с целью выявления их родства, а с целью выявления их принципиального сходства или различия.

По-мнению И.Л.Бим, сопоставительный (контрастивный) подход должен быть возведен в ранг принципа, причем не только с целью выявления различий между языками, но и для поиска сходства, тем более, если языки относятся к одной языковой группе, например, как в случае с английским и немецкими языками [1, 48].

При сопоставительном анализе может выделяться:

1) полная эквивалентность (т.е. полное тождество семантических структур);

2) частичная эквивалентность (она проявляется тогда, когда одному слову одного языка соответствует в другом языке несколько слов);

3) и нулевая эквивалентность, т.е. полное ее отсутствие (как правило, это лексические единицы, отражающие обычаи, культуру, быт одного народа, отсутствующие у другого народа).

Выявление и изучение таких явлений облегчает овладение вторым иностранным языком. Так, например, на начальной ступени обучения второму иностранному языку можно предложить ряд упражнений:

1. Проверьте свой потенциальный запас знаний в английском языке:

англ.		нем.
the bus	-	der Bus
the hand	-	die Hand
the museum	-	das Museum
the hotel	-	das Hotel

2. Догадайтесь о значении следующих слов. Отметьте разницу в произношении:

англ.		нем.
music	-	Musik
engineer	-	Ingenieur
name	-	Name
Information	-	Information

3. Подберите к английским словам немецкие эквиваленты (тема «die Familie»):

grandfather	die Großmutter die Mutter
son father niece	der Neffe die Schwester
mother sister	der Sohn die Tochter der Vater
daughter family	der Großvater der Bruder
brother uncle	der Onkel die Nichte
grandmother nephew	die Familie

4. Опираясь на знания в русском, немецком языках, догадайтесь о значении английских слов без перевода и распределите все напитки на:

а) горячие и холодные;

б) безалкогольные и содержащие алкоголь;

в) типично русские, американские, немецкие напитки:

Getränke: der Tee, der Kakao, die Milch, das Wasser, das Mineralwasser, las Bier, der Champagner, der Cognac, der Orangensaft, der Whisky, der Kaffee, der Weißwein, der Apfelsaft, das/die Cola.

5. Составьте таблицу русско-английско-немецких соответствий по теме «Отель» (дается ряд соответствий).

Выявление и изучение таких соответствий облегчает овладение вторым иностранным языком, так как происходит положительный перенос сходных явлений с одного языка на другой, а также облегчает запоминание нового лексического материала. Можно привести много таких примеров. Поэтому, студентам, знающим немецкий язык, легче запоминать английские слова и осуществлять перевод с английского языка на русский язык [3, 56].

Тем не менее, говоря о явных преимуществах овладения английским языком, следует сказать также и о некоторой негативной тенденции, которая наметилась в отношении другого иностранного языка, в частности – немецкого, не говоря уже о французском и испанском.

Проблема состоит в том, как преждевременно не подпасть под существующую в мире тенденцию к вытеснению английским языком, как наиболее распространенным языком мирового общения, других иностранных языков. Для решения данной проблемы передовыми педагогами и учеными предлагается вводить в курс обучения в школе и вузе второй иностранный язык. Целесообразно сохранить немецкий и другие языки в качестве иностранного языка, а английский ввести как второй. И наоборот.

Итак, обучение второму иностранному языку на неспециальном факультете в неязыковом вузе является важной задачей в системе современного образования для повышения профессионального уровня подготовки специалиста, так как мир — это мультикультурное пространство и для того, чтобы специалисту быть конкурентоспособным и общаться в рамках свей профессиональной деятельности, ему необходимо знать иностранные языки.

Список литературы

1.   Бим И.Л. Концепция обучения второму иностранному языку. – Обнинск: Титул. – 2001. 48 с.

2.   Вяткина И.А. К проблеме отбора текстов для обучения второму иностранному языку // Текст 2000: Теория и практика. Междисциплинарные подходы: Материалы Всероссийской научной конф. Часть 2 / УдГУ. Ижевск, 2001. с. 15 – 16.

3.   Козлитина О.К. Контрастивный принцип обучения второму иностранному языку // Материалы научно-методической конференции. Ижевск: Издат. дом «Удмуртский ун-т», 2000. с.56 - 57.

Полевщиков М.М. - канд. пед. наук, профессор, Марийский государственный университет, г. Йошкар-Ола, Россия, e-mail: mmpol@yandex.ru
Роженцов В.В. - докт. техн. наук, профессор, Поволжский государственный технологический университет, г. Йошкар-Ола, Россия

ТЕСТИРОВАНИЕ ДВИГАТЕЛЬНЫХ ДЕЙСТВИЙ В БАДМИНТОНЕ

Научно-методическое обеспечение учебно-тренировочного процесса в спорте, в том числе в бадминтоне, рассматривается как управление подготовленностью спортсмена с целью достижения наилучших результатов и базируется на контроле спортивно-технической подготовки и тренированности путем тестирования [1].

Бадминтон в силу требований правил соревнований, особенностей судейства и их влияния на результат игры занимает уникальное место среди разных спортивных специализаций. В бадминтоне в отличие от многих других игровых видов спорта не допускаются игровые паузы, связанные с длительным владением спортивным снарядом одним игроком или командой. На ответные действия в процессе игры спортсмен имеет десятые доли секунды [2].

Для бадминтона характерна активная двигательная деятельность, выполняемая в вариативных игровых ситуациях, обусловленных скоростью, направлением и траекторией движения волана, расположением на площадке самого спортсмена и его соперника, что требует от спортсмена прежде всего быстроты реагирования и способности выполнять с большой скоростью двигательные действия [3-5]. В связи с этим используемые тесты должны учитывать специфику двигательных действий бадминтонистов и позволять оценивать время типичных сенсомоторных реакций в данном виде спорта и время перемещений спортсмена по корту.

Быстрота перемещения по корту включает своевременный выход в точку удара, возвращение в игровой центр (ИЦ) и принятие игровой стойки, позволяющей быстрее выполнить новое перемещение в ударную точку. Быстрота выполнения ударного действия предполагает наиболее экономное использование соответствующих мышечных групп для сильного и точного атакующего или ответного удара в любую точку площадки соперника и быстрое восстановление мышц после удара.

Для бадминтониста высокого класса, помимо быстроты реакции и перемещения необходимы такие качества, как быстрота мышления, способность прогнозировать поведение соперника, склонность и умение рисковать в игре, но использовать риск расчетливый и тщательно тренируемый, а не безрассудный.

Одним из наиболее важных качеств, обусловливающих успешность действий бадминтониста, является быстрота его перемещения, под которой понимается весь комплекс перемещений игрока из своего ИЦ – основной позиции – к задней линии, как вправо, так и влево; к правой и левой боковой линиям; к сетке, как в правый, так и в левый углы, и возвращение в ИЦ. При этом возвращение должно быть максимально быстрым, желательно до того, как соперник выполнит ответный удар. В этом случае у соперника исключается возможность выполнения обводящего удара, а у игрока появляется больше времени для прогнозирования действий соперника.

Для тестирования быстроты реагирования и скорости двигательных действий в лаборатории изучения двигательной деятельности человека Марийского государственного университета разработан способ, по которому в ИЦ на поверхности корта (рис. 1) размещают контактную площадку, в заданных игровых зонах 1–6 на заданной высоте – контактные устройства, у сетки – табло 7 [6].

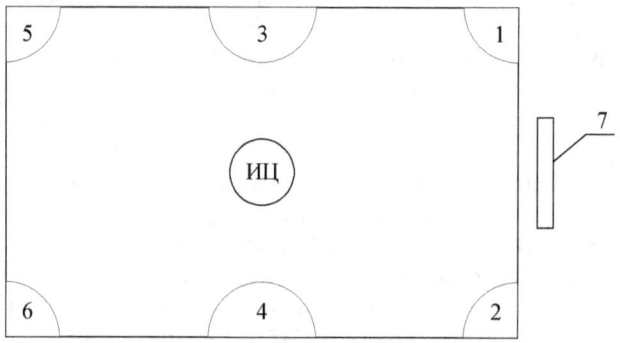

Рис. 1. Схема размещения контактных устройств и табло

На табло 7, установленном на заданной высоте, находятся световые индикаторы игровых зон (рис. 2). Контактную площадку в ИЦ, контактные устройства в игровых зонах и табло с индикаторами соединяют с компьютером, на котором указывают последовательность движений спортсмена от ИЦ до игровых зон и время задержки подачи сигнала о движении к игровой зоне от момента времени возвращения спортсмена в ИЦ. Направление движения к игровой зоне задают подачей сигнала на соответствующий индикатор табло.

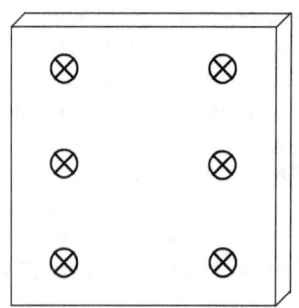

Рис. 2. Схема размещения световых индикаторов

Спортсмен двигается из ИЦ к заданной игровой зоне, замыкает касанием ракетки или руки соответствующее контактное устройство и возвращается в ИЦ. Сигналы о замыкании или размыкании контактной площадки в ИЦ, замыкании контактных устройств в игровых зонах передаются в компьютер, который измеряет:

- время от момента подачи сигнала на индикатор табло до начала движения спортсмена из ИЦ, соответствующее реакции выбора;

- время движения спортсмена от ИЦ до заданной игровой зоны и замыкания соответствующего контактного устройства;

- время движения спортсмена от момента замыкания контактного устройства в заданной игровой зоне до ИЦ.

Предложенный способ позволяет:

- зная время перемещения спортсмена к разным игровым зонам и время возвращения в ИЦ, оптимизировать положение ИЦ для разных игровых ситуаций;

- оценить подготовленность спортсмена на разных этапах тренировочного процесса;

- тренировать технику и скорость перемещений по корту;

- индивидуализировать тренировочный процесс;

- выполнить отбор подростков в спортивные школы, ранжирование спортсменов для участия в соревнованиях;

- обосновать эффективность инновационных методов технической подготовки от новичков до спортсменов высокого класса.

Литература

1. Клименко Н.И., Клименко Г.Н. Управление тренировочным процессом в бадминтоне // Известия Южного федерального университета. Технические науки. 1997. Т. 5. № 2. С. 237–240.

2. Марков К.К., Николаева О.О. Формирование психомоторных качеств в современном спорте: теоретические и методологические проблемы // Фундаментальные исследования . 2013. №8-4. С.943-947.

3. Мартынова А.С. Развитие общих и специфических координационных способностей у бадминтонистов 8–11 лет // Ученые записки университета им. П. Ф. Лесгафта. 2011. Т. 72. № 2. С. 132–135.

4. Смирнов Ю.Н. Особенности методики развития скоростно-силовых качеств бадминтонистов // В мире научных открытий. 2011. № 9.1. С. 391–398.

5. Полевщиков М.М., Роженцов В.В., Закамский А.В. и др. Быстрота как необходимое физическое качество бадминтониста // Физическая культура, спорт и здоровье. 2013. № 22. С. 58-61.

6. Патент 2490046 Российская Федерация, МПК А63В 69/00, А63В 71/00. Способ оценки двигательных действий в бадминтоне / А.В. Закамский, С.И. Песошина, М.М. Полевщиков, В.В. Роженцов; заявитель и патентообладатель Марийский государственный университет. № 2012100919/12; заявл. 11.01.2012; опубл. 20.08.2013, Бюл. № 23. 6 с.

Бикбулатова С.А.

доцент, кандидат педагогических наук, каф. физ. воспитания СибАДИ

sani-bik@mail.ru

МЕТОДИКА ТЕСТИРОВАНИЯ ДВИГАТЕЛЬНОЙ ПОДГОТОВЛЕННОСТИ ДЕТЕЙ ПЕРВОГО ГОДА ЖИЗНИ

Для определения двигательной подготовленности детей первого года жизни совместно с А.И. Кравчуком [1, 2, 3], была составлена карта обследования развития основных движений.

Для оценки уровня моторного и нервно-психического развития детей были выбраны 40 основных движений и показателей нервно-психического развития (табл. 1), которые оценивались по разработанной нами балльной шкале оценок развития движений.

Возраст, в котором от 1 до 49,9% детей выполняют исследуемое движение, определялся нами как начало формирования движения. Выполнение движения менее 50% детьми оценивалось одним баллом. Период, в котором от 50 до 99,9% детей выполняют исследуемое движение, определялся нами как формирование движения, и выполнение оценивалось двумя баллами. Выполнение всеми (100%) детьми движения оценивалось тремя баллами. Это позволило нам определить суммарную балльную оценку развития движений на каждом месяце жизни, который мы назвали ВПРОД (возрастной показатель развития движений).

ВПРОД имеет тенденцию к росту, но динамика прироста показателей в течении года не равномерна. Она имеет большое сходство с динамикой изменения двигательной активности А.М. Фонарева [4]. Незначительные отличия наблюдаются на 5 и 9 месяцах жизни (продолжающийся прирост ВПРОД без подъема показателей двигательной активности), что, по нашему мнению, можно объяснить преимущественным развитием локальных движений и движений, связанных с сохранением положения тела в пространстве. В двенадцатимесячном возрасте наоборот, наблюдался прирост показателей двигательной активности при относительной стабилизации ВПРОД, что связано с активным освоением ходьбы. Обе методики оценки отражают особенности развития движений, но предлагаемая нами методика позволяет более детально исследовать этот вопрос.

Полученные результаты позволили определить последовательность развития движений у здоровых детей первого года жизни, воспитывающихся в условиях семьи.

Первые два месяца жизни характеризуются проявлением врожденных двигательных рефлексов, в выполнении которых участвуют все части тела.

На третьем-четвертом месяцах происходит развитие локальных движений головой, руками, туловищем. Начинают формироваться комбинированные движения на основе ранее освоенных локальных движений.

На пятом-шестом месяцах жизни формируются движения туловищем в горизонтальном положении, выполняемых ребенком самостоятельно, начинают формироваться движения туловищем в вертикальном положении, выполняемых с помощью взрослого. В данном возрасте начинают формироваться движения кистями рук и целенаправленное движение руки к предмету.

На седьмом-девятом месяцах жизни происходит становление движений туловищем и кистями рук. Наблюдается формирование движений с использованием нижних конечностей в качестве опоры, преимущественно в горизонтальном положении и впервые появляются произвольные движения, выполняемые всеми частями тела.

Десятый-двенадцатый месяцы характеризуются появлением движений пальцами рук и целостных (выполняемых всеми частями тела) движений, выполняемых преимущественно в вертикальном положении.

Сравнение динамики развития основных движений у детей, занимающихся и не занимающихся гимнастикой, выявил, что направленные педагогические воздействия способствуют становлению движений в оптимальные сроки, увеличивается процент детей, выполняющих изучаемое движение.

В первом полугодии жизни наблюдаются наибольшие приросты в развитии движений, значительно меньшие – во втором. В первом полугодии жизни ребенка суммарные приросты составили 73 балла, то во втором полугодии жизни они составили 32 балла (в 2,3 раза меньше). Развитие большинства основных движений происходит в первые девять месяцев жизни и оцениваются 97 баллами, а на последние три месяца жизни приходится всего 8 баллов.

Таблица 1

Показатели развития движений детей первого года жизни

Движения	Возраст, мес.											
	1	2	3	4	5	6	7	8	9	10	11	12
1. Зрительное и слуховое сосредоточение												
2. Зрительное слежение за игрушкой												
3. Поворот на бок												
4. Стойка при поддержке под мышки												

5. Удержание головы вертикально в стойке при поддержке под мышки

6. Удержание головы лежа на животе

7. Упор лежа прогнувшись на предплечьях

8. Рассматривание рук

9. Разгибание ног в тазобедренных суставах при поддержке под живот

10. Разгибание и удержание головы при поддержке под живот

11. Поворот головы на источник звука

12. Наклон головы вперед и полунаклон туловища при потягивании за пальцы рук

13. Целенаправленное движение руки к игрушке

14. Размахивание руки с игрушкой

15. Бросание игрушки

16. Стойка при поддержке под предплечья

17. Поворот на живот

18. Поворот с живота на спину

19. Упор лежа прогнувшись

20. Сед при поддержке под за одну руку

21. Перекладывание игрушки из одной руки в другую.

22. Постукивающие движения рукой

23. Произношение слогов

24. Последовательно взять две игрушки правой и левой рукой							▨		▨			
25. Стойка при поддержке под кисти							▨	▨				
26. Присед за игрушкой при поддержке взрослым								▨				
27. Сед без поддержки							▨					
28. Наклон за игрушкой при поддержке взрослым							▨					
29. Переход из положения лежа в сед							▨		▨			
30. Переход из седа в стойку с опорой							▨		▨			
31. Поиск спрятанной игрушки								▨		▨		
32. Заученные действия «Ладушки» и т.д.										▨		
33. Стойка на четвереньках										▨		
34. Произношение слов										▨		
35. Ползание на четвереньках										▨		
36. Стойка без опоры											▨	▨
37. Ходьба без опоры												▨
38. Одевание кольца на стержень пирамидки												▨
39. Присед без опоры												▨
40. Переход из седа в стойку без опоры												▨

Условные обозначения

появление движения у 50 % детей

появление движений у 100 % детей, занимающихся гимнастикой

появление движения у 100 % здоровых детей, не занимающихся гимнастикой

Использование показателя ВПРОД позволило наглядно показать различия в развитии движений у здоровых детей, занимающихся и не занимающихся гимнастикой. Возрастные рамки, в которых появлялось движение у 50% здоровых детей первого года жизни, воспитывающихся в семье, практически не зависят от того, занимаются с ними гимнастикой или нет. А вот период, когда 100% детей могут выполнить движение, существенно различается, что говорит о необходимости занятий гимнастикой на первом году жизни.

Для оценки степени индивидуального становления основных движений ребенка и сопоставления с возрастными разработана балльная шкала оценки степени освоения ребенком изучаемого движения. Выполнение первых попыток движения оценивается одним баллом, нестабильное выполнение – двумя. И стабильное, качественное выполнение – тремя баллами. Сумма баллов оценки степени освоения движения у каждого ребенка позволила определить индивидуальный показатель развития основных движений (ИПРОД). ИПРОД позволяет выявить отклонения в развитии основных движений при сравнении с ВПРОД.

Исследования показали, что ВПРОД и ИПРОД отражают общую тенденцию развития основных движений детей первого года жизни. Данная методика не требует использования аппаратуры, проста, информативна, использовать ее можно практически в любых условиях (детской поликлинике, домашних условиях и т.д.).

Библиографический список литературы

1. Бикбулатова С.А. Комплексы гимнастики в ходе становления основных движений у детей первого года жизни: дисс. … канд. пед. наук: утв. 28.03.1990 / С.А. Бикбулатова: науч. рук. А.И. Кравчук, ОГИФК . - Омск, 1989.- 199 с.

2. Бикбулатова С.А. Методика оценки двигательной подготовленности детей первого года жизни / С.А. Бикбулатова, А.И. Кравчук // Актуальные вопросы подготовки спортсменов высокой квалификации: тезисы докладов V межвузовской науч. конф. молодых ученых / ОГИФК. – Омск. 1987. – С.126-127.

3. Бикбулатова С.А . Физическое воспитание детей первого года жизни : метод. рекомендации / С.А. Бикбулатова; ОмГПУ. – Омск : ОмГПУ, 2009. - 40с.

4. Фонарев А.М. Развитие функций мышечной системы ребенка: дисс. …д-ра биол. наук. / А.М. Фонарев. – М., 1969. –360 с.

Перминова А.А.

аспирантка 3 курса кафедры социальной педагогики и психологии, факультета Педагогики и психологии, Федерального Государственного Бюджетного Образовательного Учреждения Высшего Профессионального Образования «Московский педагогический государственный университет», Специалист Управления воспитательной работы и молодежной политики, куратор педагогического отряда.
anneta.koc@mail.ru

ДЕТСКИЙ ОЗДОРОВИТЕЛЬНЫЙ ЛАГЕРЬ КАК ОСОБОЕ ВОСПИТАТЕЛЬЕ ПРОСТРАСТВО

Детский лагерь имеет достаточно возможностей для организации эффективного оздоровления детей, организации воспитательного процесса. Жизнедеятельность детского оздоровительного лагеря – это целостная система, в которой заложены возможности укрепления здоровья и одновременно формируются ценностные ориентации. Такую деятельность отличает обогащенное содержание, самостоятельно - творческие способы организации, направленность на всестороннее комплексное развитие детей (физическое, умственное, психическое) всего коллектива лагеря. Специфичность воспитательной системы конкретного детского оздоровительного лагеря зависит также от состава детей. Воспитательная система детского оздоровительного лагеря – не самоцель, а осознанная педагогическим коллективом необходимость, потребность в краткосрочных условиях организовать жизнедеятельность детей так, чтобы максимально использовать имеющийся потенциал окружающего социума, природы, интересы и потенциальные потребности детей в их физическом и психическом оздоровлении, в познании ребенком самого себя, открытии себя и мира, самореализации, самообновлении. Создание воспитательной системы – это результат и показатель педагогического мастерства коллектива взрослых, его способности прогнозирования, научного осмысления результатов педагогической деятельности, определения оптимальных, рациональных путей, методов организации воспитательного процесса [2, 17].

По мнению А.И.Тимонина и Л.И.Тимониной, процесс включения детей в разнообразную, полезную деятельность и общение в условиях загородного детского центра с целью формирования у детей социального опыта можно рассматривать как ряд последовательных этапов [4, 23], мы солидарны с данным подходом. На первом организационном этапе детям презентуются определенные нормы и ценности взаимодействия в загородном детском центре. Попадая в ситуации новизны и эмоционального заражения, ребенок воспринимает предлагаемые ему нормы и ценности сообщества, как необходимые, значимые для жизнедеятельности загородного центра. Это позволяет включить детей в интенсивное, эмоционально окрашенное, разнообразное по содержанию и формам социальное взаимодействие, в котором демонстрируются образцы для подражания. В результате у детей возникает потребность определения социального значения объектов, предъявляемых образцов, эталонов отношений, обретение личностного смыла в деятельности детского центра. На данном этапе в результате включения детей в различные сферы деятельности через комплекс вариантов программ, обеспечивается достижение общественно значимого предметного результата. На втором, основном этапе смены происходит педагогическое сопровождение детей, их активное включение в совместную, коллективную и индивидуальную деятельность. В ходе этого этапа можно выделить стадии освоения детьми социально опыта. Первая стадия – репродуктивная, которая предполагает воспроизведение комплекса освоенных ценностных отношений, эталонов взаимодействия с людьми, способов поведения. На второй стадии данного этапа – адаптивной – происходит приспособление ребенка к возникающим ситуациям, самоопределение в них на основе рефлексии имеющегося опыта ценностных отношений. На третьей стадии – моделирующей – происходит выбор ребенком собственных целей, путей и способов их достижения, ситуаций в которых они могут быть реализованы, выработка стратегии поведения на основе рефлексии собственной деятельности. Четвертая стадия – практическо-действенная, где происходит закрепление устойчивых предпочтительных связей субъекта с объектами, вовлеченными в сферу жизнедеятельности загородного детского центра, на основе личностных смыслов в социально значимой совместной деятельности.

На третьем заключительном этапе педагог помогает ребенку в реадаптации (осуществлении перехода от контекста жизнедеятельности загородного детского центра к контексту социальной среды характерной для его постоянного проживания). Загородный детский центр на данном этапе становится, с одной стороны воспитательной организацией, формирующей ценностные отношения, а с другой – частью общества, где проявляются данные устойчивые предпочтительные связи детей с объектами окружающего мира, имеют личностный смысл и расцениваются ими как нечто значимое для жизни общества и отдельного человека [4, 35].

Лагеря продолжают расширять виды деятельности которые могут использоваться в обстановке внешкольного воспитания. Разнообразию этих видов нет предела, кроме стратегии самого лагеря и учета того, что не может быть реализовано в лагере, предназначенном для отдыха детей. Наиболее общие виды деятельности, используемые в лагерях: наземные игры и виды спорта, водные игры и виды спорта, искусство, активные виды деятельности на природе, деятельность со средствами передвижения, специальные виды деятельности, социальный отдых, духовно - ориентированные виды деятельности [1; 12].

Лагерь это особое воспитательное пространство, в котором подростки инстинктивно тяготеют к сплочению, к группированию со сверстниками, где вырабатываются и апробируются навыки социального взаимодействия, умение подчиняться коллективной дисциплине, умение завоёвывать авторитет и приобретать желаемый статус. Ориентация на сверстника связана с потребностью быть принятым и признанным в группе, коллективе, с потребностью иметь друга, взаимную любовь и др. Эффективное использование индивидуальных и коллективных формм работы с детьми и подростками приведет к позитивному результату организации воспиаттельного пространства лагеря.

Особенности ДОЛ как воспитательной организации могут быть выделены следующим образом:

1. Вхождение воспитанника в организацию носит добровольный характер с принципиальным разнообразием мотивов: престижность, личная увлеченность, общение, стремление к развитию социальных или профессиональных компетенций (аналогичное многообразие свойственно и вожатым – участникам ДОЛ). Б.В. Куприянов выделяет явление ценностного резонанса, когда приезд детей на смену обусловлен случившейся в пространстве - времени конкретного лагеря реализацией потребностей, что ведет к стремлению приехать снова именно в этот ДОЛ.

2. Особенности взаимоотношения ДОЛ с различными воспитательными организациями: предоставление пространства для организации и проведения программы; привлечение педагогов дополнительного реализации программ летнего отдыха; разработка профильных смен; реализация задач социального воспитания

3. Субъектами общественной и государственной жизни взаимодействующими с ДОЛ являются: органы государственной власти, родители, образовательные центры, определяющие социальный заказ; предприятия, базы, вузы, выступающие партнерами в решении задач отдыха и оздоровления.

4. ДОЛ как воспитательная организация существует только в период смены, имеет непостоянный педагогический коллектив, круглосуточное функционировани.

Детская организация – особое воспитательное пространство. Это многоступенчатая, иерархическая, относительно закрытая, упорядоченная структура, четко обозначающая свои цели, задачи, права и обязанности своих членов, позицию взрослых, роль и место входящих в нее детских объединений, действующая на основе самодеятельности, самоуправления в сочетании с руководством взрослых. Это, как правило, узаконенная, признанная государством форма детского движения, деятельность которой не противоречит конституции, законодательству государства, пользующаяся поддержкой государственных или общественных структур. Например, пионерская, скаутская, профильные, религиозные детские организации (Л.В.Алиева) [3, 27].

Воспитательное пространство загородного лагеря – это особая система взаимодействия всех его субъектов. Профессиональная подготовка педагогов (вожатых, инструкторов, педагогов дополнительного образования, методистов и др.) качественно организующих культурно - досуговую деятельность для детей, совместно работая с руководством, создают микроклимат легеря. Вовлечение всех компонентов лагеря в культурно - досуговую деятельность приведет к эффективной организации воспитательного пространства.

1.   *Анохин П.К.* Теория функциональной системы // Успехи физиологических наук. – 1970.– №1 – С. 19-54.
2.   Методические рекомендации по совершенствованию воспитательной и образовательной работы в детских оздоровительных лагерях, по организации досуга детей. Приложение № 2 к письму Минобрнауки Россииот 14.04.2011 г. № МД-463/06.
3.   Словарь - справочник по теории воспитательных систем / Сост. П.В.Степанов. - М.: Педагогическое общество России, 2002. – 33 с.
4.   *Тимонина Л. И.* Социальное воспитание детей и подростков: опыт деятельности загородных детских центров / Л. И. Тимонина, А. И. Тимонин / Под ред. А. В. Волохова. – Кострома: Студия оперативной полиграфии «Авантитул», 2003. – 96 с.

Перминова А.А.

аспирантка 3 курса кафедры социальной педагогики и психологии, факультета Педагогики и психологии, Федерального Государственного Бюджетного Образовательного Учреждения Высшего Профессионального Образования «Московский педагогический государственный университет», Специалист Управления воспитательной работы и молодежной политики, куратор педагогического отряда.

anneta.koc@mail.ru

ТЕОРЕТИЧЕСКИЕ ОСНОВЫ ОРГАНИЗАЦИИ ВОСПИАТТЕЛЬНОГО ПРОСТРАНСТВА ДЕТСКОГО ОЗДОРОВИТЕЛЬНОГО ЛАГЕРЯ

Пространство детского досуга можно представить в виде множества площадок самоорганизации ребенком (детьми) своего свободного времени и общественной организации детско–подросткового досуга. Первой площадкой является «дом» - пространство проживания родительской семьи и ребенка. Здесь досуг может квалифицироваться как естественный самоорганизуемый либо прямо или опосредованно организуемый родителями. Вторая площадка – «двор, улица» в непосредственной близости от места проживания. Это слабоупорядоченное пространство в котором возникают подвижные и ролевые игры, реализуются потребности ребенка в экспериментировании. Остальные площадки конструируются комплексом сервисов, обеспечивающих досуговые занятия и практики детей, подростков и юношества: здания и сооружения образовательных организаций, учреждений культуры, спорта; объекты организации зрелищ, занятий спортом и организации оздоровления, общественного питания и развлечения и др. [3, 15-16]. Одной из площадок детско - подросткового досуга является объект, организующий воспитательное пространство - детский оздоровительный лагерь. Любое явление жизни разворачивается в пространстве, и для каждого свершения существует свое соответствующее пространство [4, 440]. А.В.Мудрик рассматривает пространство как регион, в котором происходит социализация человека, формирование, сохранение и трансляция норм образа жизни, сохранение и развитие природных и культурных богатств [2, 42]. В литературе выделяются несколько видов пространств, такие как образовательное, воспитательное, социальное, природное, пространство школы, пространство возможностей, микрорайона, жизненное, города, персональное, различных деятельностей (например, игровое пространство), развивающее и т.д. Наиболее разработаны такие категории, как образовательное пространство (З.И.Батюкова, С.К.Бондырева, Э.Д.Днепров, В.И.Гинецинский, А.П.Лиферов, Н.Б.Крылова, В.А.Мясников, В.М.Полонский, В.И.Слободчиков, И.Д.Фрумин и др.) и воспитательное (Е.В.Бондаревская, А.В.Гаврилин, Д.В.Григорьев, О.В.Гукаленко, И.В.Кулешова,

М.В.Корешков, Ю.С.Мануйлов, Л.И.Новикова, Н.Л.Селиванова и др.). Воспитательное пространство рассматривается как специально организованная педагогами совместно с детьми «среда в среде» (Л.И.Новикова), которая создает принципиально новые возможности развития личности ребенка по отношению к уже имеющимся. В настоящее время исследование этого феномена идет в нескольких направлениях. Д.В.Григорьев считает, что воспитательное пространство раскрывается через понятие «событие» и трактуется как динамическая сеть взаимосвязанных педагогических событий, собираемых усилиями социальных субъектов различного уровня (коллективных и индивидуальных) и способных выступить интегрированным условием личностного развития человека - и взрослого, и ребенка. А.В.Мудрик рассматривает воспитательное пространство как качественную характеристику микросоциума, от которой во многом зависят: успешность адаптации ребенка в социуме, уменьшение риска превращения его в жертву неблагоприятных условий социализации, возможность корректировать неблагоприятное влияние окружающей социальной среды. Таким образом, воспитательное пространство, по мнению А.В.Мудрика, выступает как одна из сфер относительно контролируемой социализации - воспитания, которое в этом случае приобретает характер интеграции институциональных и личностных ресурсов в целях эффективной позитивной социализации ребенка. Большинство ученых (Е.В. Бондаревская, В.А.Караковский, Л.И.Новикова, Н.А.Селиванова) сходятся во мнении, что воспитательное пространство - это множество взаимосвязанных педагогических событий, организованных не только школой, а также и другими социальными субъектами, такими, например, как театр, библиотека, система дополнительного образования, лечебное учреждение, спортивные учреждения, другие образовательные учреждения). Специфическими особенностями воспитательной работы в детском оздоровительном лагере (ДОЛ) являются время и место её осуществления, а значит воспитательное пространство. На педагогов в ДОЛ возлагается полная ответственность за жизнь, физическое, психическое и нравственное здоровье детей и подротков, их полноценный отдых и развитие. Деятельность педагога в лагере позволяет определить, насколько правильно студент выбрал сферу своей профессиональной деятельности, выработанны ли у него такие личностные качества, как льветственность, честность, терпимость, доброта. И главное – насколько он владеет методикой педагогиечкого общения и воспитательной работе в воспитательном простратве лагеря. Организация летнего отдыха в ДОЛ ориентированна на реализацию детских потребностей интересов, приобретение воспитанниками опыта взаимоотношений со сверстниками и взрослыми, приобщение к духовным ценностям в процессе социализации. Специфика каникулярного времени требует от педагогов овладения современными формами и методами воспитания и организации досуговой деятельностис детьми различного возраста в особой воспитательной среде [5, 3]. Культурно - досуговая деятельность, одна из важных составляющих функционирования загородного лагеря, обладает большой силой смыслового и эмоционального воздействия на личность ребенка. Большое разнообразие ее форм, средств и методов позволяет довести до детей идеи духовного богатства общества. Содержание культурно - досуговой деятельности обусловлено потребностями лагеря в совершенствовании общественных отношений, необходимого развития разносторонних способностей детей продуктивным проведением их досуга в каникулярное время. Организация досуговых мероприятий представляет собой структурирование коллективом жизнедеятельности детей для создания целостности, объединение ресурсов, обеспечивающие эффективность реализации досуговых целей. Вовлеченность детей в досуговые мероприятия зависит от того, насколько организатор опирается на интересы подрастающего поколения и родителей и учитывает их в своей деятельности. [2, 27-31]. Рассматривая культурно-досуговую деятельность как процесс приобщения к культуре, творчеству, выраженный в материальной и духовной форме, её можно расценивать как всю деятельность на территории загородного лагеря. [1, 6]. Качественно организованная культурно-досуговая деятельность положительно влияет на эффективность воспитательного пространства оздоровительного лагеря. Организуя различные мероприятия, необходимо соответствовать всем поставленным задачам, учитывать своеобразие интересов личностей, знать сегодняшние запросы подростков.

1. *Леванова Е.А.*, Волошина А.Г., Плешаков В.А., Собоева А.Н., Телегина И.О. Игра в тренинге. Возможности игрового взаимодействия. 2-е издание. – СПб.: Питер, 2009. – 208 с.: ил. – (Серия «Практическая психология»).

2. *Мудрик А. В.* Социальная педагогика: Учеб. для студ. пед. вузов / Под ред. В.А. Сластенина. - 3-е изд., испр. и доп. - М.: Издательский центр «Академия», 2000. - 200 с.

3. Организация досуговый мероприятий : учебник для студ. О-641 учреждений сред. проф. Образования / [Б.В. Куприянов, О.В. Миновская, А.Е. Подобин и др.] ; под ред. Б.В. Куприянова. – М. : Издательский центр «Академия», 2014. – 288 с.

4. *Пидкасистый П.И.* Педагогика. Учебное пособие для студентов педагогических вузов и педагогических колледжей. - М: Педагогическое общество России. - 640 с.

5. *Тарантей Л.М.* Воспитательная работа в детских оздоровительных лагерях : учеб.-метод. комплекс / Л.М. Тарантей. – Гродно: ГрГУ, 2013. – 134 с.

Красавина Ю.В.
ст. преподаватель, соискатель кафедры
«Профессиональная педагогика»
Шихова О.Ф.
д.п.н., профессор кафедры «Профессиональная педагогика»
ИжГТУ имени М.Т. Калашникова, Ижевск, Россия

ПУТИ ПОВЫШЕНИЯ ЭФФЕКТИВНОСТИ РАБОТЫ СТУДЕНТОВ С ЭЛЕКТРОННЫМИ СРЕДСТВАМИ ОБУЧЕНИЯ

Включение *электронных средств обучения* в образовательный процесс несомненно обогащает его, и приносит пользу как преподавателю, так и студентам. Разработка электронных заданий с автоматическим оцениванием экономит время преподавателя и систематизирует его методическую работу. Что касается студентов, то возможность выполнения заданий с применением информационных и коммуникационных средств (ИКТ) стимулирует их интерес к предмету. Это подтверждают результаты опросов, проведенных в ИжГТУ имени М.Т. Калашникова, среди студентов, самостоятельная работа которых была организована в электронной среде Moodle. Внеаудиторная самостоятельная работа студентов (СРС) по дисциплине «Английский язык» заключалась в прохождении курса, предполагающего выполнение заданий на развитие умений и навыков различных видов чтения, аудирования и письма по тематическим разделам, рассматриваемым во время аудиторных занятий.

Во время прохождения курса проводились наблюдения и опросы студентов с целью выявления особенностей самостоятельной работы, организованной в электронной среде, и ее отличий от традиционной формы СРС (аналогичные задания по учебнику в письменном виде). В эксперименте принимало участие 63 студента бакалавриата первого курса инженерно-технических и педагогических направлений подготовки. По окончанию курса было проведено анкетирование, где студентам предлагалось ответить на ряд вопросов о проделанной работе.

Результаты опросов и анкетирования показывают, что в целом студенты положительно оценивают включение средств ИКТ в учебный процесс (71,4% студентов заявили, что предпочитают электронную форму организации СРС традиционной). В качестве основных достоинств организации самостоятельной работы в электронной форме были названы *удобство* выполнения (в любое время, в любом месте при наличии Интернета), *доступность необходимых ресурсов*, *оперативность* (мгновенная проверка с указанием ошибок), *экономия* бумаги [1]. Использование средств ИКТ мотивирует студентов к изучению дисциплины, так как работа в электронной среде близка к стилю жизни современного поколения (76,2% студентов заявили о том, что проводят за компьютером более 4 часов в день), выполнение заданий в электронной среде для них – естественное продолжение их ежедневной «электронной активности». Отсюда следует еще одна положительная сторона организации учебной деятельности в электронной среде – переориентация занятости студентов в Интернете на плодотворную учебную деятельность. Результаты опроса показали, что за счет выполнения СРС в электронной среде сокращается время, которое студенты тратят на компьютерные игры и общение в социальных сетях (это признают 67% студентов), при этом общее время, которое студенты проводят за компьютерами, ноутбуками и другими мобильными устройствами не увеличивается.

Признавая все вышеперечисленные положительные стороны организации самостоятельной работы в электронной среде, остается открытым вопрос об ее эффективности по сравнению с традиционной формой СРС. Например, при работе с упражнениями на проработку грамматических правил, 81% студентов отметили, что информация лучше усваивается и запоминается при работе, организованной в традиционной форме (письменная практика), чем при выполнении электронных тестов (задания типа «множественный выбор»).

Повышение эффективности обучения студентов при помощи средств ИКТ следует искать через понимание сущности самого процесса обучения. Данные исследований в области психологии и нейробиологии, объясняющие физиологический аспект обучения, позволяют выявить, какие именно методы и средства оказываются эффективными для запоминания и усвоения той или иной информации. Особенно полезными данные разработки оказываются для организации работы в электронной среде, где процесс обучения происходит без прямого участия преподавателя.

В процессе апробации разработанных электронных курсов были выявлены следующие наиболее эффективные методы обучения, учитывающие нейрофизиологические процессы:

- *создание эмоционально-насыщенного процесса* (подбор эмоционально-заряженных материалов; создание стабильной эмоциональной атмосферы: формулирование четких требований и критериев, конфиденциальность информации о полученных оценках, вежливый тон общения в электронном курсе; использование элементов юмора).

Эмоционально-насыщенная информация запоминается лучше и на более длительный срок, так как под воздействием эмоций, активизируется выделение определенных гормонов и белков, способствующих укреплению синапса – процесса, при помощи которого нейроны головного мозга соединяются между собой, образуя связь, посредством которой осуществляется процесс приобретения знаний [2].Большинство студентов (78%) согласились, что мотивирующие фразы и красочные фотографии, сделали процесс обучения в электронной среде более интересным и приятным;

- *правильный расчет времени выполнения заданий и периода для их повторений (*разбивка заданий по блокам; недопустимость выполнения наиболее сложного задания в самом конце блока; создание заданий на повторение через определенный период времени)*;*

Для создания оптимальных условий обучения нужно учесть, что человек может поддерживать максимально высокий уровень внимания в течение ограниченного периода времени (около 20 мин), и соответственно планировать задания, рассчитывая время их выполнения.

- *использование актуальной информации и предоставления права выбора студентам* (активизация имеющихся знаний; анализ возможности применения полученных знаний; предоставление студентам выбора тем электронных проектов; сочетания визуальных и аудиальных средств представления информации)*;*

- *использование заданий на развитие навыков мышления высокого уровня* (навыки решения задач, критического мышления, размышления; использование таких методов, как метод проектов и кейс-метод [3]), которые обеспечивают одновременное вовлечение в процесс обучения разных участков головного мозга, повышая его эффективность.

- *обеспечение обратной связи и быстрой оценки (*разработка различных видов оценивания результатов; автоматическое указание ошибок)*.*

- *методы работы в сотрудничестве* (групповая и парная работа соответствуют социально-ориентированной природе головного мозга).

Применение данных методов при разработке электронных курсов для самостоятельной работы студентов способствует повышению их успеваемости и степени удовлетворенности ее результатами [1].

Литература

1. Krasavina Yu.V., Al Akkad M. A. Developing Professional Information and Communication Skills through E-Projects // Образование и Наука. - № 10, 2014 г. С. 93-105.

2. Erlauer L., The brain-compatible classroom: using what we know about learning to improve teaching / Laura Erlauer. – ASCD, Alexandria, USA. – 2003.

3. Шихова, О.Ф. Формирование компетенций студентов - будущих педагогов на основе метода проектов. / Шихова, О.Ф., Шихов, Ю.А. // В кн. Инновационные процессы в образовании: стратегия, теория, практика развития. Материалы VI Всероссийской научно-практической конференции. – Екатеринбург, 2013. – С.258-260.

Тугулева Г.В.
доцент, кандидат педагогических наук, Магнитогорский государственный технический университет им. Г.И. Носова
Зубаткина С.С.
студентка, Магнитогорский государственный технический университет им. Г.И. Носова

ОСНОВНЫЕ НАПРАВЛЕНИЯ ПСИХОЛОГО-ПЕДАГОГИЧЕСКОЙ РАБОТЫ С АУТИЧНЫМИ ДЕТЬМИ

В психологической терминологии, аутизм трактуется как крайняя форма психологического отчуждения, выражающаяся в уходе индивида от контактов с окружающей действительностью и погружении в мир собственных переживаний. Предпосылками детского аутизма является специфическое поведение в трех областях: социального взаимодействия, коммуникации и поведения (ребенок имеет повторяющиеся и стереотипные модели поведения и ограниченные специфические интересы).

Роберт Шрамм характеризует детский аутизм как наличие следующих дефицитов:

- отсутствие взгляда глаза в глаза;

- неумение создавать эмоциональные дружеские отношения со сверстниками;

- отсутствие проявления желания поделиться с другими людьми своей радостью, интересами, достижениями;

- отсутствие разнообразия, фантазии и изменений в ролевой игре или в игре, предполагающей социальную имитацию.

Признаками аутизма также считаются отставание в развитии речи или полное ее отсутствие, присутствие стереотипий (повторяющихся действий) в поведении, использование повторов в речи, увлечение стереотипными занятиями или интересами, навязчивые движения, аутичные дети зачастую никак не реагируют даже на громкие звуки, производя впечатление глухих. Слухо-моторные координации таких детей формируются отличным от здоровых детей образом: в отношении некоторых звуков они демонстрируют гиперчувствительность, например, зажимают уши, услышав громкую музыку или самолет; часто наблюдается отсутствие избирательного внимания к звукам речи.

Важно своевременно обратить внимание на отклонения в поведении, выявить признаки аутизма и начать коррекционно-развивающую работу с ребенком, так как своевременная психолого-педагогическая работа позволит улучшить процесс социализации и предотвратить риск развития более тяжелой психической патологии в старшем возрасте.

Основными направлениями психолого-педагогической работы с аутичными детьми на наш взгляд являются:

1. Своевременная диагностика.

2. Профилактическая работа (установление эмоционального контакта и выработка продуктивных форм взаимодействия).

3. Коррекционно-развивающая работа с учетом индивидуальных возможностей ребенка.

Сегодня достаточно методических разработок, описывающих методы и средства, чтобы научить ребенка с аутизмом всем тем специфическим навыкам, которых ему не достает. Важно правильное и своевременное использование их в профилактической и коррекционной работе. Одним из профилактических средств, при установлении эмоционального контакта и выработке продуктивных форм взаимодействия и с аутичными детьми, является психогимнастика, музыкотерапия. Эмоциональную сферу ребенка можно развивать через обучение языку движений, через узнавание чужих эмоций по их мимическим проявлениям. Психогимнастика помогает преодолевать барьеры в общении, снимать психическое напряжение, дает возможность самовыражения [2, 62].

В качестве примера приведем разработанные нами диагностическое и коррекционно-развивающее занятия для детей с аутичным поведением (талб. 1, 2).

Таблица 1

Диагностическое занятие

Название игры. Цель. Содержание.
1. Игра «Ручки». Установление контакта с аутичным ребенком. Психолог берет ребенка за руку и ритмично похлопывает своей рукой по руке ребенка, повторяя «Рука моя, рука твоя…». Если ребенок активно сопротивляется, отнимает свою руку, тогда психолог продолжает похлопывание себе. При согласии ребенка на контакт с помощью рук продолжается похлопывание руки психолога по руке ребенка.
2. «Пирамидка». Исследование возможностей ребенка. Умение ребенка в четкой последовательности собрать кольца. Способ выполнения действий ребенком: 1. Хаотичное надевание колец. 2. Способом проб и ошибок. 3. Четкое надевание одно за другим.
3. «Дай такой». Сенсорное восприятие. Перед ребенком ставится 4 кубика, имеющие основные цвета, показывается карточка, такого цвета, как и кубик. Задание: «Дай такой».
4. «Шнурки». Координация глаз и рук. Протянуть шнурок через отверстие в картоне.
5. «Имитация». Возможность ребенку отдохнуть, переключить свое внимание. Подражать походке животных. Перед ребенком ставится 3 игрушки. Задается первый вопрос: «Кто это?» (Заяц). «Попрыгай, как зайчик». «Кто это?» (Медведь). «Пройди, как медведь». «Кто это?» (Лошадка). «Поскачи, как лошадка».

Примечание: В процессе занятия заполняется диагностическая карта с указанием «+» контакт и выполнение; «х» контакт с попытками выполнения; «-» отказ

Таблица 2

Коррекционно-развивающее занятие

№	Название игры. Цель. Содержание.
1	«Найди место для игрушки». Психотехнические упражнения, направленные в основном на развитие произвольности, способности управлять вниманием. Психолог предлагает поочередно положить кегли или мячи в нужную по цвету коробку и в соответствующее вырезанное в коробке отверстие.
2	«Пришел Мурзик поиграть». Развитие социальных отношений. Психолог показывает Кота Мурзика, надетого на руку. Мурзик здоровается с ребенком. Затем Кот показывает ему прозрачный полиэтиленовый мешок с предметами, которые он принес, и предлагает взять из пакета поочередно по-одной фигурке. Из предложенных кубиков ребенок строит домик для Мурзика. Психолог стимулирует на общение с Мурзиком.
3	«Развесь белье». Развитие Мелкой моторики. Нужно развесить на веревке белье. Материал: бельевая веревка, флажки и бельевые прищепки.
4	«Отрежь кусочки». Развитие координации глаз и рук. Отрезать от полоски цветной бумаги ножницами кусочки.
5	«Дорисуй». Развитие воображения, способности создавать оригинальные образы. Ребенку предлагается изображение предметов, у которых какой- то части не достает, эти предметы он явно знает. Предлагается дорисовать недостающую часть.
6	«Разложи шарики». Направленно на развитие восприятия. Разложить небольшие шарики слева направо, соблюдая последовательность.

Литература:

1. Нищева Н.В. Программа коррекционно-развивающей работы в логопедической группе детского сада для детей с общим недоразвитием речи (с 4 до 7 лет) – СПб.: ДЕТСТВО-ПРЕСС, 2006. – 352 с.

2. Физкультурная деятельность в структуре здорового образа жизни дошкольников : сборник материалов III городского научно-практического семинара / под ред. Г.В. Тугулевой – Магнитогорск : МаГУ, 2010. – 139с., С. 61-64.

3. Шрамм Р. Детский аутизм и АВА : АВА(Applied Behavior Analisis) : терапия, основанная на методах прикладного анализа поведения : 2-е изд. / Роберт Шрамм, 2013. – 208 с.

Замятина А.А.
аспирантка ФГБОУ ВПО «Астраханский государственный университет», г. Астрахань

АДАПТАЦИОННЫЙ ПОТЕНЦИАЛ КАК СУЩЕСТВЕННОЕ УСЛОВИЕ ПСИХОЛОГИЧЕСКОГО БЛАГОПОЛУЧИЯ ЛИЧНОСТИ

На фоне социальных, экономических, политических изменений в стране и в мире формируются новые требования к личности: реализация профессиональных и личностных ресурсов; самостоятельность в принятии ответственных решений; конкурентоспособность; высокий уровень мотивации на саморазвитии; умение адаптироваться, приспособиться, быть гибким в поведении, регулировать эмоциональные состояния. На повестку дня выходят вопросы об адаптационном потенциале как о внутреннем ресурсе, который подвластен самому человеку.

Понятие адаптационного потенциала одним из первых начал разрабатывать Г. Селье [5]. Он сводит данное понятие к «поверхностной» и «глубинной» энергии. Первый вид энергии расходуется под воздействием среды и дополняется из резервов «глубинной» энергии, расходование которой необратимо. Когда адаптационный потенциал заметно уменьшается, возникают «болезни адаптации», к которым Г. Селье относит гипертоническую и язвенные болезни, сердечно-сосудистой системы, атеросклероз и другие.

В представлении С.Т. Посоховой в адаптационном потенциале заложена латентность адаптационных способностей, своевременность и вектор реализации которых зависит от активности личности. По ее мнению, адаптационный потенциал целесообразно представлять как интегральное образование, объединяющее в сложную систему социально-психологические, психические, биологические свойства и качества, актуализируемые личностью для создания и реализации новых программ поведения в измененных условиях жизнедеятельности. Автор выделяет и подчеркивает значение четырех компонентов в структуре адаптационного потенциала личности: биопластический, биографический, психический, личностно-регулятивный [3].

Одним из ведущих современных исследователей проблематики адаптационного потенциала является Богомолов А.М., который рассматривает понятие «адаптационный потенциал» как интегральное, включающее специфические ресурсы, представленные на различных уровнях организации личности (индивидном, личностном, субъектно-деятельностном). В своих работах А.М. Богомолов дает детальное описание шести компонентов адаптационного потенциала: энергетического, когнитивного, инструментального, творческого, мотивационного, коммуникативного, которые являются составляющими уровневой структуры адаптационного потенциала. Придерживаясь позиции данного автора, примечательно то, что потенциал адаптации не ограничивается только наличием свойства «выдержать» адаптационную нагрузку, сохранив целостность и устойчивость личности, адаптационный потенциал обеспечивает «готовность» личности к усложнению адаптационных задач, преобразованиям структуры и свойств адаптационного ответа для обеспечения гармоничных отношений со средой [1].

Неотъемлемой гранью адаптационного потенциала является понятие «адаптационная готовность», которое подразумевает не только способность личности к изменению своего поведения и деятельности в связи с изменяющимися обстоятельствами, но и сохранение, отстаивание определенных личностных инстанций (например, ценностно-смысловых ориентаций, верований и других результатов духовных поисков) в ситуациях неопределенности [6]. Гибкость познавательных процессов и объективного поведения в ситуации отсутствия готовых средств в значительной степени повышает адаптационный потенциал личности и, как отмечает Шамионов Р.М., способствует сохранению уровня субъективного благополучия за счет стабильности базисных императивов [6,30].

На современном этапе развития психологической науки проблема психологического благополучия не менее актуальна, чем проблема адаптационного потенциала, возможно, это связано с тем, что психологическое благополучие является тем психологическим феноменом, который олицетворяет естественное стремление человека к внутреннему равновесию, комфорту, ощущению счастья. Изучением данной проблемы занимаются видные представители зарубежной и отечественной психологии Н. Брэдберн, Э. Динер, К. Рифф, М. Селигман, Р. Эммонс, Н.К. Бахарева, М.В. Бучацкая, А.В. Воронина, А.Е. Созонтов, П.П. Фесенко, Т.Д. Шевеленкова и др.

Наиболее значимым подходом, описывающим особенности психологического благополучия, является теория американской исследовательницы К. Рифф. В своих работах автор говорит о шести составляющих психологического благополучия: позитивное отношение к себе и своей жизни (самопринятие); отношения с другими, пронизанные заботой и доверием (позитивные отношения с окружающими); способность выполнять требования повседневной жизни (компетентность, управление окружающей средой); наличие целей и занятий, придающих жизни смысл (цель в жизни); чувство непрекращающегося развития и самореализации (личностный рост); способность следовать собственным утверждениям (автономия) [4]. Она уточняет, что каждый из шести компонентов может достигать разной степени выраженности, тем самым определяя его уникальную структуру и его интегральный показатель.

Такое комплексное изучение позволяет объективно соединить внешнее поведенческое проявление с субъективной самооценкой своего самоощущения удовлетворенности жизнью.

Опираясь на идеи К. Рифф, отечественные ученые П.П. Фесенко и Т.Д. Шевеленкова, рассматривают психологическое благополучие как достаточно сложное переживание человеком удовлетворенности собственной жизнью, отражающее одновременно как актуальные, так и потенциальные аспекты жизни личности. В связи с этим, любое переживание человек сравнивает с имеющимся в его представлении идеалом. Авторы вводят понятия «актуального» и «идеального» [7]. Понятие «актуальное психологическое благополучие» характеризуется субъективной оценкой реализованности компонентов позитивного функционирования (выраженность стремления реализовать себя в автономном существовании, в поддержании позитивных отношений с окружающими людьми, направленности на личностный рост и пр.) в реальной жизни личности. Понятие «идеальное психологическое благополучие» выражает степень направленности личности на реализацию компонентов позитивного функционирования. Отсюда важным становится понимание того, что феномен психологического благополучия напрямую зависит от системы внутренних оценок самого носителя переживания и в первую очередь связан с субъективным отношением личности к жизни, самому себе.

Один из наиболее полных и интегративных подходов к психологическому благополучию, выраженный в многоуровневой модели, предлагает А.В. Воронина. Она определяет психологическое благополучие как системное качество личности, формирующееся в процессе жизнедеятельности на основе психофизиологической сохранности функций. Оно проявляется у субъекта в переживании содержательной наполненности и ценности жизни в целом как средства достижения внутренних, социально ориентированных целей и является условием реализации его потенциальных возможностей и способностей [2].

На данный момент, благополучие понимается как самостоятельный феномен, а не лишь как отсутствие неблагополучия. У многих исследователей встает вопрос: «А можно ли достичь психологического благополучия?», отвечая на этот вопрос Р.М. Шаминов указывает, что это возможно. Безусловно, не вызывает сомнения, что достичь благополучия раз и навсегда невозможно. Достижение и поддержание – это постоянное балансирование на грани потребного и реального, постоянный процесс гармоничной интеграции с окружающей действительностью, нахождение в состоянии равновесия.

Таким образом, на основании вышеизложенного, можно определить, что адаптационный потенциал, как интегральное образование значимо для создания и реализации новых программ поведения личности в измененных условиях жизнедеятельности, для обеспечения гармоничных отношений со средой. Мы придерживаемся мнения, что адаптационный потенциал может выступать одним из условий, детерминирующим состояние психологического благополучия личности.

Литература

1. Богомолов А. М. Личностный адаптационный потенциал в контексте системного анализа / А. М. Богомолов // Психологическая наука и образование. - 2008. - №1. - С. 67-73.

2. Воронина А. В. Оценка психологического благополучия школьников в системе профилактической и коррекционной работы психологической службы: дис. ... канд. психол. наук. - Томск, 2002. - 220 с.

3. Посохова С. Т. Психология адаптирующейся личности : монография / С. Т. Посохова. - Санкт-Петербург : РГПУ им. Герцена, 2001. - 240 с.

4. Рифф К. Психологическое благополучие во взрослой жизни. Современные направления в психологической науке, 1995. № 4.

5. Селье Г. Очерки об адаптационном синдроме. - М.: Медгиз, 1960. 254 с.

6. Шамионов Р. М. К вопросу об адаптационной готовности личности // Адаптация личности в современном мире: Межвуз. сб. науч. тр. - Саратов: ИЦ «Наука», 2011. - 110 с.

7. Шевеленкова Т. Д., Фесенко П. П. Психологическое благополучие личности (обзор основных концепций и методика исследования) // Психологическая диагностика. - 2005. - №3. - С. 95-129.

Кайгородов Б.В., Кузнецова Ю.В., Халифаева О.А.
Астраханский государственный университет

ПРЕДСТАВЛЕНИЕ О ПРОЕКТНОМ ОБУЧЕНИИ С ПОЗИЦИИ КОГНИТИВНОГО ПОДХОДА В УСЛОВИЯХ СОВРЕМЕННОГО ОБРАЗОВАНИЯ

Проводимые системные изменения в образовании закладывают основу в процесс подготовки специалиста, которая характеризуется способностью выпускника к актуализации и мобилизации в конкретной профессиональной ситуации полученных знаний и сформированных компетенций. А это в свою очередь подразумевает активность субъекта в процессе профессиональной подготовки, которая должна быть направлена на решение конкретной когнитивной задачи. Данная когнитивная задача может решаться в рамках более общей задачи, связанной с будущей профессией, которая может приобретать форму подготовки и реализации проекта. Подготовка и реализация проекта предполагает организацию и разворачивание проектного обучения.

В Астраханском государственном университете в рамках пилотного проекта на основе теоретико-эмпирического анализа была разработана когнитивная модель проектного обучения (Рис. 1). Основной идеей проектного обучения является то, что новое знание опосредовано продуктом (идея, прототип, услуга), полученным в ходе проектной деятельности. Как видно из рисунка только разработка и создание продукта «наполняет» участников новыми знаниями.

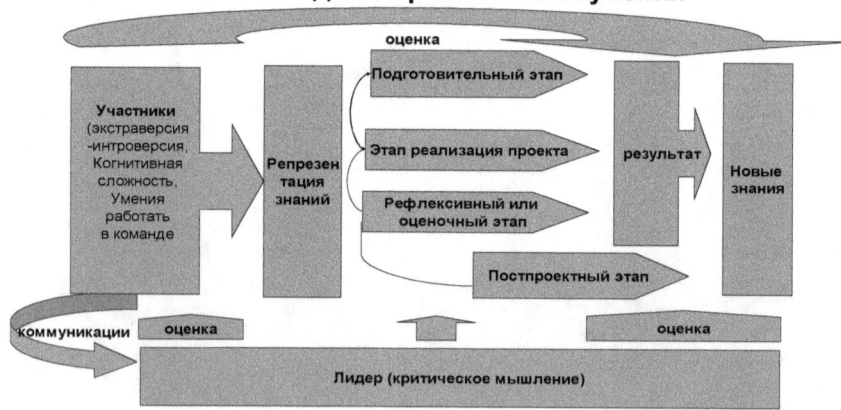

Рис. 1

Теоретический анализ литературы по проблеме позволил нам выделить когнитивные компоненты проектного обучения (Солсо, 2006). К таким компонентам можно отнести: коммуникация, критическое мышление, командное мышление, репрезентация знаний, память, образы, творчество, паттерны.

Для анализа проектного обучения и своевременному выявлению проблемных точек с последующей их коррекции нами составлена формула проектного обучения, в которой представлены его слагаемые (**Пр.** – проектная деятельности; **З.** – запрос; **Л.** – лидер; **Ц.** – цель; **Т.** – технология; **У.** – участники; **Тр.** – территория).

Пр. = З. + Л. + Ц. + Т. + У. + Тр.

Основными слагаемыми проектного обучения являются: запрос, цель, лидер, технологии, участники и территория.

Любое проектное обучение начинается с запроса. Запрос может быть внешним и внутренним. Внешним является запрос, который ставится социальной средой. Внутренним запросом является только тот, который исходит от самих участников проекта или идеологов проекта от их потребностей и желаний. Внутренний запрос являются следствием противоречий. Такими противоречиями, могут выступать, во-первых, противоречие между сформированными у студентов знаниями и недостаточными сформированными компетенциями, которые необходимы для решения конкретной практической задачи, во-вторых, противоречие между целями обучения и способами их достижения и т.д.

Запрос позволяет сформулировать цель. В постановке и формулировке цели значимой фигурой является лидер, которую он потом ставит перед участниками проектного обучения. В зависимости от проекта лидером может выступить преподаватель или студент. Для лидера, также как и для всех участников проекта, важно умение мыслить критически. Критическое мышление предполагает оценку результатов мыслительных процессов - ход рассуждений, правильно ли мы приняли решение, насколько оно соответствует поставленной задаче. Критическое мышление иногда называют направленным мышлением, так как оно нацелено на получение желаемого результата.

Очень часто совершаются ошибки участниками проекта, не потому что они не умеют мыслить критически, а зачастую, потому что они не хотят этого делать, в результате во главу угла встает пресловутый «человеческий фактор». Главная трудность в формировании установки на критическое мышление заключается в том, что люди часто не осознают, когда действуют импульсивно или мыслят ригидно. Поэтому важно разработать алгоритм, позволяющий определять, как действовать в той или иной ситуации.

Алгоритм – это серия вопросов, часть которых может несколько раз повторяться в процессе мышления, поскольку они являются наиболее общими и могут быть полезны при выполнении целого ряда задач, включая такие, как выведение умозаключения из посылок, анализ аргументов, проверка гипотез, вероятностная оценка, принятие решений и творческая деятельность. Алгоритм позволяет упорядочить процесс мышления (Халперн, 2000).

Первый этап алгоритма состоит в постановке цели. Четко обозначенная цель помогает направить процесс мышления в нужную сторону. В ходе размышлений о какой-либо реальной проблеме, возможно, понадобится менять направление движения, но в любом случае должен быть ориентир.

Цели могут быть самыми разнообразными. Они могут включать в себя выбор одного из вариантов решения, выработку решения при отсутствии вариантов, обобщение информации, оценку надежности аргументов, определение вероятного развития событий, проверку достоверности источника информации, количественную оценку неопределенности.

Вторым этапом в алгоритме будет поиск информации и ответ на вопрос, а что известно? Некоторая информация окажется достоверной, другая же может вызывать сомнения или быть неполной.

Третий этап будет заключаться в применении навыков и приемов критического мышления, т. е. выбор правильной стратегии движения к цели.

И последний этап алгоритма состоит в анализе - достигли ли вы поставленной цели.

Данный алгоритм позволяет направлять процесс мышления, т. е. достигать желаемого результата. Но при этом важно помнить, что когнитивные навыки необходимо развивать с помощью специального обучения, то о чем было заявлено в начале статьи.

Поэтому важным отличием критически мыслящего человека является развитие у него таких качеств как:
1. Готовность к планированию.
Планирование – первый и очень важный невидимый шаг к критическому мышлению. Постоянно упражняясь, каждый может развить в себе привычку планировать.
2. Гибкость.
Критически мыслящий человек готов мыслить по-новому, пересматривать очевидное и не отступаться от задачи, пока она не будет решена.
3. Настойчивость.
Мышление – это напряженный труд, который требует от человека терпения и настойчивости.
4. Готовность исправлять свои ошибки.

Умение признавать свои стратегии действия неэффективными, при этом выбирать новые и совершенствовать свое мышление.

5.   Метапознание.

Это так называемый мета-когнитивный мониторинг, наблюдение за собственными действиями при продвижении к цели. Критически мыслящие люди развивают привычку к самоосознанию собственного мыслительного процесса.

6.   Поиск компромиссных решений.

Групповые формы деятельности являются преобладающими в современном мире. Критически мыслящему человеку необходимо обладать как хорошо развитыми коммуникативными навыками, так и умением находить решения, которые могли бы удовлетворить большинство.

Обладая такими качествами лидер, организуя процесс, устанавливает коммуникационные связи между участниками группы. Язык и мышление оказывают друг на друга взаимное влияние; наши мысли определяют язык, которым мы пользуемся, а используемый нами язык, в свою очередь, изменяет форму наших мыслей. Понимание речи требует, чтобы слушатель сделал ряд умозаключений. Каковы будут эти умозаключения, зависит от контекста сообщения, манеры, в которой оно излагается, и слов, выбранных для его передачи. Поэтому в когнитивных моделях важна репрезентация знаний. Как будет представлена информация, таким образом, будет и решаться проблема.

В процессе коммуникации происходит репрезентация знаний, которые стимулируется поставленными перед участниками задачами. Так осуществляется обмен знаниями, которые трансформируются в конкретные действия каждого участника. Действия, направленные на получение конкретного результата.

Участники характеризуются личностными и социально-психологическими особенностями, что позволяет им выполнять в команде определенную роль.

В команде происходит взаимодействие. В процессе взаимодействия осуществляется обмен знаниями благодаря репрезентации знаний, которая достаточно полно рассмотрена в когнитивной психологии, где четко сказано, что репрезентация знаний осуществляется благодаря поставленной задаче.

Посредством задачи в процессе репрезентации знаний в коммуникации информация переходит из долговременной в оперативную память (Рис. 2).

Репрезентация знаний в коммуникации

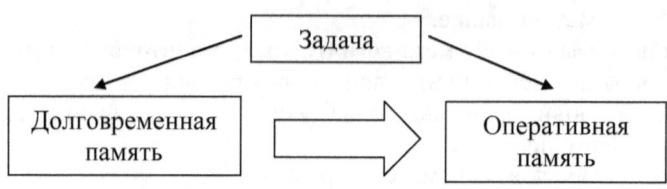

Рис. 2

Содержанием репрезентации всегда является определенное знание (практическое, научное, мировоззренческое). Если знание есть содержание, то у него обязательно должна быть своя форма, которая и устанавливается в процессе репрезентации.

В ходе обмена информацией репрезентация знаний аккумулируется в результате проекта, в качестве новых идей, услуг, продуктов деятельности, что дает основу для получения нового знания. Это в свою очередь усложняет репрезентацию знаний. И в дальнейшем также ведет к образованию нового знания (Рис. 3).

Репрезентация знаний в командном обучении

Рис. 3

В контексте получения нового знания и изменения роли преподавателя в системе высшего образования необходимо активизировать современные стратегии ускоренного и эффективного обучения. Это может быть система приемов, техник и технологий, позволяющая использовать колоссальные возможности человеческого разума, получить возможность использования собственных ресурсов для достижения поставленных целей и решения задач.

Окружающий мир предстает перед человеком в форме образов, звуков и ощущений. Познавая этот мир, мы его видим, слышим и чувствуем. Репрезентация определяет как организован наш опыт и как мы представляем окружающий мир: в ощущениях (кинестетика), в образах (визуальная система), звуках (аудиальная система), как набор знаний (рациональная или дигитальная система). У каждого есть предпочтения того или иного канала для поступления новой информации (кто-то предпочитает прочитать текст сам, кто-то обсудить его на занятии, а кто-то должен попробовать прежде чем воспринимать новую информацию).

Подстройка преподавателя к когнитивному стилю студента требует от него известной когнитивной гибкости – умения представлять информацию и работать с ней непривычными для себя способами. Однако гибкое использование преподавателем различных когнитивных профилей не только способствует существенно более комфортному и легкому обучению, но и развивает когнитивные возможности студентов.

Полноценное взаимодействие возможно только в том случае, если говорить на языке предпочитаемой репрезентативной системы человека. Несовпадение репрезентативных систем является барьером для любых взаимоотношений и действий.

Репрезентация оперирует как вербальными, так и невербальными знаками и посредством знакового выражения транслирует знание о конкретном объекте или явлении действительности. Мы общаемся не только с помощью слов и оттенков своего голоса, но и с помощью тела: поз, жестов, выражения лица. Исследования показывают, что во время презентации перед группой людей 55 % воздействия определяется языком телодвижений (поз, жестов, контактов глазами), 38 % - тоном вашего голоса и лишь 7 % - содержанием того, о чем вы говорите.

Преподаватель высшей школы, обладая каналами доступа к картине мира своих студентов способен более эффективно управлять коммуникационными процессами, организовывать командную деятельность студентов на более высоком и эффективном уровне.

Таким образом, когнитивный подход в проектном обучении позволяет понять сложные механизмы получения знаний и перевод этих знаний в ценности. Определить при каких условиях проектное обучение может быть эффективным. Конечно, последнее требует организации и проведения дополнительных исследований.

Литература:

1. Халперн Д. Психология критического мышления. / Д. Халперн. - 4- е международное издание. - СПб. : Питер, 2000. - 512 с.: ил. — (Серия «Мастера психологии»).
2. Солсо Р. Когнитивная психология / Р. Солсо. — 6-е изд. — СПб.: Питер, 2006. — 589 с.: ил. — (Серия «Мастера психологии»).

УДК 376+37.0

Храпач Н.А.
студентка 4 курса. Направление «Специальное (дефектологическое) образование», профиль «Дошкольная дефектология», Институт детства, ФГБОУ ВПО «Новосибирский государственный педагогический университет», Новосибирск

Агавелян О.К.
доктор психологических наук, профессор Института детства ФГБОУ ВПО Новосибирский государственный педагогический университет, Новосибирск

ОЛЬФАКТОРНАЯ СИСТЕМА ОРИЕНТАЦИИ В ПРОСТРАНСТВЕ У ДЕТЕЙ ДОШКОЛЬНОГО ВОЗРАСТА С ОГРАНИЧЕННЫМИ ВОЗМОЖНОСТЯМИ ЗДОРОВЬЯ

Аннотация: В статье рассмотрена актуальная проблематика применения ольфакторной системы в ориентировки в пространстве у детей с детским церебральным параличом и нарушенным зрением. При сочетанном дефекте необходимо, как можно больше задействовать сохранных анализаторов.

Ключевые слова: ольфакторная система, ориентировка в пространстве, обоняние, запах, детский церебральный паралич, нарушение зрения, сочетанный дефект.

Люди непрерывно сталкиваются с миром запахов. Ароматы в нашей жизни играют значительную роль. У человеческого организма очень высокая чувствительность к запаху – достаточно 8 молекул вещества, чтоб он смог уловить этот запах. Современные люди воспринимают запахи как вещества, которые при попадании в нос раздражают нервные окончания и передают информацию в головной мозг [2, 255]. Скорость болевого импульса около 10 м/с, а обонятельный импульс еще быстрее.

Ольфакторная система приносит человеку огромную пользу каждую минуту. Эта система осуществляет восприятие, передачу и анализ запахов. Все запахи делятся на принятые и непринятые запахи окружающей среды, естественные и искусственные запахи человека [3, 53]. Роль запаха в жизни человека ярко проявляется уже в новорожденном возрасте. Новорождённый младенец с первых часов жизни реагирует на пахучие вещества, а на 7-8-м месяце жизни у него формируются условные рефлексы на приятные и неприятные запахи [1,13].

Наш мир многообразен и у всего есть свой запах. Наши обонятельные рецепторы могут помогать ориентироваться в пространстве, даже если у человека есть нарушения: слуха, опорно-двигательного аппарата или зрения.

В настоящее время детей с сочетанными нарушениями становится все больше. По данным Хендерсона: 8% детей с ДЦП – слепые, 6% - слабовидящие. У 13% детей наблюдается нистагм, у 9% - атрофия зрительных нервов, у 6% - аномалии сетчатки. В целом снижение остроты зрения выявляется у 32-51% детей [4,4]. По статистике 2013 года в муниципальном специальном (коррекционном) образовательном учреждении для обучающихся, воспитанников с отклонениями в развитии – специальная (коррекционная) начальная школа – детский сад №60 «Сибирский лучик» 75% детей с ДЦП имеют нарушения зрения.

При таком сочетанном дефекте коррекция занимает более длительный и сложный процесс. В процессе психолого-педагогической работы специалисты опираются больше на зрение, слух и осязательные чувства, редко включая значимый канал, связывающий нас с окружающим миром – обонятельный анализатор. Тифлологи утверждают, что информация, получаемая с помощью обоняния, увеличит познавательные возможности и облегчит пространственную, бытовую и социальную ориентировку.

Дети с ДЦП и нарушенным зрением имеют сложности с ориентировкой в пространстве. Пространственное ориентирование – это умение достигать конечной цели движения за счет постоянной оценки взаимного расположения окружающих предметов и своего место положения относительно их [5,12].

Ориентировка в пространстве играет важную роль в развитии дошкольника: она несет в себе универсальное значение. Недостаточное развитие влечет за собой ряд особенностей формирования психических функций: у дошкольников часто недостаточно сформированы коммуникативные навыки, отмечается узкий круг интересов и избирательное принятие социальных норм.

Развитие ориентировки в пространстве важно для каждого ребенка. Для развития ориентировки необходимо уделять внимание закреплению полученных знаний не только в игре, но и в жизни. Запахи окружают ребенка повсюду и важно научить ребенка распознавать их, особенно важно это для детей с нарушением зрения и ДЦП.

Классификация запахов может служить для практических знаний у детей. Запахи для человека эмоционально окрашены они могут вызывать определенные ассоциации. Большинство ассоциаций будут общими, но также индивидуальные запахи влияют на нашу жизнь. Развитие обонятельных чувств может так же влиять на воображение и образное мышление, которые в дальнейшем будут помогать ребенку, ориентироваться в пространстве.

Главной задачей занятий: научится ориентироваться в пространстве, ориентироваться в группе, в саду, дома, на улице. Необходимость таких занятий состоит в том, чтобы показать детям, на что можно обращать внимание в обычной жизни.

Запах это сильный инструмент, который позволяет ориентироваться в пространстве. Обоняние не уступает ни одному из органов чувств и возможность применения его в повседневной жизни ценна, возможности компенсации ольфакторной системы велики и значительны.

Библиографический список

1.   В мире запахов / В. А. Новожилов. - Москва: Знание, 1988. – С. 47
2.   Ежова Н.Н. Рабочая книга практического психолога (2-е изд.) / Серия «Психологический практикум». — Ростов н/Д: Феникс, 2005. — С. 320
3.   Козьяков Р. В., Психология управления: учеб. пособие / Р. В. Козьяков .— М. : Московский государственный университет печати, 2012. – С. 170
4.   Мастюкова Е.М., Дети с церебральным параличом // Специальная психология / Под ред. В.И. Лубовского. - М., 2003. – С. 79.
5.   Семенов Л.А. Психолого-педагогические основы обучения слепых детей ориентированию в пространстве и мобильности. – М.: ВОС, 1989. – С. 80.

Кузнецова Н.В. - д.с.-х.н., профессор
Степанова Н.Е. - к.с.-х.н., доцент
Волгоградский государственный аграрный университет
г. Волгоград, Россия

СВЕКЛА СТОЛОВАЯ – СЕМЕЙСТВА «МАРЕВЫЕ» НА СВЕТЛО-КАШТАНОВЫХ ПОЧВАХ ВОЛГОГРАДСКОЙ ОБЛАСТИ

В России под столовыми корнеплодами занято 30% посевных площадей, в том числе столовая морковь – 100 тыс. га, столовая свекла – 80 тыс. га, остальные (редис, редька, сельдерей, брюква) – около 30 тыс. га. Свежая свекла поступает потребителю практически в течение всего года: весной – из теплиц и парников, в июне, июле – с утепленных гряд, остальное время из открытого грунта и хранилищ. Благодаря хорошей лежкости ее корнеплоды используют круглый год.

Целебные свойства свеклы человек использовал с давних времен. Еще 2000 лет назад Гиппократ применял для лечения больных свеклу более чем в 10 рецептах. В сочинениях Феофаста (IV – III вв. до н. э.), Катона (III – II вв. до н. э.), описаны пищевые и целебные свойства свеклы. Еще в давние времена была отмечена исключительная ценность сока из свеклы, благодаря наличию в нем незаменимых аминокислот.

Латинское название столовой свеклы – Beta vulgaris L., относится к семейству маревых. Свекла – растение двухлетнее. В год посева семян у нее вырастает мясистый корень с прикорневой розеткой листьев. Во второй год вегетации растение свеклы образует семена. Соцветие свеклы – сложный колос [1].

Благоприятные климатические условия юга России позволяют получать на орошаемых землях высокие и устойчивые урожаи овощей, в том числе столовой свеклы. Однако в последние годы продуктивность свеклы резко снижена по ряду объективных и субъективных причин. Так, в Волгоградской области столовой свеклой занято 335,1 га посевных площадей, а в целом по России - 80 тыс. га. Фактическая урожайность столовой свеклы остается в несколько раз ниже потенциальной - 25 т/га. Вместе с тем производственный опыт и результаты научно-исследовательских учреждений показывают, что соблюдение научно-обоснованных технологий возделывания столовой свеклы является рентабельным и прибыльным в условиях орошения Нижнего Поволжья.

В результате проведенных исследований нами обоснованы и экспериментально определены приемы оптимизации формирования запланированных урожаев столовой свеклы сорта «Болтарди» на светло-каштановых почвах Волго-Донского междуречья в трехфакторном полевом опыте путем дифференциации по фазам роста и развития растений предполивных порогов влажности почвы и глубины увлажняемого слоя с последовательным чередованием больших и малых поливных норм и внесения расчетных доз минеральных удобрений. Фактор А – режим орошения. Назначение вегетационных поливов при дифференциации предела снижения влажности почвы по фазам роста и развития столовой свеклы по схеме: всходы – начало формирования корнеплода, начало формирования корнеплода – техническая спелость, техническая спелость – уборка урожая: 80-80-70 % НВ (A_1); 80-70-70 % НВ (A_2); 80-70-60 % НВ (A_3). Фактор В – глубина расчетного слоя увлажнения. Обеспечение заданных порогов влажности в слое почвы: 0,3 м (B_1); 0,3 и 0,6 м (B_2); 0,6 м (B_3). Фактор С – дозы удобрений, рассчитанные на получение запланированного урожая (табл. 1): вариант C_1 – без удобрений (контроль); вариант C_2 – N_{128} P_{70} K_{58} – 40 т/га; вариант C_3 – N_{192} P_{105} K_{87} – 60 т/га; вариант C_4 – N_{256} P_{140} K_{116} – 80 т/га; вариант C_5 – N_{320} P_{175} K_{145} – 100 т/га. В комплексной взаимозависимости установлены параметры формирования урожая при различном сочетании урожаеобразующих факторов.

Согласно рекомендациям опытной станции программирования урожаев Волгоградской ГСХА коэффициент возмещения выноса азота с учетом слабой окультуренности почв принимали - 1,0. В зависимости от степени обеспеченности почв P_2O_5 и K_2O коэффициенты возмещения выноса питательных веществ растениями столовой свеклы были приняты следующие – 1,25 по фосфору и 0,25 по калию. На основании анализа предшествующих исследований в опыте был принят следующий вынос основных питательных веществ одной тонной продукции с учетом побочной по N – 4,5; P_2O_5 – 1,6; K_2O – 7,0 кг [2].

В изучаемых нами вариантах фосфорные и калийные удобрения вносили под основную обработку, вследствие слабой подвижности фосфора и калия в почве. Подкормку аммиачной селитрой (1/2) проводили при посеве, с семенами, это давало эффективное распределение удобрений в пахотном слое, вторую подкормку аммиачной селитрой (1/2) проводили в фазу 7 настоящего листа [3].

Для осуществления заданного режима орошения столовой свеклы при различной глубине увлажняемого слоя почвы в годы исследований потребовалось разное количество вегетационных поливов. Различия в количестве поливов объясняются предполивным порогом и глубиной увлажняемого слоя почвы. Наибольшее количество поливов было дано при поддержании предполивной влажности почвы на уровне 80-80-70 % НВ с глубиной увлажнения почвы на 0,3 м, межполивной период составлял 3 дня. При чередовании малых и больших поливных норм (0,0…0,3…0,6 м) снижение запасов влаги до предполивного уровня во всех изучаемых вариантах водного режима происходило реже, межполивной период увеличивался до 5 дней. В изучаемых вариантах с 0,6 м глубиной увлажнения количество поливов уменьшалось на 30 %, но растения свеклы уже к середине межполивного периода испытывали недостаток влаги в горизонте, где расположена основная масса корней. Межполивной период составлял 8-10 дней [4].

Внесение минеральных удобрений существенно снижало величину коэффициента водопотребления на посевах столовой свеклы и способствовало более экономному использованию оросительной воды[5].

В среднем за три года при поддержании предполивной влажности почвы на уровне 80-80-70 % НВ на не удобренной светло-каштановой почве, в общем, было получено 41,2 т/га товарных корнеплодов (0,0…0,3 м), 40,5 т/га (0,0…0,3…0,6 м), 37,3 т/га (0,0…0,6 м). Урожайность столовой свеклы на всех изучаемых вариантах повышалась с увеличением доз внесения минеральных удобрений.

Достоверность результатов исследований подтверждается применением современных, апробированных методик, значительной базой экспериментального материала, корректностью выбора местоположения опытного участка и широкой апробацией работы на всех этапах ее проведения. Производственная реализация результатов исследований на орошаемых землях фермерского хозяйства Н.В. Гуляева подтвердила возможность получения до 100 т/га корнеплодов столовой свеклы стандартного качества[6].

Литература

1. Агапов, С.В. Столовые корнеплоды / С.В. Агапов. – М.: Сельхозиздат, 1954. – 264с.
2. Филин, В.И. Расчет норм удобрений под планируемый урожай / В.И. Филин // Методические указания по программированию урожаев на орошаемых землях Поволжья. – Волгоград, 1984. – С. 10-15.
3. Кузнецова, Н.В. Возделывание столовой свеклы/ Н.В. Кузнецова, Н.Е. Степанова //«Вестник Прикаспия» Научно-теоретический и практический журнал. ГНУ Прикаспийский НИИ аридного земледелия Россельхозакадемии, 2014. - № 4. – С. 3-6.
4. Степанова, Н.Е. Поливной режим столовой свеклы на светло-каштановых почвах // «Вестник» Российской академии сельскохозяйственных наук «Повышение эффективности ведения сельскохозяйственного производства» Юга России. / Москва, 2008. – С. 274-275.
5. Кузнецова, Н.В. Взаимосвязь среднесуточного водопотребления столовой свеклы с накоплением вегетативной массы на светло-каштановых почвах Волгоградской области / Н.В. Кузнецова, Н.Е. Степанова // Электронный научный журнал Российского НИИ проблем мелиорации, Новочеркасск, № 1, 2014 год.
6. Кузнецова, Н.В. Энергетическая эффективность возделывания столовой свеклы в Нижнем Поволжье/ Н.В. Кузнецова, Н.Е. Степанова // Международный сельскохозяйственный журнал. – 2014. - № 2. – С. 46-47.

Зулькорнеева Л.И.
студент, Астраханский государственный университет
Миронова Ю.Г.
кандидат социологических наук, доцент, Астраханский государственный университет

ТОЛЕРАНТНОСТЬ СОВРЕМЕННОЙ МОЛОДЕЖИ

Процессы глобализации и регионализации, активно протекающие в современном мире, ставят его существование и дальнейшее развитие в непосредственную зависимость от того, насколько успешно смогут ужиться между собой различные (этнические, конфессиональные и др.) сообщества, обладающие различными, а часто и совершенно противоположными культурными ценностями. Глобализация экономических процессов, быстрые темпы урбанизации, развитие коммуникаций и процессы интеграции – все это превратило любые проявления нетерпимости и интолерантности в серьезную потенциальную опасность для всего мирового сообщества. Осознание данной проблемы всей общественностью превращает достижение всеобщей толерантности в одну из самых важных целей развития мирового сообщества в целом и России в частности [1, 3].

Говоря о формирования толерантного общества, нельзя упускать из вида решающую роль в этом процессе такой социальной группы, как молодежь. Именно эта динамичная, непостоянная общность несет на себе ответственность за становление будущего нашего общества. В связи с чем, можно говорить о неоспоримой важности воспитания молодого поколения, руководствуясь ценностями толерантности, плюрализма, уважения и т.д.

Обращаясь к проблеме толерантности молодежи, авторами статьи было проведено социологическое исследование среди студенческой молодежи, которой в скором будущем предстоит сыграть свою роль жизни нашего общества. Результаты исследования можно сформулировать следующими тезисами:

- молодежь имеет достаточно четкое представление о том, что представляет собой «толерантность» (преимущественное большинство студентов (79,1%) понимают под толерантностью терпимое отношение к другой культуре, другому образу жизни; основная часть молодежи (77,8%) считают терпимость синонимом слова толерантность; также, большинство (48,1%) включают в это понятие миролюбивость);

- студенческая молодежь считает себя толерантной по отношению к представителям других национальных и конфессиональных групп (48,8% считают себя терпимыми по отношению к другим национальностям; 37,7: не обращают внимания на национальную принадлежность своих знакомых; 48,8% опрошенных молодых людей считают себя толерантными по отношению к другим религиозным течениям; основная часть студенчества (75,2%) не испытывают дискомфорта, общаясь с представителями других национальностей).

Стоит отметить тот факт, что при общих положительных результатах исследования, были выявлены и другие интересные факты. Например, более четверти опрошенных (28,3%) испытывают раздражение, когда в их присутствии разговаривают на иностранном языке, тогда как (31,8%) испытывают интерес.

Более половины представителей молодежи (53,8%) в той или иной степени разделяют мнение о том, что мигранты, представители других национальностей, требуя уважать их обычаи, пытаются вытеснить традиции и обычаи коренных жителей данной территории. В то же время, молодежь соглашается с мнением, что уровень преступности значительно увеличивается за счёт приезжих представителей других национальностей (54,9%).

Эти данные говорят уже об обратной стороне медали – интолерантности, которая, так или иначе, находит свое проявление даже в полиэтничном регионе, веками объединявшем представителей десятков национальностей, культур и религиозных течений. На территории Астраханского региона, где проводилось исследование, столетиями проживает более 50 различных национальностей. У большинства опрошенных есть друзья и знакомые других национальностей, что подтверждает отсутствие каких-либо предрассудков по поводу этнической или конфессиональной принадлежности. Однако, рост масштабов миграционных процессов приводит к отторжению приезжих со стороны коренного населения, что приводит к столкновению интересов обеих сторон.

Отмечая такого рода явления, нельзя винить только молодое поколение. На формирование толерантности или интолерантности всех членов общества влияет огромное количество объективных факторов, не подвластных индивиду. Средства массовой информации, политическая и экономическая нестабильность, военные конфликты – все это с разных сторон влияет на взгляды и убеждения человека. На современном этапе развития наше общество развивается и меняется очень быстро. Поэтому, для процветания и целостности человечества необходимо воспитание устойчивых морально-этических ценностей и общечеловеческих принципов у всех поколений, что, в свою очередь, требует совместных усилий государства и общества.

Литература:

1. Гаджигасанова Н.С. Особенности проявления этнической толерантности во взаимодействиях молодежных групп. – НГУ им. Н.И. Лобачевского. - Санкт-Петербург, 2014. – 26 с.

Орличенко А.Н.
доцент кафедры ТОР,ЮФУ
orli.an@mail.ru
Симонян А.А.
студент 5-ого курса ЮФУ
ararat_222@bk.ru

ИНФОРМАЦИОННАЯ БЕЗОПАСНОСТЬ ЧЕЛОВЕКА

Отмечается обнаруженное несанкционированное включение оператором сотового телефона, которое может нанести вред физическому и нравственному здоровью человека-пользователя. Произведена термодинамическая оценка предельной скорости передачи информации, которая указывает на необходимость качественно новых разработок в теории и практике радиотехники, базирующихся на информационной основе.

Прежде чем обзавестись какой-либо современной модной вещью, как-то мобильным телефоном или компьютером со встроенной беспроводной интернет-системой связи, необходимо вспомнить о знаменитой клятве Гиппократа "Не навреди". Не навреди, прежде всего, своему физическому и нравственному здоровью.

От испытания 3 апреля 1973 г. первого в мире мобильного телефона до наших дней прошло немало времени, однако споры о влиянии его на здоровье человека, пожалуй, лишь разгораются. Не сформулированы на законодательном уровне чёткие критерии "безвредности". В данной работе описывается попытка создания индивидуального средства, контролирующего уровень излучения распространённых мобильных телефонов [2], а также производится термодинамическая оценка предельной скорости передачи и приёма информации [1,3].

Работа предложенного индикатора, вкратце, сводится к следующему. Подключённый к приемо-передающей антенне контур на базе индуктора L1 с учётом монтажных ёмкостей других элементов устройства рис. 1 выделяет из эфира СВЧ-колебания испытуемого мобильного телефона, подавляя индустриальные помехи от электрической промышленной сети. С целью предотвращения выгорания чувствительных к перегрузке каскадов приёмника в прибор включены ограничивающие диоды VD1 и VD2. Огибающая амплитуд сигнальных радиоимпульсов, усиленных в транзисторном каскаде, детектируется с помощью диодов VD4 и VD5. Резистором R3 регулируется чувствительность индикатора.

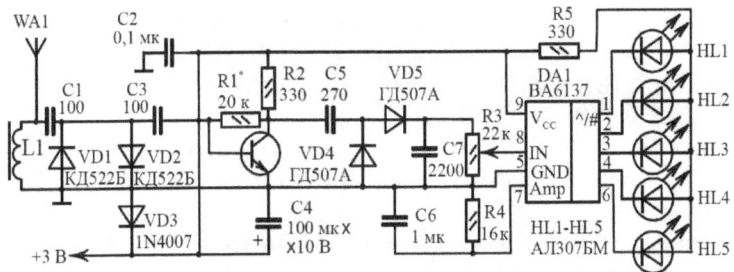

Рис. 1 Электрическая принципиальная схема индикатора уровня
излучения сотового телефона

Компаратор базе интегральной схемы ВА6137 осуществляет преобразование уровня сигнала на её входе 8 в пространственно разделённые напряжения на выходах 1, 2, 3, 4 и 6, к каждому из которых подключены соответственно светодиоды HL1 - HL5. Благодаря такому пространственному разделению при самом слабом сигнале загорается лишь первый индикаторный светодиод HL1 в узле индикации на микросхеме ВА6137, а по мере увеличения мощности излучения сотовым телефоном на линейке светодиодов включается второй HL2 (при этом первый HL1 не гаснет) и т. д.

Прибор питается напряжением 3 В от батареи из двух гальванических элементов типоразмера ААА. Диод VD3 защищает индикатор от неправильной полярности питающего напряжения. Антенна WA1 - складная телескопическая. Чувствительность прибора можно регулировать, изменяя её длину.

Изготовленный индикатор уровня излучения сотового телефона (размеры макета устройства около 10x 10x 1,5 см) экспериментально подтвердил устойчивую работоспособность предложенного прибора. Испытанию подвергались мобильные телефоны разных типов и периодов изготовления, работающих *а)* в дежурном режиме, *б)* во время их включения и выключения, *в)* в режиме *излучения* таких телефонов *в выключенном состоянии.*

Прибор реагировал, естественно, в те моменты времени, когда вызывающий телефон делал вызов, а отвечающий, соответственно, - посылал ответный сигнал.

Было обнаружено также, что в режиме молчания сотовый телефон с подключённой батареей электрической энергии примерно через каждые 30 -г 40 минут без ведома владельца, по сигналу оператора, автоматически переходит в режим передачи. Оператор тем самым решает, в частности, задачу роуминга. Но что мешает сотовому телефону передавать оператору любую окружающую звуковую информацию? В том числе и ту, которая не предназначена для публичной огласки, нанося тем самым вред физическому и нравственному здоровью человека - владельцу мобильного телефона.

Библиографический список

1. БриллюэнЛ. (Brillouin L. J., 1956 г.). Наука и теория информации: Пер. с англ. - М.: Физматгиз, 1960. - 392 с.: ил.
2. Симонян А. А. Индикатор уровня излучения сотового телефона, Удостоверение на рационализаторское предложение № 3. - г. Изобильный, 12 января 2010.
3. Орличенко А.Н. Информация и алгоритмическая радиоинформатика. В помощь изучающим информатику. - Таганрог: Изд-во ТРТУ, 2001.

Бондаренко А.И.

доцент, кандидат технических наук, доцент кафедры автомобиле- и тракторостроения Национального технического университета "Харьковский политехнический институт", Украина
anatoliybon@rambler.ru

ОПТИМИЗАЦИЯ УПРАВЛЕНИЯ БЕССТУПЕНЧАТОЙ ГИДРООБЪЕМНО-МЕХАНИЧЕСКОЙ ТРАНСМИССИЕЙ КОЛЕСНЫХ ТРАКТОРОВ ПРИ ЭКСТРЕННОМ ТОРМОЖЕНИИ

С появлением новых типов гидромашин объемного типа, повышением транспортных скоростей колесных тракторов особенно обострилась проблема сохранения безопасности в режиме торможения. К сожалению, на данный момент не установлено и не систематизировано влияние при экстренном торможении с кинематическим отрывом двигателя от ведущих колес условий эксплуатации, законов изменения параметров регулирования гидромашин гидрообъемной передачи (ГОП) $e_1(t)$, $e_2(t)$ или закона изменения относительного параметра регулирования ГОП $e(t)$ ($e = e_1/e_2$) на кинематические, силовые и энергетические параметры гидрообъемно-механических трансмиссий (ГОМТ) различных структур, а также управляемость и тормозную эффективность. Не решена проблема оптимального управления бесступенчатой ГОМТ колесных тракторов при экстренном торможении. Этому препятствует отсутствие необходимых критериев оценки.

Процесс торможения трактора с ГОМТ характеризуется эффективностью торможения, управляемостью и устойчивостью. Кроме того, при разработке ГОМТ следует учитывать показатели конструктивной надежности элементов трансмиссии. В частности, одной из основных задач является нахождение оптимального закона изменения $e(t)$ в процессе экстренного торможения колесных тракторов с ГОМТ при сохранении минимально возможных значений перепада рабочего давления в ГОП $|\Delta P|_{max}$, угловой скорости сателлитов $|\omega_s|_{max}$, угловой скорости вала гидронасоса $|\omega_1|_{max}$ и гидромотора $|\omega_2|_{max}$, а также минимального рассогласования между значениями угловых скоростей ведущего и ведомого валов сцепления.

Траекторная устойчивость (наибольшее отклонение от прямой), как оценочный критерий в работе не рассматривается. Именно в процессе маневрирования или поворота возникают наибольшие отклонения от намеченной траектории, а этот показатель – траекторная управляемость.

Для оценки тормозной эффективности удобно использовать в качестве показателя тормозной путь. При торможении с антиблокировочной системой (АБС) рекомендовано оценивать эффективность торможения путем сравнения величины тормозного пути при заблокированных колесах и при включенной АБС. На скользких дорогах АБС не должна снижать эффективность торможения по сравнению с торможением при заблокированных колесах, а на дорожных покрытиях с высоким коэффициентом сцепления допускается увеличение тормозного пути, но не более, чем на 5%. Исходя из выше приведенных рекомендаций, допустимая величина тормозного пути задается в виде $S_g^* = S_{g_1}$. Под S_{g1} понимается тормозной путь при торможении с заблокированными колесами.

Для оценки экстренного торможения за счет тормозной системы при кинематическом отрыве двигателя от ведущих колес на дорожной поверхности с сухим асфальтом допустимая величина тормозного пути определяется как $S_g^* = S_{g_2}$ Под S_{g2} понимается максимальный тормозной путь, который определяется в соответствии с требованиями Европейского Союза и стандартов СНГ [1, 2].

Для всех других способов торможения, а также экстренного торможения за счет тормозной системы при кинематическом отрыве двигателя от ведущих колес на заснеженной дорожной поверхности допустимая величина тормозного пути задается в виде $S_g^* = S_{g3}$. Под S_{g3} понимается тормозной путь при торможении на дорожной поверхности с минимально возможным коэффициентом сцепления, то есть на льду.

В процессе моделирования процесса торможения трактора с ГОМТ было установлено, что наиболее существенно на показатели трансмиссии, которые в свою очередь влияют на тормозную эффективность и траекторную управляемость, воздействует закон изменения относительного параметра регулирования ГОП $e(t)$.

В таком случае выражение для расчета частного критерия – эффективность торможения имеет следующий вид:

$$K_1(e(t)) = 1 - \frac{S_g(e(t))}{S_g^*}, \tag{1}$$

где $S_g(e(t))$ - действительная величина тормозного пути.

Эффективность торможения наилучшая при максимальном значении $K_1(e(t))$ (1).

Траекторную управляемость можно оценивать по величине отклонения трактора от заданной траектории. При определении траекторной управляемости трактора в качестве тестовой траектории была принята кривая, по которой трактор может двигаться без поперечных отклонений при заданной начальной скорости и постоянном угле установки управляемых колес. Предельное значение Δ^* для оценки отклонения трактора, при допущении, что до начала торможения трактор двигался четко по середине полосы движения, находится как $\Delta^* = 0,5 \cdot (B_c - B_t)$. Под B_c понимается ширина полосы движения, регламентированная для данной категории дорог, а под B_t габаритный размер трактора, измеренный по перпендикуляру к его продольной оси, что проходит через точку, которая максимально отклонилась от начальной траектории.

Выражение для расчета частного критерия – траекторная управляемость представлено в следующем виде:

$$K_2(e(t)) = 1 - \frac{\Delta_{\max}(e(t))}{\Delta^*},\qquad(2)$$

где $\Delta_{\max}(e(t))$ – величина максимального отклонения трактора от заданной траектории после полного торможения.

Наименьшее отклонение от заданной траектории будет наблюдаться при максимальном значении $\Delta_{\max}(e(t))$ (2).

Для оценки конструктивной надежности ГОМТ удобно использовать в качестве показателей ее силовые (перепад рабочего давления в ГОП $\left|\Delta P\right|_{\max}$) и кинематические (угловая скорость сателлитов $\left|\omega_s\right|_{\max}$, угловая скорость вала гидронасоса $\left|\omega_1\right|_{\max}$ и гидромотора $\left|\omega_2\right|_{\max}$, а также рассогласование между значениями угловых скоростей ведущего и ведомого валов сцепления $\left|\Delta\omega\right|_{\max}$) параметры. Предельные значения $\left|\Delta P\right|_{\max}$, $\left|\omega_1\right|_{\max}$, $\left|\omega_2\right|_{\max}$ обусловлены прежде всего конструктивными особенностями ГОП и приведены в технической характеристике гидромашин и обозначаются как P^*, ω_1^*, ω_2^*. Под P^* понимается максимально возможное давление в нагнетающей магистрали ГОП. Допустимая величина угловой скорости сателлитов не зависит от параметров ГОП, однако имеет свое ограничение - 600 рад/с, то есть $\left|\omega_s\right|_{\max} \le 600$ рад/с и обозначаются как ω_s^*. Максимально допустимое рассогласование между угловыми скоростями ведущего и ведомого валов сцепления, которое обозначается как $\Delta\omega^*$, зависит от типа сцепления, его конструктивных параметров и т.п. Работоспособность сцепления полностью сохраняется при $\left|\Delta\omega\right|_{\max} \le 120$ рад/с (120 рад/с - это среднее значение угловой скорости коленчатого вала двигателя на холостом ходу).

В таком случае выражение для расчета частного критерия – конструктивная надежность ГОМТ имеет следующий вид:

$$K_3(e(t)) = \left(1 - \frac{|\Delta P|_{max}(e(t)) + P_p}{P^*}\right) + \left(1 - \frac{|\omega_1|_{max}(e(t))}{\omega_1^*}\right) + \left(1 - \frac{|\omega_2|_{max}(e(t))}{\omega_2^*}\right) +$$

$$+ \left(1 - \frac{|\omega_s|_{max}(e(t))}{\omega_s^*}\right) + \left(1 - \frac{|\Delta \omega|_{max}(e(t))}{\Delta \omega^*}\right) = \tag{3}$$

$$5 - \frac{|\Delta P|_{max}(e(t)) + P_p}{P^*} - \frac{|\omega_1|_{max}(e(t))}{\omega_1^*} - \frac{|\omega_2|_{max}(e(t))}{\omega_2^*} - \frac{|\omega_s|_{max}(e(t))}{\omega_s^*} - \frac{|\Delta \omega|_{max}(e(t))}{\Delta \omega^*},$$

где $|\Delta P|_{max}(e(t))$ – максимальное значение действительной величины перепада рабочего давления в ГОП;

P_p – давление всасывания, ровное по значению давлению, которое создается насосом подпитки;

$|\omega_1|_{max}(e(t))$ – максимальное значение действительной величины угловой скорости вала гидронасоса;

$|\omega_2|_{max}(e(t))$ – максимальное значение действительной величины угловой скорости вала гидромотора;

$|\omega_s|_{max}(e(t))$ – максимальное значение действительной величины угловой скорости сателлитов;

$|\Delta \omega|_{max}(e(t))$ – максимальное значение действительной величины рассогласования между угловыми скоростями ведущего и ведомого валов сцепления.

Конструктивная надежность ГОМТ наилучшая при максимальном значении $K_3(e(t))$ (3).

При таком построении частных критериев возможна оптимизация по обобщенному критерию [3, 4]:

$$K_\Sigma = \sum_{i=1}^{n} Z_i \cdot K_i + \sum_{j=1}^{m} Z_j \cdot P_j \tag{4}$$

где Z_i, Z_j – весовые коэффициенты;

P_j – штрафные функции.

В выражение (4) вводятся следующие штрафные функции, которые снижают значение обобщенного критерия:

– $P_{\Delta \omega}(\Delta \omega)$ - при вращении ведущего и ведомого валов сцепления в разных направлениях;

– $P_{\Delta V}(\Delta V)$ - при появлении несоответствия больше допустимого значения между действительной скоростью трактора V и теоретической скоростью V_e, которая должна быть в данный момент исходя из значения e, если бы трактор в заданных условиях эксплуатации выполнял равномерное движение или же разгон с минимальным ускорением.

Штрафная функция $P_{\Delta\omega}(\Delta\omega)$ записывается в следующем виде:

$$P_{\Delta\omega}(\Delta\omega) = \begin{cases} 1 - \dfrac{\left|\Delta\omega\right|_{\max}(e(t))}{\Delta\omega}, \; if \; \omega_{z1} \cdot \omega_{z2} < 0, \Delta\omega > 5\,; \\ 0, \; if \; \omega_{z1} \cdot \omega_{z2} < 0 \; and \; \Delta\omega \leq 5 \; or \; \omega_{z1} \cdot \omega_{z2} \geq 0\,, \end{cases} \quad (5)$$

где $\Delta\omega$ - значение рассогласования между угловыми скоростями ведущего и ведомого валов сцепления, которое компенсируется за счет демпфирующих свойств жидкости и утечек в ГОП, ровное 5 рад/с;

ω_{z1}, ω_{z2} —угловая скорость ведущего и ведомого вала сцепления.

Если $\omega_{z1} \cdot \omega_{z2} < 0$ и $\Delta\omega > 5$ рад/с в момент включения сцепления в ГОМТ возникает удар, который может привести к выходу из строя трансмиссии в целом.

При выборе оптимального закона $e(t)$ следует обратить внимание на то, чтобы значения e_1, e_2 максимально отвечали изменению действительной скорости движения трактора.

В процессе исследования перехода из режима торможения в режим разгона было установлено, что в случае несоответствия более чем на $\Delta V = 1$ км/час (в зависимости от схемы ГОМТ $\Delta V = 1$ км/час отвечает изменению e от 0,03 до 0,1 при движении на транспортном диапазоне, для тягового диапазона $\Delta V = 0,5$ км/час отвечает изменению e от 0,05 до 0,1) между действительной скоростью трактора V и скоростью, которая должна быть в данный момент исходя из значения $e - V_e$, то есть если $\left|V_e - V\right| > \Delta V$, возникает скачкообразное повышение перепада рабочего давления в ГОП. Для установления этого момента штрафную функцию $P_{\Delta V}(\Delta V)$ предлагается записать в следующем виде:

$$P_{\Delta V}(\Delta V) = \begin{cases} 1 - \dfrac{\left|V_e - V\right|}{\Delta V}, \; if \; \left|V_e - V\right| > \Delta V\,; \\ 0, \; if \; \left|V_e - V\right| \leq \Delta V. \end{cases} \quad (6)$$

При торможении трактора на кривом участке дороги обобщенный критерий имеет вид:

$$K_\Sigma(e(t)) = Z_1 \cdot \left(1 - \frac{S_g(e(t))}{S_g^*}\right) + Z_2 \cdot \left(1 - \frac{\Delta_{\max}(e(t))}{\Delta^*}\right) +$$

$$+ Z_3 \cdot \left(5 - \frac{\left|\Delta P\right|_{\max}(e(t)) + P_p}{P^*} - \frac{\left|\omega_1\right|_{\max}(e(t))}{\omega_1^*} - \frac{\left|\omega_2\right|_{\max}(e(t))}{\omega_2^*} - \frac{\left|\omega_s\right|_{\max}(e(t))}{\omega_s^*} - \frac{\left|\Delta\omega\right|_{\max}(e(t))}{\Delta\omega^*}\right) + \quad (7)$$

$$+ Z_{\Delta\omega} \cdot P_{\Delta\omega}(\Delta\omega) + Z_{\Delta V} \cdot P_{\Delta V}(\Delta V).$$

Закон изменения $e(t)$ в процессе экстренного торможения наилучший при максимальном значении $K_\Sigma(e(t))$ (7).

Существенно на закон $e(t)$ и значение обобщенного критерия влияет величина весовых коэффициентов. В связи с тем, что частные критерии K_i и штрафные функции $P_{\Delta\omega}(\Delta\omega)$, $P_{\Delta V}(\Delta V)$ изменяются практически в одинаковых диапазонах $(-\infty < K_1(e(t)) < 1,\ -\infty < K_2(e(t)) < 1,\ -\infty < K_3(e(t)) < 5,$ $-\infty < P_{\Delta\omega}(\Delta\omega) \le 0,\ -\infty < P_{\Delta V}(\Delta V) \le 0)$ и равнозначны между собой, значения всех весовых коэффициентов принимаются равными 1, целесообразность такого выбора была подтверждена и теоретическими исследованиями.

Оптимальные законы $e(t)$ будут установлены для разных схем ГОМТ [5], вариантов размещения сцепления и условий эксплуатации. Научный интерес представляет: на сколько один от другого будут отличаться законы $e(t)$ и нахождения, при возможности, универсального закона.

Для решения поставленного задания возможно использование одного из методов многомерной оптимизации [3]: симплекс метод, симплекс на «жале», Хука - Дживса, градиентный метод.

В работе при поиске оптимального закона $e(t)$ использовался метод Хука - Дживса, потому что данный метод является достаточно эффективным и всегда, как правило, приводит к нахождению максимума или минимума функции. Поиск состоит из последовательных шагов исследовательского поиска вокруг базисной точки, за которыми, в случае успеха, следует поиск по образцу [3].

Погрешность при нахождении составляла 0,01 (в процессе торможения шаг моделирования выбирался 0,005 секунды, в каждый момент времени происходил поиск оптимального значения e, а на следующем шаге его корректировка). Процесс оптимизации ограничивался рассмотрением торможения трактора со скорости 60 км/час на дорожной поверхности с сухим асфальтом и снегом.

Выводы

По результатами исследования экстренного торможения колесного трактора с разнообразными схемами ГОМТ, которое может реализовываться лишь при кинематическом отрыве двигателя от ведущих колес, было установлено:

• единого универсального оптимального закона изменения относительного параметра регулирования ГОП для всех схем ГОМТ не существует. Это связано в первую очередь с тем, что минимальные значения перепада рабочего давления в ГОП, угловой скорости сателлитов, угловой скорости вала гидронасоса и гидромотора не всегда отвечают минимальному значению рассогласования между значениями угловых скоростей ведущего и ведомого валов сцепления. В некоторых случаях скорость трактора уменьшалась медленнее, чем эквивалентные ей параметры регулирования гидромашин ГОП для снижения слишком высокого значения рассогласования между значениями угловых скоростей ведущего и ведомого валов сцепления, а иногда быстрее – в этом случае значение перепада рабочего давления в ГОП, угловой скорости сателлитов, угловой скорости вала гидронасоса и гидромотора устанавливались минимально возможные;

• использование закона изменения относительного параметра регулирования ГОП в процессе торможения колесных тракторов с ГОМТ при кинематическом отрыве двигателя от ведущих колес, при котором значение параметров регулирования гидромашин ГОП соответствуют изменению действительной скорости трактора, приемлемо для всех вариантов схем ГОМТ, что подтверждено и теоретическими исследованиями. Рассогласование значений обобщенных критериев, которые получены при моделировании процесса торможения, когда параметры регулирования гидромашин ГОП, изменяются ни медленнее, ни быстрее чем эквивалентная им скорость трактора, а одновременно с ней, по сравнению со значениями оптимальных обобщенных критериев не превышает 6,87%. Значения всех параметров, кроме отклонения от заданной траектории (из-за максимальной скорости движения трактора 60 км/час), находятся в пределах допустимых значений;

• трансмиссия сохраняет работоспособность и все параметры находятся в рекомендуемых пределах лишь при отсутствии блокировки колес трактора.

Список источников информации:

1. Тракторы и машины самоходные сельскохозяйственные. Общие требования безопасности. ГОСТ 12.2.019 – 86. – [Введен. 01.07.87]. – М.: Изд-во стандартов, 1989. – 25 с.

2. Правила проверки тормозных устройств сельскохозяйственных механизмов и критерии их эффективности. ASAE S365. JT (SAE J 1041). – Ростов на Дону: Перевод РН – 70996, 1987. – 15 с.

3. Банди Б. Методы оптимизации. Вводный курс: [пер. с англ. О.В. Шихеевой]; под. ред. В.А. Волынского. – М.: Радио и связь, 1988. – 128 с.

4. Реклейтис Г. Оптимизация в технике: в 2 т. / Реклейтис Г., Рейвиндран А, Рэгсдел К.; пер. с англ. О.В. Шихеевой. – М.: Мир, 1986. – Т. 1. – 2005. – 332 с.

5. Samorodov V.B. Synthesis of Hydrostatic Mechanical Transmission of Wheeled Tractors for Agricultural Purposes / V.B. Samorodov, A.I. Bondarenko // Eastern European Scientific Journal: Düsseldorf (Germany): Auris Verlag. – 2014. – № 6. – P. 280 – 284.

Беляцкая Т. Н.
кандидат экономических наук, заведующая кафедрой менеджмента
БГУИР, Минск
Амелин М. А.,
магистр экономических наук, аспирант кафедры менеджмента
БГУИР, Минск

КЛЮЧЕВЫЕ АСПЕКТЫ ИНТЕРНЕТ-БИЗНЕСА В УСЛОВИЯХ ИНФОРМАЦИОННОГО ОБЩЕСТВА

KEY ASPECTS OF THE INTERNET BUSINESS IN THE INFORMATION SOCIETY

Аннотация: для выявления ключевых характеристик успешной предпринимательской активности в среде Интернет-бизнеса необходимо учитывать особенности быстро меняющегося Интернет-пространства. Также важно исследовать глобализационные вызовы информационного общества. Это невозможно сделать без тщательного анализа использования современных корпоративных систем управления предприятиями.

Ключевые слова: информационное общество, Интернет-бизнес, ключевые показатели эффективности, информационно коммуникационные технологии (ИКТ), информационные системы управления предприятиями, глобальные корпорации.

Overview: to identify the key characteristics of successful business activity in the Internet business environment one must consider the rapidly changing Internet space. It is also important to explore the globalization challenges of the information society. It is impossible to do without a thorough analysis of the use of modern corporate enterprise management systems.

Key Words: information society, internet business, key performance indicators, information and communication technology (ICT), information systems of enterprise management, global corporations.

Для того, чтобы традиционным предприятиям добиться успеха в Интернет-бизнесе им необходимо учитывать основные факторы выживания в этой среде. При этом необходимые знания могут быть извлечены из опыта существующих предприятий Интернет-бизнеса. Важно исследовать, какие методики применяли эти предприятия при управлении корпоративной информацией, телекоммуникациями, и каким образом они использовали вычислительные мощности. Традиционным организациям необходимо тщательно исследовать специфику информационного века и то, как она влияет на их предпринимательскую активность. Конкуренция возрастает и не обязательно происходит со стороны знакомых субъектов.

Далее рассмотрим это более подробно, и поставим для решения следующие задачи в этой статье:

•   обозначить ключевые аспекты Интернет-бизнеса и привести примеры интеграции информационных технологий предприятиями;

● проанализировать вызовы информационного общества для решения бизнес-задач предприятий.

Ключевые аспекты Интернет-бизнеса и примеры интеграции информационных технологий предприятиями

Рассмотрим ключевые аспекты успешной предпринимательской активности в Интернет-бизнесе:
● эргономичный веб-интерфейс;
● информационная система коммуникации;
● ИТ-инфраструктура предприятия Интернет-бизнеса;
● производственные операции в реальном времени;
● сетевые информационные технологии.

Далее рассмотрим некоторые из этих ключевых аспектов более подробно.

Эргономичный веб-интерфейс

Одной из тенденций развертывания виртуального представительства организации в сети становится создание такого веб-сайта, который не только был бы средством информирования, но и мог решать проблемы клиентов [1]. Веб-дизайнеры должны понимать нужды клиентов предприятия и в соответствии с ними разрабатывать структуру Интернет-ресурса. Информация должна быть преподнесена в доступной форме, быть точной и достоверной. Конкретная же структура размещенной информации будет зависеть от типа клиентов предприятия. В идеале, веб-представительство должно быть способно оказать поддержку клиенту, путем предоставления информации о необходимом ему продукте или услуге на уровне не худшем, а даже лучшем, чем с этим мог бы справиться живой специалист. При этом веб-ресурсы могут значительно отличаться друг от друга, в зависимости от товарной и клиентской базы. Веб-сайт должен выглядеть стильно, не быть отягощенным лишними деталями и отвечать на интересующие вопросы клиентов.

Перечисленное выше является лишь базовыми пунктами, необходимыми для успешного запуска виртуального представительства организации. Веб-сайт также должен иметь возможность предоставлять клиентам варианты персонализации товаров и услуг [2]. Факт размещения товаров и услуг в каталоге означает то, что любой заказ может быть удовлетворен за разумное время. Главная же задача виртуального представительства - организация онлайн-сервиса на таком уровне, чтобы клиент захотел вернуться за заказом вновь. Это может быть осуществлено при помощи персональных рассылок на электронную почту клиента, возможности совершения покупки за несколько "кликов" и других видов предпринимательской активности. Адаптивный интерфейс веб-сайта также может привести к успеху виртуальное представительство. При этом важно, чтобы Интернет-ресурс включал в себя возможность по настройке, был быстр и являлся удобным местом для формирования сообщества пользователей.

Существуют определенные ожидания в отношении качества функционирования системы, как со стороны предприятия, так и со стороны клиента.

Ключевые характеристики успешности со стороны сервера Интернет-предприятия.

Сайт должен быть разработан с использованием принципов открытых систем и стандартов для того, чтобы быть легко переконфигурируемым персоналом, который знаком с этими технологическими стандартами. Скорость доступа связана с тем, насколько хорошо взаимодействуют между собой компоненты системы, и как они подходят друг другу. При этом успешно спроектированная система должна быть в состоянии быстро обрабатывать значительные массивы информации.

Ключевые характеристики успешности со стороны веб-интерфейса.

Сайт должен быть быстрым в использовании, время его загрузки должно быть минимизировано, настолько насколько это возможно. Временная задержка между различными шагами - сведена к минимуму. Клиент ожидает то, что по его запросу система должна предоставлять информацию как можно быстрее.

Анализ вызовов информационного общества

Запасы предприятий должны быть сведены практически к минимуму, так как их уровень оказывает существенное влияние на формирование финансовых потоков организаций [3]. В глобальном мире механика бизнес-активности по принципу лишь производства и продаж, при котором требуется хранить значительное количество запасов на складах для будущих сделок, не является конкурентоспособной. Скорость, с которой новые материалы, функциональность или продукты появляются на рынке продолжает увеличиваться. При этом становиться важным воспринимать и быстро реагировать на пожелания клиентов и предоставлять им то, что необходимо. Это имеет отношение ко всем отраслям промышленности, т.к. этот подход уже является не преимуществом, а средством выживания в конкурентной электронной экономике. Для предприятий можно считать рентабельной такую предпринимательскую активность, в которой продукция производится под заказ, и тем самым обеспечивается эффективность денежных потоков и складских затрат.

Технологии и потребности клиентов быстро меняются. Если бизнес направлен лишь на производство и продажу, предприятие может оказаться с обилием устаревших запасов у себя на складе. Традиционная концепция предпринимательской активности при которой бизнес имеет постоянные заказы конкретного продукта и его определенное количество, которые доставляются регулярно, находится в уязвимом положении в условиях Интернет-конкуренции и свободного выбора поставщика услуг. Возможность удовлетворения требований клиентов и поддержание технологий на уровне, и выше, конкурентов является жизненно важным. Таким образом, возможность оказывать услуги в реальном времени и поставлять товары точно в срок, позволяет предприятиям быть конкурентными в условиях информационного общества.

В конце, приведем несколько наглядных примеров операций в реальном времени (real time) и точно в срок (Just-in-Time). Это реакция корпорации IBM на конкуренцию со стороны DELL, состоящая в стратегии по перемещению сборки персональных компьютеров в свою дилерскую сеть, что позволило им создавать системы под заказ. Аналогично Toyota, с целью повышения эффективности, разработала систему "канбан" для экономии времени и производственных издержек. Быстро меняющаяся бизнес-среда привела General Motors к принятию стратегии по соответствию и предсказанию потребностей клиентов. Она осуществляется за счет Интернет-коммуникации и надлежащих маркетинговых исследований. Её общая цель состоит в том, чтобы приблизить организацию к функционированию в соответствии с ожиданиями их клиентов.

По мере того, как вычислительная техника эволюционировала из эпохи центральных процессоров больших размеров, был сформирован новый набор задач для предприятий [4]. Одной из самых значительных является информационная проблема, которая характерна для многих организаций. Широко распространены дублирование и несоответствия. Часто информация заблокирована в пределах закрытых систем и не может быть преобразована в системы нового поколения. В результате этого, организации либо несут значительные затраты или теряют эти компоненты информации. Информационные системы должны быть точными и обеспечивать совместимую информацию в рамках всей организации. Без этого, управленческие решения не могут быть приняты быстро или, что еще более важно, верно.

Если информационная система представляет собой закрытый/частный стандарт, её по возможности необходимо модернизировать до открытой системы. Использование открытых систем гарантирует то, что существует доступный путь их обновления потому, что они не привязаны лишь к одному поставщику технологий. Программирование же или другие работы в области разработки программного обеспечения, должны быть объектно-ориентированы и подвижны (agile). Объектно-ориентированный подход облегчает повторное использование и управляемость программного кода. Эти методики рекомендуются потому, что организациям необходимо адаптироваться к новым бизнес-мероприятиям в отношении информационно-технологических систем.

Выводы

В процессе трансформации предпринимательской активности, в первую очередь происходит моделирование веб-интерфейса, который должен быть направлен на удобство его использования клиентами. Далее организуется эффективный процесс доставки товаров и услуг и проектируется ИТ-инфраструктура предприятия. После этого могут быть внедрены более сложные технические решения и учтены прочие факторы Интернет-среды. Например, осуществление создания связи между системой Интернет-заказов и внутреннего управления цепочками поставок.

Развивающаяся структура информационного общества подразумевает проведение предпринимательской активности как в традиционной форме, так и в форме Интернет-аналога. Тем временем все больше традиционных организаций сталкивается с новыми конкурентами из кибер-среды. При этом основным сектором экономики, в котором происходит наиболее ожесточенная конкуренция, остается информационный. В нем наиболее проявлены процессы глобализации. Это обусловлено широким использованием сетевых технологий.

Список литературы

[1] Беляцкая Т.Н., Амелин М.А. Дифференциация электронных бизнес систем на примере CCRM и ERP // Academic science - problems and achievements IV. Vol. 2: Proceedings of the Conference. North Charleston, 2014.

[2] Lucas H. Inside the Future: Surviving the Technology Revolution. Praeger. 2008.

[3] Allen B., Kutnick D. Building Operational Excellence: IT People and Process Best Practices. Intel Press. 2004.

[4] Stenzel J. CIO Best Practices: Enabling Strategic Value With Information Technology. Wiley. 2010.

Барышников Н.В.,
д.т.н., доцент МГТУ им.Н.Э. Баумана
Гладышева Я.В.,
аспирант МГТУ им.Н.Э. Баумана
Денисов Д.Г.,
к.т.н., доцент МГТУ им.Н.Э. Баумана
Животовский И.В.,
к.т.н., доцент МГТУ им.Н.Э. Баумана
Карасик В.Е.
д.т.н., профессор МГТУ им.Н.Э. Баумана
denisov_dg@mail.ru, kavaler123@yandex.ru

ВЫСОКОТОЧНЫЙ МЕТОД ДИНАМИЧЕСКОЙ ИНТЕРФЕРОМЕТРИИ ДЛЯ АТТЕСТАЦИИ И КОНТРОЛЯ ПРОСТРАНСТВЕННЫХ НЕОДНОРОДНОСТЕЙ ПРОФИЛЕЙ ОПТИЧЕСКИХ ИЗДЕЛИЙ НАНОМЕТРОВОГО УРОВНЯ

В современных отраслях производства перспективных оптических изделий существует технологическая задача не только изготовления деталей с нанометровым уровнем значений таких параметров профилей оптических поверхностей, как : *Peak-to-Valley* – максимальное расстояние между высотой наибольшего выступа и глубиной наибольшей впадины относительно среднего уровня профиля поверхности; *Root-Mean-Square* – среднеквадратическое отклонение формы профиля оптической поверхности от ближайшей эталонной поверхности; *Rq* – среднеквадратическое значение отклонений точек профиля относительно базовой линии в пределах базовой длины, но и их высокоточного аттестационного контроля. Яркими примерами оптических систем, в которых существует необходимость в подобных оптических деталях, являются лазерная система *NIF*, установка «Луч» и телескоп *E-ELT* [1].

В данной работе предлагается, в качестве критерия аттестации параметров профилей изготавливаемых оптических деталей их частотная характеристика - двумерная функция *PSD-2D* (Power Spectral Density – спектральная плотность корреляционной функции) [2]. Однако, в настоящее время в стандарте *ISO* имеется описание лишь одномерной функции *PSD*. Очевидно, что невозможно напрямую сравнить измеренную двумерную функцию *PSD* , представляющую совокупность всех пространственных гармоник неоднородностей топографии двумерного профиля. Программное обеспечение современных интерферометрических приборов контроля позволяет получить одномерную функцию *PSD* лишь по одному из сечений, что не даёт полного представления о качества всей поверхности детали. В связи с этим предложен метод приведения двумерной функции *PSD-2D* к одномерному виду *PSD-1D* усреднением по азимуту. Такой подход позволит получить более полное представление о качестве профилей поверхностей технологических изделий в широком спектральном диапазоне неоднородностей [2]. В данной работе расчёт функции *PSD* будет проводиться с использованием карты значений высот оптической поверхности *h(x,y)*, полученной при измерении поверхности интерферометром, например, компании *ZYGO* или *ESDI*.Преобразование Фурье над конечным полем неоднородностей задаётся в виде, представленном на рисунке 1. В соответствии с теоремой Винера-Хинчина и теоремой Парсеваля, устанавливающих связь между значением среднеквадратического отклонения формы (СКО) поверхности и её спектральной плотностью мощности корреляционной функции (*PSD*), возможна проверка правильности вычисления функции *PSD*, анализируемой динамической интерференционной системой.

Среднеквадратическое отклонение параметров неоднородностей, рассчитанное по карте значений высот поверхности h(x,y), а так же в соответствии с теоремой Винера-Хинчина по функции *PSD* должны совпадать.

$$PSD(u,v) = \frac{1}{A}\left|\tilde{H}(u,v)\right|^2 = \frac{1}{ab}\left|\int_{-b/2}^{b/2}\int_{-a/2}^{a/2} h(x,y)dxdy\right|^2 .$$

$$PSD(u_m,v_n) = \frac{1}{A}\left|\tilde{H}(u_m,v_n)\right|^2 = \frac{(\Delta x \Delta y)^2}{A}\left|\Im\{h(x_m,y_n)\}\right|^2 = \frac{A}{(MN)^2}\left|\Im\{h(x_m,y_n)\}\right|^2$$

$$\tilde{H}(u,v) = \int_{-b/2}^{b/2}\int_{-a/2}^{a/2} h(x,y)e^{-2\pi j(ua+vy)}dxdy ,$$

$$\tilde{H}(u_m,v_n) = \Im\{h(x_m,y_n)\}\Delta x \Delta y .$$

$$\sigma^2 = \frac{1}{A}\int_{-b/2}^{b/2}\int_{-a/2}^{a/2}[h(x,y)]^2 dxdy = \int_{-1/2\Delta y}^{1/2\Delta y}\int_{-1/2\Delta x}^{1/2\Delta x} PSD(u,v)dudv$$

$$\sigma^2 = \frac{\Delta x \Delta y}{A}\sum_{n=1}^{N}\sum_{m=1}^{M}[h(x_m,y_n)]^2 = \frac{1}{A}\sum_{n=1}^{N}\sum_{m=1}^{M} PSD(u_m,v_n) .$$

Рис.1. Основные этапы алгоритма определения частотной характеристики структуры профилей поверхностей оптических деталей.

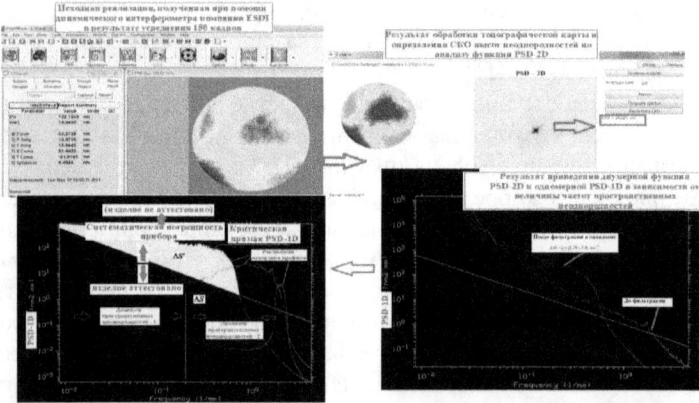

Рис. 2. Результаты экспериментальных измерений и расчёта частотных характеристик топографии профилей оптических поверхностей в соответствии с разработанным алгоритмом аттестации технологических изделий.

На рисунке 2 представлены результаты работы алгоритма. Для проверки правильности работы разработанного программного обеспечения была проведена серия экспериментальных измерений в цеховых и лабораторных условиях.

На основе разработанного алгоритма предлагается использовать расчетную (измеренную) функцию PSD-2D приведённую к одномерному виду PSD-1D, как критерий аттестации технологических изделий.

Все амплитудные значения гармоник лежащих ниже критической прямой удовлетворяют критериям годности профилей технологических изделий, а величина всех гармоник вносящих фазовые искажения, расположенных выше аттестационной прямой определяет негодность технологического изделия

В процессе экспериментальных исследований было проведено 2 серии по 10 измерений, причём каждое из них состояло из 50, 150 реализаций соответственно. По результатам измерений построены графические зависимости погрешностей вычисления статистического параметра RMS по разработанному алгоритму аттестации полированных оптических изделий (рис.3).

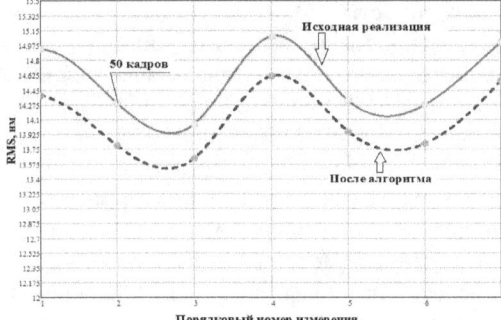

Рис. 3. Зависимость распределения параметра волнового фронта RMS от количества измерений до и после алгоритма при 50 усреднениях реализаций топографических карт.

1. Derivation of preliminary specifications for transmitted wavefront and surface roughness for large optics used in inertial confinement fusion» Dave Aikens, Lawrence Livermore National Laboratory P.O. Box 808, L-487, Livermore, CA 9451;
2. NIF optical materials and fabrication technologies:An overview, J. H. Campbell*, R. A. Hawley-Fedder;

Якименко Т.П.
кандидат технических наук, доцент, доцент кафедры технологии
продуктов питания и товароведения Северо-Кавказского федерального
университета

ПОЛУЧЕНИЕ ПИЩЕВОЙ ДОБАВКИ ИЗ ПЮРЕ БАНАНА ДЛИТЕЛЬНОГО ХРАНЕНИЯ

На сегодняшний день особое внимание уделяется вопросам комплексного использования растительного сырья как к приоритетному научному направлению технологии и рациональному подходу к переработке природных ресурсов. Плоды банана являются перспективным сырьем для пищевой промышленности, так как они характеризуются значительной пищевой ценностью и способны оказывать благоприятное воздействие на технологические показатели, имеющие существенное значение в технологии производства мучных изделий. Решение проблем рационального использования бананов, создания новых продуктов его переработки, придания заданных свойств возможно на основе разработки научно обоснованных подходов, учитывающих как особенности химического состава сырья, так и приоритетные направления развития пищевой промышленности. Однако, несмотря на высокий уровень развития пищевой технологии, выделять индивидуальные соединения и применять их в чистом виде пока не представляется возможным, поэтому наиболее простым и эффективным способом переработки плодов банана является его измельчение до пюреобразного состояния [1, 7].

Существуют многочисленные вариации способов воздействия на исходное банановое сырье с целью получения продуктов его переработки. К ним можно отнести: механические, физико-химические и химические. К химическим относят применение различных кислот и щелочей (аскорбиновая кислота, лимонная, янтарная) и ферментных препаратов. К существенным недостаткам применяемой технологии можно отнести высокую стоимость применяемых компонентов с целенаправленным нарушением нативного химического состава сырья, возможное образование ассоциатов, комплексов, клатратов и внутренних солей, потеря собственных витаминов и минеральных веществ [2, 403-404]. Кроме того, возможно изменение pH продукта, что может оказать негативное влияние на осуществление технологического процесса.

Механические способы, включающие растирание, раздавливание, резание и обработку под давлением, имеют ряд преимуществ и являются приоритетными в технологическом смысле. Однако подобный способ переработке сырья подразумевает контактирование продукта с материалами измельчительного оборудования и кислородом воздуха, в результате приводящего к образованию темноокрашенных веществ, что негативно отражается на органолептических показателях продукта.

К физико-химическим методам относят обработку токами высокой частоты и радулизацию. Указанные способы в пищевой промышленности применяются не достаточно широко в связи с существенными вероятностями физической контаминации продукта продуктами распада [3, 80].

Наиболее приемлемым способом переработки бананов может являться совместное применение механического измельчения с последующим воздействием волн определённой длины. Данный способ является безопасным, экономически эффективным и не требующим расходных материалов.

Для получения добавки на основе плодов банана применяли ультрафиолетовое облучение (УФ), обеспечивающее разрушение полимерных (меланоидиновых) комплексов и веществ, образующихся в результате действия окислительных ферментов класса оксидаз - полифенолоксидазы и пероксидазы. УФ облучение снижает активность одного из самых деструктивных ферментов – полифенолоксидазы.

Для снижения интенсивности процессов деструкции в пюре банана использовали лампу, с ультрафиолетовым спектром излучения. Изучение фотохимического разложения окрашенных высокомолекулярных соединений (меланоидинов) было проведено при помощи экспериментальной модели плоского фотореактора, разработанного и сконструированного на кафедре охраны окружающей среды и химии Северо-Кавказского федерального университета.

Экспериментальная модель фотореактора включает светоотражающую камеры, верхней части которой расположена лампа с механической системой регулирования расстояния от лампы до поверхности облучаемого продукта. Реактор представляет собой параллелепипед длиной 40 см, шириной 20 см и глубиной 30 см. Пюре помещали в ванну слоем 0,5 см; оптимальное расстояние от поверхности сока до лампы 20 см; образец предварительно гомогенизировали. Система излучения состоит из 2 ламп до 80% сохранения электроэнергии.

Применение фотореактора приводит к получению продукта с требуемыми свойствами не склонного к потемнению. При воздействии ультрафиолетового излучения происходит частичная деформация клеточных стенок с высвобождением питательных веществ в межклеточное пространство. В результате процессы набухания могут происходить менее интенсивно, поскольку структура пищевых волокон меняется, становясь менее высокомолекулярной.

Микроструктура пюре банана была изучена на микроскопе «БИОМЕД-6». Цифровое изображение микроскопической структуры пюре банана было получено с помощью камеры DCM 310.

Степень разрушенности клеток является оптимальной для дальнейшего применения.

Обработанное таким способом банановое пюре лучше взаимодействует с водными растворителями и пищеварительными ферментами. В результате повышается биологическая усвояемость продукта и его всасывание в тонком кишечнике.

Оценка показателей качества бананового пюре.

В банановом пюре нормируются содержание сухих веществ, количество минеральных примесей и тяжелых металлов, а также цвет. Цвет пюре зависит от степени зрелости сырья. Буроватый или коричневый оттенок цвета, а также единичные включения частиц кожицы допускается только в пюре 1-2-го сорта и не допускаются в пюре высшего сорта. Наличие минеральных веществ в высшем сорте продукции не допускается, а в 1 сорте их не должно быть более 0,8%.

Оценка качества бананового пюре при хранении.

Под стабильностью пюре подразумевается способность отвечать требованиям нормативной документации в течение определенного срока хранения. Биологически активные вещества под влиянием внешних и внутренних факторов подвергаются необратимым физико-химическим изменениям, приводящим к снижению содержания активных компонентов. Критерием устойчивости БАВ считают их разрушение на 5-10 %. Определение срока годности проводилось методом «ускоренного старения» согласно ОСТ 42-2-72 «Лекарственные средства. Порядок установления сроков годности». Контролировали следующие показатели в процессе хранения: внешний вид, цвет, запах, содержание влаги и кислотность. В результате было установлено, что срок хранения разработанной добавки не должен превышать 14 сут, так как при более длительном хранении изменяются органолептические и физико-химические показатели, которые не приемлемы для применения данного продукта.

Была разработана технологическая схема производства «Банановое пюре. Предложенная технологическая схема не сложна, доступна для существующих производств и позволяет получить продукт со стабильными показателями качества, не изменяющимися в течение продолжительного срока хранения.

Литература:

1. Неверова, О.А. Пищевая биотехнология продуктов из сырья растительного происхождения: учебник / О.А. Неверова, Г.А. Гореликова, В.М. Позняковский. - Новосибирск: Сибирское университетское издательство, 2007. - 416 с.

2. Клатраты // Химическая энциклопедия. Т. 2. — М.: Большая Российская энциклопедия, 1990. С. 403–404.

3. Романова, Е.В. Технология хранения и переработки продукции растениеводства: учебное пособие / Е.В. Романова, В.В. Введенский. - М.: Российский университет дружбы народов, 2010. - 188 с.

Галушкин Д. Н.

доктор технических наук доцент, Институт сферы обслуживания и предпринимательства (филиал) Донского государственного технического университета, город Шахты, E-mail: dmitrigal@rambler.ru

Попов В. П.

ведущий инженер, Южный Федеральный Университет, город Ростов-на-Дону, E-mail. popovvp1949rostov@yandex.ru

Галушкин Н. Е.

доктор технических наук, профессор, Институт сферы обслуживания и предпринимательства (филиал) Донского Государственного Технического Университета, город Шахты, E-mail:galushkinne@mail.ru

Язвинская Н. Н.

кандидат технических наук, доцент, Донской Государственный Технический Университет, город Ростов-на-Дону, E-mail:lionnat@mail.ru

ЭКСПЕРИМЕНТАЛЬНОЕ ИССЛЕДОВАНИЕ ТЕПЛОВОГО РАЗГОНА В НИКЕЛЬ-КАДМИЕВЫХ АККУМУЛЯТОРАХ С ЛАМЕЛЬНЫМИ ЭЛЕКТРОДАМИ

В данной работе исследована возможность теплового разгона в никель-кадмиевых аккумуляторах с ламельными электродами: КН-150Р, НКЛБ-70, ТНК-350-Т5. Заряд аккумуляторов проводился при постоянных напряжениях согласно таблице 1, Там же приведены режимы разряда и контрольно-тренировочных циклов, которые были выбраны в соответствии с инструкциями по уходу и эксплуатации данных аккумуляторов. Результаты циклирования аккумуляторов представлены в сводной таблице 2.

В экспериментальных исследованиях использовались аккумуляторы, как правило, со сроком эксплуатации в два раза большим, чем их гарантийный срок эксплуатации. На основании анализа литературных данных, такой выбор аккумуляторов должен способствовать росту вероятности возникновения теплового разгона. Исследование никель-кадмиевых аккумуляторов с ламельными электродами показало, что, несмотря на длительный срок эксплуатации данных аккумуляторов и выполненных 320-ти зарядно-разрядных циклов для каждого типа, ни один из исследуемых аккумуляторов не пошел на тепловой разгон. При аналогичном циклировании никель-кадмиевые аккумуляторы с металлокерамическими и намазными электродами, а именно аккумуляторы НКБН-25-У3, НКБН-40-У3, всегда шли на тепловой разгон [1,2]. Проведенные исследования показывают, что вероятность теплового разгона в никель-кадмиевых аккумуляторах с ламельными электродами намного ниже вероятности теплового разгона в никель-кадмиевых аккумуляторах с металлокерамическими и намазными электродами. В подтверждение этого можно привести следующие аргументы.

Режимы циклирования ламельных никель-кадмиевых аккумуляторов

Тип аккумулятора	Заряд		Разряд		Кон.-тр. заряд	
	Напря-жение, В	Врем-я, ч	Ток, А	Конеч. напря-жение, В	Ток, А	Время, ч
ТНК-350-Т5	1,87 2,2	10	70	1	90	6
НКЛБ-70			14	1	20	6
КН-150Р			15	1	40	7

Статистические исследования эксплуатации никель-кадмиевых аккумуляторов с ламельными электродами КН-150Р, НКЛБ-70, ТНК-350-Т5 и др. на предприятиях Ростовской области, за 25-30 лет [4, 5] показали: ни одного случая теплового разгона в указанных аккумуляторах не наблюдалось. К тому же, как в отечественной, так и в зарубежной литературе [6] нет никаких данных о возможности теплового разгона в никель-кадмиевых аккумуляторах с ламельными электродами.

Результаты циклирования ламельных аккумуляторов

Тип аккумулятора	Число используемых аккумуляторов	Число зарядно-разрядных циклов	Число тепловых разгонов	Гарантийный срок службы, лет (циклы)	Срок службы используемых аккум., лет
ТНК-350-Т5	10	320	0	1 (500)	Больше 10
НКЛБ-70	10	320	0	2 (500)	Больше 10
КН-150Р	10	320	0	5 (1000)	Больше 10

В работе [6] тепловой разгон объясняется прорастанием дендритов через сепаратор и в соответствие с этим, уменьшением сопротивления в местах их прорастания. Прорастание дендритов, в свою очередь, приводит к резкому увеличению тока в местах расположения дендритов. Этим объясняется прогорание сепаратора в результате теплового разгона в виде круглых пятен. Такой механизм теплового разгона рассматривается в работах [7-13]. Таким образом, одной из причин начала теплового разгона, является прорастание дендритов через сепаратор. Они резко сокращают расстояние между электродами, и, следовательно, в местах расположения дендритов электроды будут локально сильно разогреваться из-за того, что сопротивление в этих местах будет значительно меньше, а средняя плотность тока значительно выше, чем на соседних участках электродов. Это и может стать причиной запуска теплового разгона по механизму, предлагаемому и в данной работе. Для предлагаемого механизма запуска теплового разгона полученные экспериментальные результаты являются вполне естественными. В аккумуляторах с ламельными электродами первого вида, со свободным расположением электродов, в качестве сепараторов используются эбонитовые палочки, резиновые шнуры и т.д. В аккумуляторах с ламельными электродами второго вида, с плотной упаковкой электродов, используются микропористые, щелочестойкие сепараторы. В первом случае, дендриты прорасти, практически, не смогут, так как между электродами большие расстояния. Отсутствие механической поддержки для дендритов в виде сепараторного материала и свободная конвекция электролита между электродами не способствуют прорастанию дендритов в данных аккумуляторах. Поэтому, в них не могут образоваться надежные дендриты, способные привести к сильному локальному разогреву электродов, и, следовательно, не может быть и теплового разгона. В аккумуляторах с плотной упаковкой электродов и тонкими сепараторами сильный локальный разогрев электродов так же невозможен. Если дендрит всё же и прорастет между электродами данной конструкции, то он замкнет на металлическую ламель противоположного электрода и сгорит, не вызвав значительного локального разогрева из-за высокой проводимости металла ламели. Следовательно, в аккумуляторах с ламельными электродами мощный локальный разогрев электродов, связанный с прорастанием дендритов, невозможен, а именно он является причиной начала теплового разгона [4, 20-23]. Поэтому в аккумуляторах данного типа (с ламельными электродами и тонкими сепараторами), по всей вероятности, тепловой разгон вообще невозможен. Данное утверждение всё же требует дальнейших экспериментальных и теоретических исследований. Тем не менее, проведенные экспериментальные исследования однозначно показывают, что вероятность теплового разгона в никель-кадмиевых аккумуляторах с ламельными электродами значительно меньше вероятности теплового разгона в аккумуляторах с металлокерамическими и намазными электродами. Полученные результаты исследования аккумуляторов с ламельными электродами могут иметь практическое применение при разработке новых типов никель-кадмиевых аккумуляторов, устойчивых к тепловому разгону. Проведенные исследования позволяют сделать вывод о том, что тепловой разгон в никель-кадмиевых аккумуляторах с ламельными электродами или вообще невозможен, или вероятность его возникновения во много раз меньше, чем вероятность его возникновения в аккумуляторах с металлокерамическими электродами.

Литература

1. Галушкина Н.Н., Галушкин Н.Е., Галушкин Д.Н. Исследование процесса теплового разгона в никель-кадмиевых аккумуляторах // Электрохимическая энергетика. 2005. Т. 5, № 1 .С. 40-42.
2. D.N. Galushkin, N.N. Yazvinskaya, N.E. Galushkin. Investigation of the Process of Thermal Runaway in Nickel-Cadmium Accumulators // Journal of Power Sources. 2008. V. 177, №2. P. 610–616.
3. Н.Е. Галушкин, В.Ф. Кукоз, Н.Н. Язвинская, Д.Н. Галушкин. Тепловой разгон в химических источниках тока: монография в 2 ч. Ч.1 Шахты: ГОУ ВПО ЮРГУЭС, 2010. 212с.
4. Д.Н. Галушкин, Ф.И. Кукоз, Н.Н. Галушкина. Тепловой разгон в щелочных аккумуляторах: монография. Шахты: Изд-во ЮРГУЭС. 2006. 123с.
5. Галушкин Н.Е., Язвинская Н.Н., Галушкина И.А. Возможность теплового разгона в никель кадмиевых аккумуляторах большой ёмкости с ламельными электродами. // Известия высших учебных заведений. Северо-Кавказский регион. Серия: Технические науки. 2012, №3. С. 89-92.
6. Галушкин Д.Н., Язвинская Н.Н. Особенности теплового разгона в герметичных НК аккумуляторах // Электрохимическая энергетика. 2008. Т. 8, № 4. С. 241-246.
7. Галушкин Д.Н. Исследование содержания водорода в электродах НК аккумуляторов в зависимости от срока их эксплуатации // Электрохимическая энергетика. 2008. Т. 8, № 2. С. 115-118.
8. Галушкин Д.Н. Возможность теплового разгона в ламельных никель-кадмиевых аккумуляторах. // Электрохимическая энергетика. 2007. Т. 7, №3. С. 128–132.
9. Галушкин Д.Н., Галушкина Н.Н. Анализ и визуальные последствия теплового разгона никель-кадмиевых аккумуляторов НКБН-25-У3 // Электрохимическая энергетика. 2006. Т. 6, № 2. С. 76–78.
10. Галушкин, Д.Н. Возможность теплового разгона в ламельных никель-кадмиевых аккумуляторах // Электрохимическая энергетика. 2007. Т.7, №3. С. 128–132.
11. Галушкин Д.Н., Галушкина Н.Н. Тепловой разгон в щелочных аккумуляторах // Успехи современного естествознания. 2005, №1. С. 22–23.
12. Кукоз Ф.И., Галушкин Д.Н., Галушкина Н.Н. Исследование процесса теплового разгона в никель-кадмиевых аккумуляторах // Современные проблемы науки и образования. 2006, № 6. С.91.
13. Галушкина Н.Н., Галушкин Д.Н., Галушкин Н.Е. Нестационарные процессы в щелочных аккумуляторах: монография. Шахты: Изд-во ЮРГУЭС. 2005. 107с.

Серебровский В.И.
доктор технических наук, профессор ФГБОУ ВПО «Курская ГСХА»
svi-prorekt@mail.ru
Серебровский В.В.
доктор технических наук, профессор ФГБОУ ВПО «Юго-Западный государственный университет» sv1111@mail.ru
Сафронов Р.И.
кандидат технических наук, доцент ФГБОУ ВПО «Курская ГСХА»
russafronov@yandex.ru
Калуцкий Е.С.
аспирант ФГБОУ ВПО «Курская ГСХА» kalutsky1990@mail.ru

ЭЛЕКТРООСАЖДЕНИЕ СПЛАВОВ НА ОСНОВЕ ЖЕЛЕЗА ИЗ ХЛОРИДНЫХ ЭЛЕКТРОЛИТОВ

Хлористые железные электролиты в настоящее время широко применяются при восстановления изношенных деталей машин железными покрытиями, поскольку они обеспечивают наиболее благоприятное сочетание технологических параметров электроосаждения и физико-механических свойств железных осадков. Хлористые электролиты на основе двухвалентного железа допускают применение высоких плотностей катодного тока, особенно при использовании переменных электролизных токов, в частности асимметричного тока, до 100 А/дм^2 и более, что обеспечивает высокую скорость осаждения электролитического железа (0,4...0,5 мм/ч).

Исходными материалами для приготовления хлористых электролитов являются хлористое железо $FeCl_2 \cdot 4H_2O$ и соляная кислота HCl. При этом приготовление таких электролитов имеет некоторые особенности, которые необходимо учитывать, чтобы иметь возможность получать качественные электролитические осадки железа.

Для получения электролитических осадков Fe-Cr, Fe-Mo, FeW и FeTi в электролит для железнения добавлялись водорастворимые соли соответствующих металлов и некоторые стабилизирующие и буферные добавки. Составы растворов для осаждения легированных железных покрытий, полученных на основе хлористого электролита, представлены в таблице 1.

Как видно из представленной таблицы, в качестве основы электролитов, предназначенных для осаждения легированных железных покрытий использован так называемый псевдостационарный среднеконцентрированный хлористый электролит. Этот электролит содержит 300...350 г/л хлористого железа $FeCl_2 \cdot 4H_2O$ и позволяет широко варьировать режимы электролиза и получать твердые и плотные покрытия при низких (до 30 °C) температурах, при условии использования для электроосаждения железа переменного асимметричного тока.[1]

Таблица 1 - Составы электролитов для осаждения легированных железных покрытий

Система легирования	Компоненты электролита	Концентрация компонентов, г/л (кг/м^3)
Железо-хром, Fe-Cr	$FeCl\cdot4H_2O$ HCl $CrCl_3\cdot10H_2O$ $(NH_4)Cl$	300...350 1,0...1,5 0...50 100...200
Железо-молибден, Fe-Mo	$FeCl_2\cdot4H_2O$ HCl $(NH_4)Mo_7O_{24}\cdot4H_2O$ $C_6H_8O_7\cdot H_2O$	300...350 1,0...1,5 0...2,0 4,0...5,0
Железо-вольфрам, Fe-W	$FeCl_2\cdot4H_2O$ HCl $NaWO_4\cdot4H_2O$ $C_6H_8O_7$	300...350 1,0...1,5 0...5,0 4,0...6,0
Железо-титан, Fe-Ti	$FeCl_2\cdot4H_2O$ HCl $Ti(C_2O_4)_2$ $(NH_4)Cl$	300...350 1,0...1,5 0...50 100...200

Для получения железных покрытий, легированных хромом, в состав псевдостационврного электролита был введен хлорид хрома $CrCl_3\cdot10H_2O$, а в качестве стабилизирующей добавки – хлористый аммоний $(NH_4)Cl$. Для этого электролита рекомендуется использовать электроды (аноды) из хромистых нержавеющих сталей.

Для осаждения железо-молибденовых покрытий был использован тот же электролит с добавлением довольно сложной соли молибдата аммония $(NH_4)_6Mo_7O_{24}\cdot4H_2O$. Для облегчения осаждения молибдена в состав этого электролита была добавлена лимонная кислота, которая здесь играет роль комплексообразователя.[2]

Для осаждения железо-вольфрамовых покрытий в хлористый электролит добавлялись вольфрамат натрия $NaWO_4\cdot4H_2O$ и лимонная кислота, которая здесь выполняла ту же роль, что и в железо-молибденовом электролите.[2]

При получении железо-титановых покрытий использовали электролит на основе раствора двухвалентного хлористого железа с добавлением в качестве титаносодержащего компонента – титановой соли щавелевой кислоты $Ti(C_2O_4)_2$, которая хорошо растворяется в воде. В качестве стабилизирующей добавки в этот электролит был введен хлористый аммоний $(NH_4)Cl$. Электролит данного состава обеспечивает высокий выход по току и хорошее качество железо-титановых осадков.

При экспериментальном исследовании влияние условий электролиза и концентрационных характеристик электролитов на содержание легирующих элементов (Cr, Mo, W и Ti) в железных покрытиях, электроосаждение во всех случаях проводилось при нормальной температуре на переменном асимметричном токе с показателем асимметрии β=6. Такая величина показателя асимметрии была принята на основании результатов предварительных опытов по электроосаждению «чистого» железа из хлористого электролита, которые показали, что при названном значении показателя асимметрии выход по току железного осадка наибольший.

Были проведены четыре серии опытов (по каждому легирующему элементу), в которых изменяли величину катодного тока и концентрацию солей легирующих элементов в соответствующих электролитах. Для определения содержания в покрытиях легирующих элементов образцы подвергали химическому анализу (спектральному). Результаты эксперимента представлены на рисунках 1 и 2.

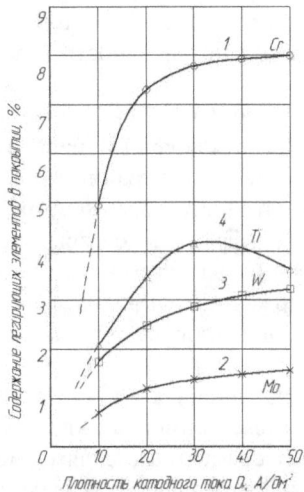

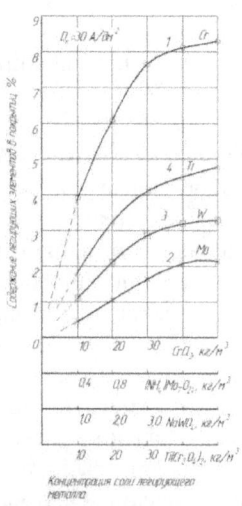

Рисунок 1 - Влияние плотности катодного тока на содержание легирующих элементов в электроосажденных покрытиях, полученных из хлористого электролита с добавками солей легирующих металлов: 1) $CrCl_3$ – 30 кг/м³; 2) $(NH_4)Mo_7O_{24}$ – 1,2 кг/м³; 3) $NaWO_4$ – 3,0 кг/м³; 4) $Ti(C_2O_4)_2$ – 30 кг/м³.

Рисунок 2 - Влияние концентрации солей легирующих элементов в хлористом электролите на содержание легирующих элементов в электроосажденных покрытиях: 1) железо-хром; 2) железо-молибден; 3) железо-вольфрам; 4) железо-титан. (Режимы электролиза: $Д_к$=30 А/дм²; β=6; t=25...30 °C)

Увеличение плотности катодного тока при осаждении железохромистого покрытия приводит к увеличению содержания в нем хрома, причем эта закономерность наблюдается при всех концентрациях хромовой соли в электролите. Максимальное содержание хрома, которое удалось получить в исследованных условиях электролиза составляет около 8 % Cr. Такое содержание хрома получается при использовании электролита с концентрацией 50 кг/м³ хлористого хрома и плотности катодного тока 50 А/дм². Надо отметить, что интенсивное увеличение содержания хрома в железохромовом сплаве наблюдается при повышении плотности катодного тока только до 30...40 А/дм^2, а дальнейшее повышение этой плотности не приводит к увеличению содержания хрома в сплаве.

Повышение концентрации хлористого хрома в электролите до 30 кг/м^3 повышает содержание хрома в железном осадке практически прямопропорционально, причем при всех плотностях катодного тока. Дальнейшее увеличение концентрации хромовой соли в электролите практически не приводит к увеличению содержания хрома в осадке, однако вызывает заметное уменьшение скорости осаждения железохромового покрытия.

Зависимости содержания молибдена и вольфрама в соответствующих электролитических сплавах от условий их осаждения практически идентичны железо-хромистым сплавам. При повышении плотности катодного тока до 30...40 А/дм^2 в обеих рассматриваемых системах содержание Mo и W в электролитических осадках возрастает достаточно интенсивно, а при дальнейшем повышении плотности тока эта интенсивность ослабевает.[2;3]

Повышение концентрации молибдата аммония в электролите вызывает увеличение содержания молибдена в железном покрытии практически прямопропорционально, достигая 2,2 % Mo при концентрации молибдата аммония в электролите 5 кг/м^3 и величине катодного тока 50 А/дм^2. Подобным же образом влияют на содержание вольфрама в железных покрытиях плотность катодного тока и концентрация вольфрамата аммония в хлористом электролите. Максимальное содержание вольфрамата, которое удалось получить в покрытии при использовании хлористых электролитов составляет около 3,3...3,5 % W.[3]

Следует отметить, что при электроосаждении сплавов Fe-Mo и Fe-Ti значительное влияние на ход процесса оказывает лимонная кислота, добавляемая в хлористый железный электролит совместно с солями молибдена или вольфрама. Оптимальная концентрация лимонной кислоты в обоих электролитах составляет 5 кг/м^3.

При осаждении железо-титановых покрытий повышение плотности катодного тока влияет на состав этих покрытий неоднозначно. При повышении плотности тока до 30...40 А/дм^2 наблюдается увеличение содержания титана в покрытии при всех концентрациях соли титана в электролите. При дальнейшем повышении плотности катодного тока (до 50 А/дм^2) наблюдается резкое снижение содержания титана в покрытии.

Такое явление, по-видимому, объясняется тем, что с увеличением плотности катодного тока скорость электрохимической реакции на поверхности катода, относительно катионов железа, превосходит скорость реакции разряда катионов титана, это и отражается на снижении содержания титана в покрытии.

Зависимость между концентрацией соли титана $Ti(C_2O_4)_2$ в электролите и содержанием титана в покрытии примерно такая же, как и при электроосаждении других исследованных сплавов – по мере повышения концентрации щавелевокислого титана в электролите интенсивность увеличения содержания титана в электроосажденном сплаве постепенно снижается. Максимальное содержание титана в железо-титановом осадке (около 5 % Ti) было получено из электролита, содержащего 50 кг/м^3 Ti(C$_2$O$_4$)$_2$ при плотности катодного тока 30 А/дм^2.

Процесс электроосаждения железа и сплавов на его основе, как известно, чрезвычайно чувствителен к концентрации водородных ионов в прикатодном пространстве, поэтому поддержание кислотности электролита в определенном диапазоне является одним из основных условий получения качественных электролитических осадков. Оптимальной кислотностью исследованных электролитов, которая поддерживается изменением концентрации соляной кислоты, следует считать кислотность, соответствующую величине водородног показателя pH=0,8...1,0.

Наконец, следует отметить, что асимметричный переменный ток при прохождении через электролит вызывает его значительный нагрев. С повышением температуры электролита перенапряжение при разряде катионов легирующих элементов на катоде уменьшается, что сказывается на увеличении содержания их в электроосажденных покрытиях. Однако это увеличение, как показали проведенные эксперименты, во всех случаях незначительно.

Добавка в хлористый электролит железнения солей легирующих элементов (по сути – посторонних примесей) вызывает снижение выхода по току железных осадков. Это уменьшается скорость осаждения электролитических сплавов по сравнению с «чистым» электролитическим железом. Сравнительные характеристики легированных покрытий (скорость роста и содержание легирующих элементов), полученные в проведенном эксперименте, представлены в виде диаграммы на рисунке 3.

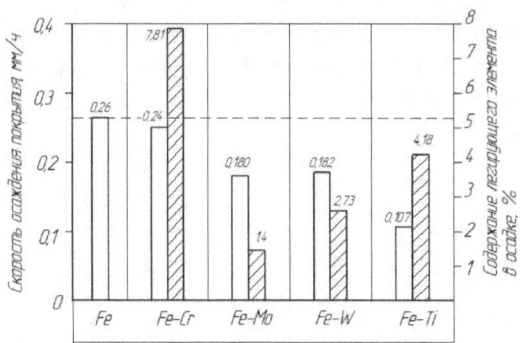

Рисунок 3 - Скорость осаждения электролитических сплавов на основе железа и содержание в них легирующих элементов в зависимости от системы легирования (во всех случаях Д$_к$=30 А/дм^2, t=25...30 °C)

Небольшая скорость осаждения покрытия, как и наибольшая концентрация легирующего элемента в электролитическом осадке наблюдается у железо-хромистых сплавов. У железо-молибденовых и железо-вольфрамовых сплавов скорость осаждения примерно одинакова и несколько ниже, чем у железо-хромистых осадков, при этом содержание легирующих элементов в них (особенно молибдена) намного ниже. В наибольшей степени снижает выход по току электролитических покрытий (скорость осаждения) титан. Как видно из результатов эксперимента, скорость осаждения железо-титановых покрытий примерно в 2 раза ниже скорости осаждения чистого железа. Содержание же титана в таких покрытиях достаточно велико – в 1,5...2 раза выше, чем достигаемое при электроосаждении их хлористых электролитов содержание вольфрама или молибдена, однако ниже, чем содержание хрома.

Таким образом можно заключить, что хлористый железный электролит может быть основой для получения легированных осадков на основе железа с повышенными механическими и эксплуатационными свойствами. Причем это повышение может быть достигнуто с минимальными затратами (стоимость солей легирующих металлов) и без какого-либо усложнения традиционной технологии железнения.

Список использованных источников

1. Серебровский В.И., Гнездилова Ю.П. Электроосаждение бинарных сплавов на основе железа для упрочнения деталей машин [Текст]/ Серебровский В.И., Гнездилова Ю.П.// Вестник Орел ГАУ №1 – февраль - 2009. – с.9-12.
2. Способ электролитического осаждения сплава железо-молибден. /В.И. Серебровский и др. //Патент на изобретение № 2174163, 2001. - 6 с.
3. Способ электролитического осаждения сплава железо-вольфрам. /В.И. Серебровский и др. //Патент на изобретение № 2192509, 2002 - 6 с

Серебровский В.В.

доктор технических наук, профессор ФГБОУ ВПО «Юго-Заподный государственный университет» sv1111@mail.ru

Сафронов Р.И.

кандидат технических наук, доцент ФГБОУ ВПО «Курская ГСХА» russafronov@yandex.ru

Гнездилова Ю.П.

кандидат технических наук, доцент ФГБОУ ВПО «Курская ГСХА» juliagup@rambler.ru

Молодкин А.Ю.

аспирант ФГБОУ ВПО «Курская ГСХА»

О ВОЗМОЖНОСТИ ИСПОЛЬЗОВАНИЯ НИЗКОТЕМПЕРАТУРНОЙ НИТРОЦЕМЕНТАЦИИ ДЛЯ УПРОЧНЕНИЯ ДЕТАЛЕЙ, ВОССТАНОВЛЕННЫХ ЭЛЕКТРООСАЖДЕННЫМИ ПОКРЫТИЯМИ

Повышение надежности современной техники и ее эффективная ренновация на основе прогрессивных ремонтных технологий является весьма актуальной и важной задачей, решение которой будет способствовать ускорению развития отечественной экономики. Одним из путей решения этой задачи может стать восстановление изношенных деталей, так как этот процесс значительно дешевле изготовления новых.

Анализ износов большой номенклатуры деталей различных машин, поступающих в капитальный ремонт, показывает, что их величины не превышают 0,15...0,30 мм. Для восстановления деталей с такими износами наиболее целесообразно использовать электролитическое осаждение металлических покрытий, в частности электролитического железа [1].

Однако, в связи с появлением в настоящее время новых высокопроизводительных и мощных машин, детали которых подвергаются в процессе эксплуатации повышенным нагрузкам, возможности электролитического железнения, во многих случаях уже не могут удовлетворить требования, предъявляемые к прочности и износостойкости таких деталей. Одним из наиболее радикальных путей повышения эксплуатационных свойств деталей, восстановленных электролитическими покрытиями может быть их химико-термическая обработка по аналогии с упрочняющей обработкой, которой подвергаются новые детали при изготовлении на машиностроительных предприятиях. При этом следует ожидать, что послеремонтные ресурсы таких деталей не будут уступать ресурсам новых деталей.

Настоящая работа посвящена исследованию низкотемпературной нитроцементации электролитических покрытий на основе железа, предназначенных для восстановления изношенных стальных деталей, с целью определения возможности значительного повышения поверхностной твердости, а следовательно, и износостойкости восстановленных деталей.

Для получения электролитических осадков, компенсирующих износы восстанавливаемых деталей, было выбрано железо-хромистое покрытие с последующей упрочняющей обработкой. Нитридо- и карбидообразование в такие сплавах при насыщении их азотом и углеродом происходит гораздо интенсивнее, чем в чистом электролитическом железе, а свойства упрочняющих фаз получаются более высокими.

Железохромистые осадки получали из хлористого железного электролита (350 кг/м^3 FeCl$_2$·4H$_2$O; 1,5 кг/м^3 HCl) с добавлением соли хлористого хрома CrCl$_3$·10H$_2$O. В зависимости от концентрации этой соли могут быть получены покрытия с содержанием хрома до 10 % и более. Электроосаждение железо-хромистых покрытий проводилось на асимметричном переменном токе промышленной частоты с показателем асимметрии β=6, плотность катодного тока составляла Д$_к$=40 А/дм^2, температура электролита t=25...30 °C. Длительность электроосаждения выбиралась из соображений получения покрытий толщиной 0,3...0,5 мм, т.е. равной величине износа. Следует отметить, что добавление в электролит железнения хромовой соли весьма заметно снижает выход по току железохромистого покрытия. Поэтому нами были выбраны варианты покрытий, содержащие относительно небольшое количество хрома (табл. 1), скорость осаждения которых не сильно снижается по сравнению со скоростью осаждения чистого железа.

Таблица 1 - Железохромистые покрытия принятые для исследования

Наименование покрытия	Содержание хрома в покрытии, %	Концентрация компонентов в электролите, кг/м^3	Скорость осаждения, мм/г
Низкохромистое	1,8...2,1	FeCl$_2$·4H$_2$O – 350 CrCl$_3$·10H$_2$O – 10 HCl – 1,5	0,18...0,19
Среднехромистое	4,1...4,4	FeCl$_2$·4H$_2$O – 350 CrCl$_3$·10H$_2$O – 10 HCl –1,5	0,13...0,15

Микроструктуры электроосажденных покрытий представлены на рисунке 1. Железохромистые покрытия содержанием хрома около 2 % имеют относительно крупное зерно и четко выраженную слоистость, что характерно и для электролитических осадков чистого железа. Железохромистые покрытия с повышенным содержанием хрома до 4,2 % имеют менее выраженную слоистость и более мелкое зерно по сравнению с низкохромистыми осадками. При этом толщина осадков с повышенным содержанием хрома заметно меньше (до 37 %) толщины низкохромистых осадков.

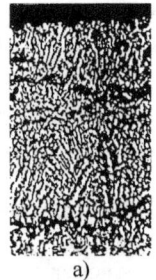

а)   б)

Рисунок 1 - Микроструктуры электролитических железохромистых
покрытий (×200) с различным содержанием хрома: а) 2 %; б) 4,2 %

Для нитроцементации деталей, восстановленных железо-хромистыми электролитическими покрытиями, наиболее удобно в условиях ремонтных предприятий использовать азотисто углеродную пасту на основе железосинеродистого калия и аморфного углерода следующего состава: 30 % железосинеродистого калия $K_4Fe(CN)_6$ и 70 % сажи, а в качестве пастообразователя – нитроцеллюлозный лак НЦ 222. Паста наносилась на упрочняемые поверхности слоем толщиной 1,5...2 мм и высушивалась, после чего образцы с сухим азотисто-углеродным покрытием упаковывались в герметизированный контейнер и помещались в печь.

Нитроцементацию проводили при температурах от 550 до 750°C, длительность нитроцементации во всех случаях составляла 1,5 часа. Охлаждение после нитроцементации проводилось тремя способами: охлаждение в нераспакованном контейнере; охлаждение на воздухе – образцы из горячего контейнера высыпались на поддон; охлаждение в воде – образцы из контейнера высыпались в емкость с холодной водой. На нитроцементованных образцах исследовали структуру и измеряли твердость.

Проведенные опыты показали, что микроструктура диффузионных слоев, образовавшихся на железо-хромистых покрытиях зависит, в основном, от температуры нитроцементации (рис. 2).

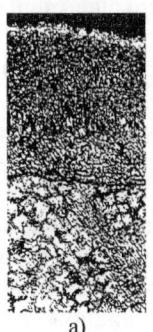

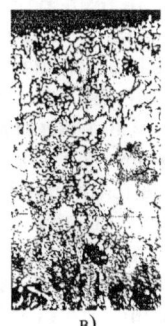

а)   б)   в)

Рисунок 2 - Микроструктуры диффузионных слоев на электролитическом железохромистом покрытии(~ 2 % Cr), полученные нитроцементацией при различных температурах: 1) 550 °C; 2) 650 °C; 3) 750 °C

Нитроцементация при низких температурах 550...580 °C, при которых в металл дифундирует преимущественно азот, приводит к образованию на поверхности тонкой нетравлящейся корки-гексагональный нитрид ε (содержащий азот, железо и хром). Под коркой карбонитрида появляются участки твердого раствора азота в железе (темные включения на рис. 2-а). Надо отметить, что степень легирования электролитического осадка хромом практически не оказывает влияния на вид микроструктуры их диффузионных слоев.

Повышение температуры нитроцементации до 600...650 °C вызывает значительное увеличение глубины карбонитридной зоны на поверхности и увеличение общей глубины диффузионного слоя (рис. 2-б). Карбонитридная зона представлена двумя фазами: гексагональным карбонитридом ε (изоморфным с одноименным нитридом) и карбонитридом, изоморфным с цементитом, причем последний располагается на самой поверхности диффузионного слоя в виде четко различимого бордюра. Глубина нитроцементованных слоев, полученных при этой температуре, больше толщины электролитического покрытия, в результате чего граница между покрытием и основным металлом практически исчезает и структура образца с нитроцементованным покрытием становится полностью идентичной структуре монолитного материала.

Дальнейшее повышение температуры нитроцементации до 700...750°C приводит к тому, что непрерывная карбонитридная зона нарушается, а ее глубина увеличивается (рис. 2-в). Отдельные карбонитриды распространяются на глубину, превышающую толщину электроосажденного покрытия.

Замеры микротвердости поверхности нитроцементованных образцов с электролитическими покрытиями показали, что она зависит, главным образом, от температуры нитроцементации и в гораздо меньшей степени от содержания хрома в покрытии.

Интегральная твердость нитроцементованных железо-хромистых покрытий, от которой зависит их износостойкость, определяется фазовым составом и, главным образом, глубиной карбонитридных зон на поверхности диффузионных слоев, которая в свою очередь, зависит от температуры нитроцементации. При повышении этой температуры до 700 °C, твердость покрытий увеличивается от HRA 64 до HRA 84, а глубина зоны карбонитридов увеличивается до 0,28 мм. Дальнейшее повышение температуры нитроцементации не приводит к повышению твердости железо-хромистых покрытий. Это связано с потерей однородности карбонитридной корки на поверхности диффузионного слоя и с появлением в структуре участков относительно мягкой матрицы.

Таким образом, проведенное экспериментальное исследование позволяет сделать вывод, что низкотемпературная нитроцементация может быть использована для упрочнения деталей, восстановленных железохромистыми электролитическими покрытиями. Относительно низкая температура упрочняющей обработки достаточна для получения за короткое время нитроцементованных слоев по толщине сравнимых с толщиной электроосажденных покрытий, что обеспечивает очень высокий упрочняющий эффект. С другой стороны, низкая температура процесса не вызывает изменения структуры основного металла восстанавливаемых изделий и не снижает их прочности.

Библиографический список

1. Батищев А.Н., Голубев И.Г., Лялякин В.П. Восстановление деталей сельскохозяйственной техники. – М.: Информагротех, 1995. – 295 с.

Вислобоков А.И.[1], Марышева В.В.[2], Орлов В.И.[3], Шабанов П.Д.[4]

[1]ГБОУ ВПО Санкт-Петербургский государственный медицинский университет имени акад. И.П. Павлова Минздрава Российской Федерации; 197022, г. Санкт-Петербург, ул. Л. Толстого, 6/8. Тел. (812) 499-71-02, e-mail: vislobokov@yandex.ru;

[2]Федеральное государственное бюджетное военное образовательное учреждение высшего профессионального образования Военно-медицинская академия им. С.М. Кирова МО РФ; 194044, г. Санкт-Петербург, ул. Академика Лебедева, 6. Тел. 8 (812) 292-32-66, e-mail: vmarycheva@rambler.ru;

[3]Научно-исследовательский институт нейрокибернетики им. А.Б. Когана Академии биологии и биотехнологии Южного федерального университета; 344090, Ростов-на-Дону, пр. Стачки 194/1, оф. 703. Тел. 8(863) 243-32-67, e-mail: orlov@rostel.ru;

[4]ФГБУ НИИ экспериментальной медицины СЗО РАМН; 197376, Санкт-Петербург, ул. акад. Павлова, 12. e-mail: pdshabanov@mail.ru

ЭЛЕКТРОФИЗИОЛОГИЧЕСКИЕ ЭФФЕКТЫ АМТИЗОЛА, ДИСУКЦИНАТА И СУКЦИНАТА АМТИЗОЛА НА НЕЙРОНАХ МОЛЛЮСКОВ

В микроэлектродных исследованиях и в методике фиксации потенциала изучали влияние на нейроны педальных ганглиев моллюска *Planorbarius corneus* сукцината амтизола (СА) и дисукцината амтизола (ДСА) в сравнении с амтизолом (А) в концентрациях 10, 100 и 1000 мкМ при внеклеточном приложении. В первой части работы оценивали динамику изменений потенциала покоя (ПП), импульсной активности (ИА), параметров потенциалов действия (ПД) и суммарных ионных токов, (по первой производной ПД – dV/dt). Во второй – регистрировали изменения амплитуд входящих (натрий-кальциевых) и выходящих (медленных калиевых) ионных токов и характер изменений их кинетики активации и инактивации (качественно). В концентрациях 10 и 100 мкМ они вызывали сходную дозозависимую и обратимую гиперполяризацию на 1–4 мВ, сопровождающуюся снижением частоты ПД, без изменения их длительности и без снижения суммарных ионных токов (dV/dt). В концентрации 1000 мкМ А незначительно (на 1–5 мВ) деполяризовал нейроны, обратимо на 5–8 мВ снижал амплитуду ПД. Амплитуда натриевых и кальциевых ионных токов изменялась мало, при действии А калиевые токи уменьшались на 7–15% от нормы. По мембранотропной активности вещества расположены в ряд: А > СА > ДСА и сделаны выводы об их способности модулировать функциональное состояние клеток.

Ключевые слова: амтизол, сукцинат амтизола, дисукцинат амтизола, *Planorbarius corneus*, *Lymnaea stagnalis*, потенциал покоя, потенциал действия, импульсная активность, натриевые, кальциевые, калиевые ионные токи.

Изучение действия на нейроны известных и вновь синтезированных соединений представляет значительный интерес, поскольку при этом могут быть вскрыты механизмы их действия и места связывания в клетке – фармакологические мишени [1, 4, 6, 8, 14, 20, 21].

Структурные формулы амтизола (1), сукцината амтизола (2) и дисукцината амтизола (3).

Известны многочисленные антигипоксические средства и поиски новых среди этих групп соединений продолжаются [2, 5, 7, 11, 15, 16]. Многие антигипоксанты свои фармакологические эффекты реализуют, по крайней мере, на трех уровнях – нейрональном, сосудистом и метаболическом. Они могут обладать широким спектром фармакологической активности – антигипоксическим, стресспротективным, ноотропным, противосудорожным и анксиолитическим, ингибирующим свободнорадикальные процессы окисления липидов, повышая резистентность организма к воздействию различных повреждающих факторов, к кислородозависимым патологическим состояниям (шок, гипоксия и ишемия, нарушения мозгового кровообращения, интоксикации алкоголем и антипсихотическими средствами, в частности, нейролептиками) [12]. Одним из широко известных и, к сожалению, экспериментальных препаратов является амтизол. По совокупности его активности на многих моделях гипоксии он был избран эталонным антигипоксантом [11]. Соль амтизола с янтарной кислотой была получена при изучении стабильности растворов препарата, однако оказалось, что это соединение превосходит по активности амтизол при ишемии печени. Позже удалось получить дисукцинат амтизола за счёт наличия в молекуле двух аминогрупп. Это соединение характеризуется меньшей растворимостью, чем незамещённое и однозамещённое.

Ранее мы изучали мембранотропную активность ряда антигипоксантов [1, 2, 4–7, 17, 18], но сведений об изменениях электрофизиологических параметров функционального состояния нейронов (потенциала покоя – ПП, потенциалов действия – ПД, характера импульсной активности – ИА, различных типов ионных токов и на одном объекте) под влиянием сукцината амтизола (СА) и дисукцината амтизола (ДСА) в литературе нет. В связи с этим представляется актуальным изучение их мембранотропной активности в сравнении с амтизолом (А): влияние на электрическую активность нейронов и их трансмембранные ионные токи, что и явилось целью данного исследования.

МЕТОДИКА ИССЛЕДОВАНИЯ

Микроэлектродные исследования выполнены на крупных идентифицируемых (100–200 мкм) нейронах педальных (преимущественно) ганглиев изолированной ЦНС моллюска катушки роговой (*Planorbarius corneus*). Нейроны в ганглиях данного моллюска пигментированы и хорошо видны под бинокулярной лупой (рис.1). Из тела моллюска вырезали кольцо ганглиев и помещали в камерку объемом около 0,5 см^3 с физиологическим раствором (в мМ/л): NaCl – 50; KCl – 2; CaCl$_2$ – 4; MgCl$_2$ – 1,5; трис-ОН – 10; pH – 7,5. Для регистрации электрофизиологических характеристик нейронов использовали стеклянные МЭ, заполненные 2,5 М KCl, с сопротивлением 10–20 мОм [1, 4, 14]. Измерения ионных токов при фиксации потенциала и регистрации трансмембранных ионных токов проведены на изолированных неидентифицированных нейронах с диаметром около 100 мкм как катушки, так и прудовика (*Lymnaea stagnalis*) [1–4, 14, 17].

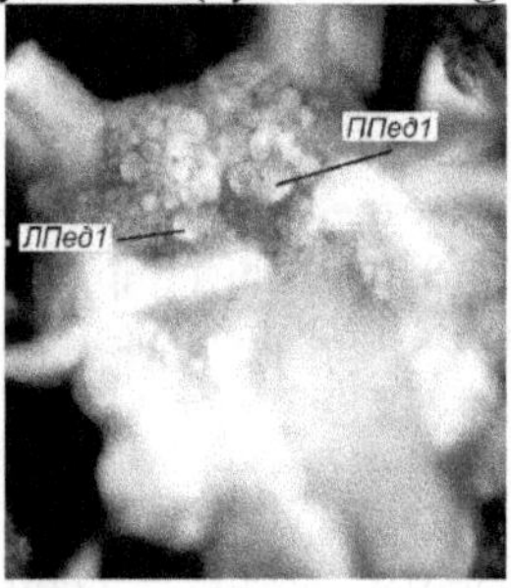

Рис.1. Идентифицируемые нейроны педальных ганглиев ЦНС роговой катушки

ЛПед1 и ППед1 – нейроны левого и правого педальных ганглиев.

А, СА и ДСА – кристаллические субстанции растворяли в физиологическом растворе до концентраций 10, 100 и 1000 мкМ и изучали их эффекты при внеклеточном приложении. СА и ДСА предварительно растворяли в ДМСО, концентрация последнего в физиологическом растворе составляла менее 100 мМ, что не оказывает влияния на состояние нейронов [3]. В первой части работы оценивали динамику изменений ПП, ИА, параметров ПД и суммарных ионных токов, (по первой производной ПД – dV/dt). Поскольку характер ИА нейронов весьма разнообразен и вариабелен, то статистическая обработка их изменений (кроме вычисления средних значений) не производилась. Во второй части – регистрировали изменения амплитуд входящих – натрий-кальциевых) и выходящих (медленных и быстрых калиевых) ионных токов и характер изменений их кинетики активации и инактивации (качественно). Ввиду того, что изменения амплитуд ионных токов были незначительными, а иногда и разнонаправленными, то и они в данных экспериментах статистической обработке не подвергались. Существенным было установить и сравнить тенденцию изменений электрофизиологических параметров нейронов при действии А, СА и ДСА. Биопотенциалы регистрировали на компьютере с помощью аналого-цифрового преобразователя фирмы «L-Card» L-791 (Россия), а ионные токи – также на компьютере, но с помощью другого аналого-цифрового преобразователя. Для построения и наложения на один кадр кривых ионных токов использовали программу «Excel».

РЕЗУЛЬТАТЫ ИССЛЕДОВАНИЯ

В первой части экспериментов на импульсноактивных нейронах педальных ганглиев изолированной ЦНС катушки (рис. 1) показано, что величина их ПП в норме составляла -58,3±2,7 мВ (n = 17) и варьировала от – 55 до –65 мВ, что указывает на хорошее исходное функциональное состояние. Они генерировали фоновые спонтанные ПД амплитудой от 70 до 90 мВ с «овершутом». ИА нейронов в норме была регулярной или нерегулярной, одиночной или пачечной, межимпульсные интервалы сильно варьировали. Регистрировалась эндогенная пейсмекерная регулярная одиночная активность, а также вызванная синаптическая и смешанная – пейсмекерно-синаптическая. Под влиянием фармакологических воздействий изменения ИА, по сравнению с параметрами ПД (амплитудой, длительностью и скоростями развития), обычно наиболее выраженные, что проявлялось и в этих экспериментах и будет представлено далее.

Под влиянием СА, А и ДСА в концентрациях 0,1 и 1 мМ изменения ИА очень убедительно демонстрируются, например, на пейсмекерном нейроне правого педального ганглия ППед4 (рис. 2, А–В). На фоне небольшой деполяризации нейрона (на 1–5 мВ) дозозависимо и обратимо возрастала частота ПД (уменьшалась длительность межимпульсных интервалов – МИ). Поскольку такая реакция была характерной для многих нейронов, то следует охарактеризовать ее подробнее.

Необходимо сразу отметить, что в равных действующих концентрациях выраженность эффектов падала в ряду: А > СА > ДСА. Это относится как к возникающей под их влиянием деполяризации нейронов, так и для увеличения частоты ПД и что проявлялось как при их действии в концентрации 0,1 мМ, так и 1 мМ (рис. 2, А – для СА; 2, Б – для А и 2, В – для ДСА). При отмывании веществ уровень ПП и частота ПД возвращались к исходным (к контролю).

На другом нейроне ППед1 (рис. 2, Г), с синаптически вызываемыми ПД, ДСА в концентрации 1 мМ, по сравнению с СА и А, даже вызывал небольшую гиперполяризацию нейрона и уменьшал частоту ПД. Деполяризация нейрона и увеличение частоты ПД под влиянием А при отмывании устранялись. Различия в выраженности эффектов под влиянием А и его производных проявились в большей степени.

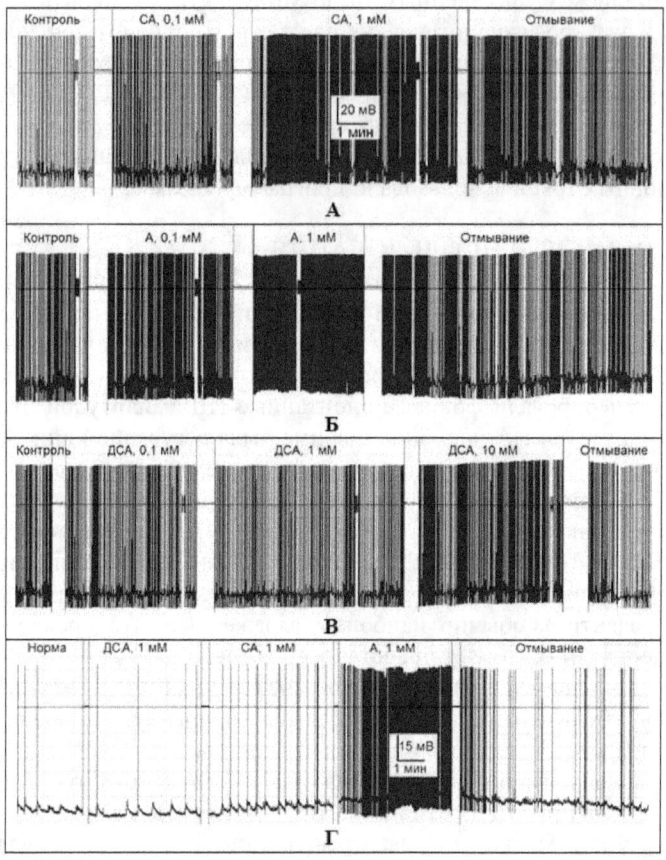

Рис. 2. Изменения электрической активности нейронов правого педального ганглия ППед4 (А–В) и ППед1 (Г) катушки под влиянием амтизола и его производных в различных концентрациях

Здесь и далее на всех подобных рисунках: горизонтальная черта – нулевой уровень потенциала, вертикальные – моменты смены растворов. Объяснения в тексте.

Результаты обработки изменений характера распределения МИ по их длительности под влиянием А и его производных, показанные на рис. 2 (А–В), изображены на рис. 3. Видно, что в контроле и при отмывании веществ характер распределения МИ нейрона близок и он существенно изменяется (сдвигается влево в сторону меньших интервалов – увеличения частоты) при действии в концентрации 1 мМ для СА и А и 10 мМ – для ДСА. На гистограммах МИ очень наглядно демонстрируется менее выраженный эффект ДСА.

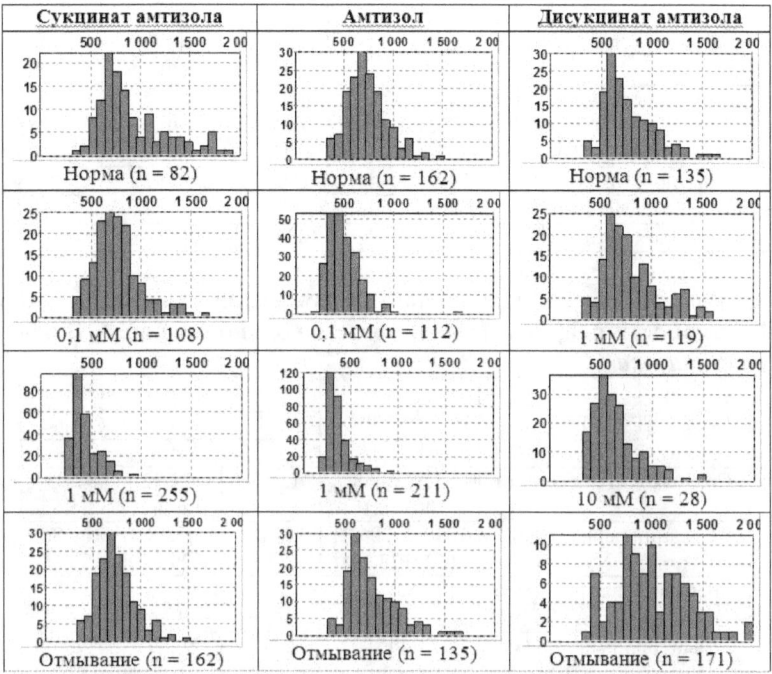

Рис. 3. Гистограммы изменений межимпульсных интервалов электрической активности пейсмекерного нейрона правого педального ганглия (ППед4) катушки под влиянием сукцината амтизола, амтизола и дисукцината амтизола в различных концентрациях

Результаты анализа записи ИА, представленной на рис. 2 А–В: *по оси абсцисс* – группы МИ между ПД, время в мс; *по оси ординат* – количество МИ, n – общее количество ПД в соответствующем фрагменте записи.

Изменения дополнительных параметров импульсной электрической активности (средней частоты, периода, амплитуды ПД, длительности самых коротких и длинных МИ) рассматриваемого нейрона ППед4 под влиянием А и его производных представлены в табл. 1–3.

Из представленных таблиц видно, например, что уменьшение амплитуды ПД происходит только при действии А. При детальном рассмотрении и сравнении между собой этих данных видны вышеупомянутые различия в действии: А > СА > ДСА. Уменьшение амплитуды ПД, увеличение его длительности, уменьшение суммарных ионных токов (dV/dt) при действии

Таблица 1. **Результаты обработки изменений параметров импульсной активности нейрона ППед4, представленной на рис. 1, А под влиянием *сукцината амтизола***

Параметры	Норма (100 %)	Сукцинат амтизола, концентрация, мМ		
		0,1	1	Отмыв
			%	
Средняя частота (имп/с)	0,95±0,35 (100±36,85)	134,86 ±34,23	240,68 ±40,3	144,32 ±28,17
Средний период (мс)	1056,37±389,32 (100±36,85)	74,15 ±34,23	41,55 ±40,3	69,29 ±28,17
Средняя амплитуда (мВ)	86,5	101,77	102,65	98,58
Самый короткий МИ(мс)	453,6	81,68	50,97	75,86
Самый длинный МИ (мс)	2370,4	70,12	72,45	60,96
Общее число ПД (n)	82	108	255	162

Таблица 2. **Результаты обработки изменений параметров импульсной активности нейрона ППед4, представленной на рис. 1, Б под влиянием *амтизола***

Параметры	Норма (100 %)	Амтизол, концентрация, мМ		
		0,1	1	Отмыв
			%	
Средняя частота (имп/с)	1,37±0,38 (100±28,17)	135,38 ±23,32	221,32 ±29,63	91,03 ±35,55
Средний период (мс)	731,99±206,21 (100±28,17)	73,86 ±23,32	45,18 ±29,63	109,86 ±35,55
Средняя амплитуда (мВ)	85,7	99,1	92,46	113,82
Самый короткий МИ (мс)	344,1	94,51	61,06	133,33
Самый длинный МИ (мс)	1445	69,67	80,89	179,0
Общее число ПД (n)	162	112	211	135

Таблица 3. **Результаты обработки изменений параметров импульсной активности нейрона ППед4, представленной на рис. 1, В под влиянием *дисукцината амтизола***

Параметры	Норма (100 %)	Дисукцинат амтизола, концентрация, мМ			
		0,1	1	10	Отмыв
				%	
Средняя частота (имп/с)	1,24±0,442 (100±35,55)	94,77 ±35,07	96,34 ±32,62	125,89 ±34,52	69,32 ±65,04
Средний период (мс)	804,13±285,85 (100±35,55)	105,51 ±35,07	103,8 ±32,62	79,43 ±34,52	144,24 ±65,04
Средняя амплитуда (мВ)	83,4	99,68	97,63	107,26	101,58
Самый короткий МИ (мс)	458,8	101,52	92,87	77,38	80,62
Самый длинный МИ (мс)	2586,6	96,92	59,39	57,19	236,87
Общее число ПД (n)	135	119	128	171	101

А (см. рис. 2, Б, 1 мМ) особенно отчетливо видно на быстрой развертке записи ИА (рис. 4, Б, 2 и 3 в сравнении с контролем – А и отмыванием – В).

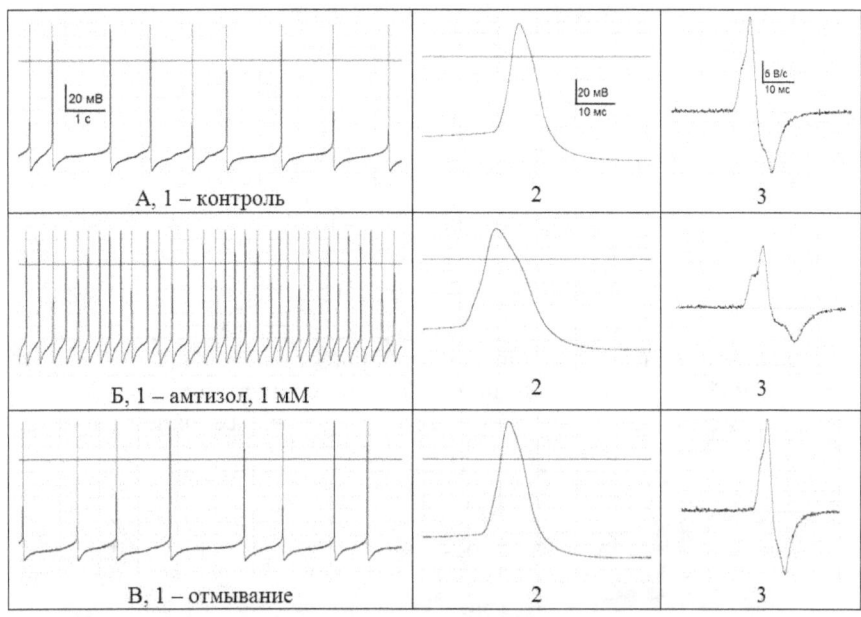

Рис. 4. Изменения импульсной активности, амплитуды, длительности и скоростей развития ПД нейрона правого педального ганглия (ППед4) катушки под влиянием амтизола в концентрации 1 мМ (развертка во времени фрагментов записи на рис. 2, Б)

А–В, 1 – ИА, 2 – ПД, 3 – dV/dt. Объяснения в тексте.

Похожие реакции на А и его производные наблюдались и на нейроне с пачечной ИА (рис. 5). Под влиянием СА (даже в концентрации 0,01 мМ) и А на фоне небольшой деполяризации происходила перестройка пачечной активности на одиночную, при этом ДСА оказывал меньшее влияние на характер генерации ПД. Еще один пример более слабой реакции нейрона висцерального ганглия со смешанной одиночно-пачечной ИА на ДСА по сравнению с таковой на А в концентрациях 1 мМ показан на рис. 6. На кадре «Норма» в самом начале показан момент введения микроэлектрода в нейрон и далее – стабилизация генерации ИА. Частота генерации ПД при действии ДСА снижалась, а под влиянием А – возрастала. Отмывание А постепенно приводило к восстановлению исходной ИА.

Во второй части экспериментов на изолированных нейронах катушки и прудовика в условиях фиксации мембранного потенциала на нескольких нейронах было показано, что под влиянием А, СА и ДСА в концентрациях 0,01, 0,1 и 1мМ изменения суммарных входящих натрий-кальциевых

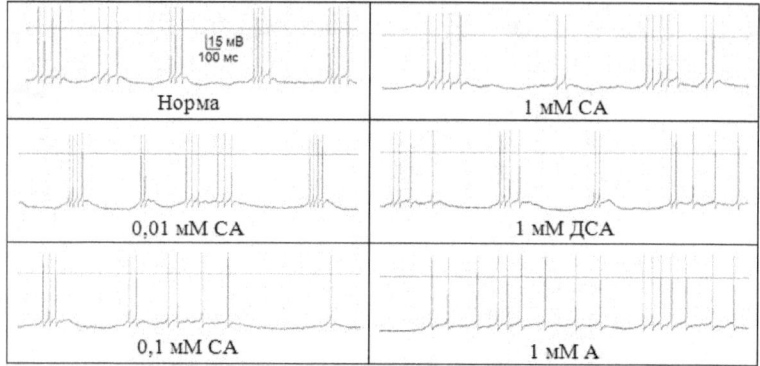

Рис. 5. Изменения электрической активности нейрона ППед1 катушки с пачечной фоновой импульсной активностью под влиянием сукцината амтизола, дисукцината амтизола и амтизола в различных концентрациях.

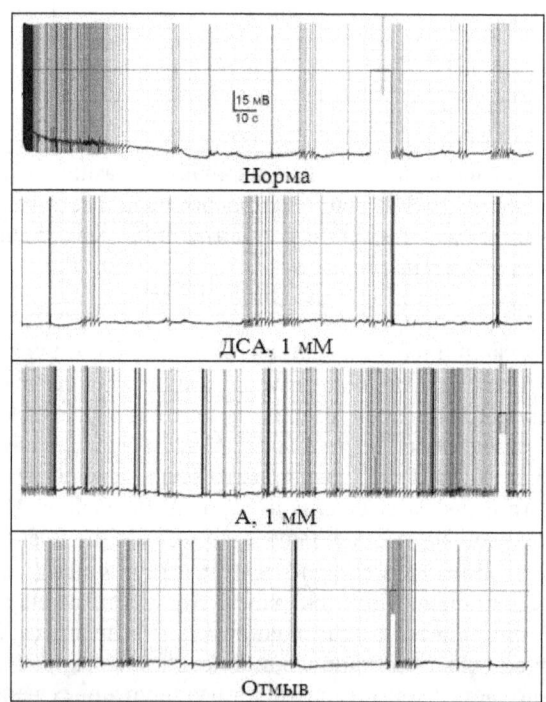

Рис. 6. Изменения электрической активности нейрона В1 висцерального ганглия катушки под влиянием дисукцината амтизола и амтизола в концентрации 1 мМ.

и выходящих калиевых ионных токов были слабо дозозависимы, незначительны и почти одинаковы для всех трех соединений (примеры на рис. 7, в левой части кривых – входящие токи, а в правой – выходящие).

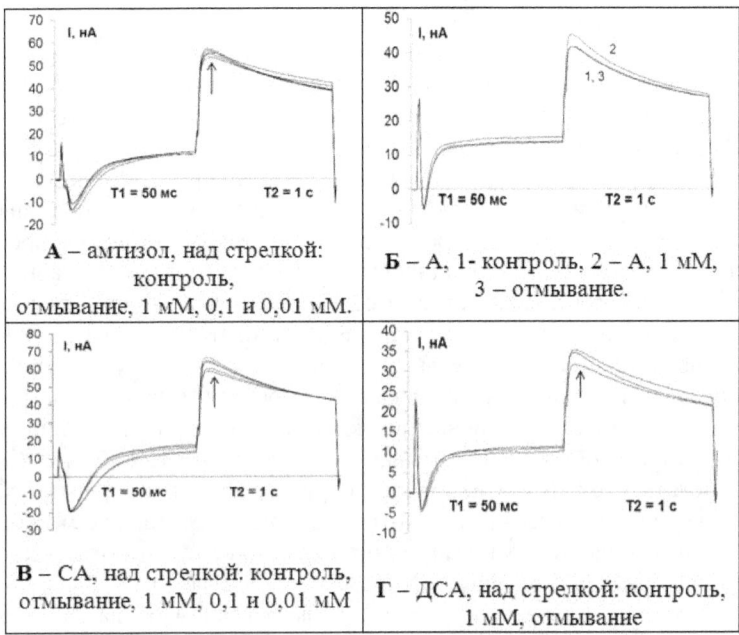

Рис. 7. Изменения трансмембранных суммарных входящих (натриевых и кальциевых) и выходящих (калиевых) ионных токов нейронов моллюсков под влиянием амтизола (А и Б), сукцината амтизола (В) и дисукцината амтизола (Г) в различных концентрациях

По оси абсцисс – время; *по оси ординат* – ионные токи. На всех кадрах: поддерживаемый потенциал (Vh) = –90 мВ, тестирующие (Vt) = –10 мВ (при Т1) и 30 мВ (при Т2).

Под влиянием веществ в концентрациях 0,01–1 мМ входящие токи не изменялись или при действии в концентрации 1 мМ снижались (на 2–5 %), а выходящие имели тенденцию к возрастанию (на 2–10 %). Все изменения ионных токов под влиянием соединений наступали в течение 1 мин, а их восстановление при отмывании происходило за 2–3 мин. Неспецифические токи утечки мембраны нейронов под влиянием А и его производных существенно не изменялись.

Таким образом А, СА и ДСА в диапазоне концентраций 0,01–10 мМ оказывают заметное модулирующее действие на ИА нейронов, существенно не подавляя их трансмембранные ионные токи.

ОБСУЖДЕНИЕ РЕЗУЛЬТАТОВ

Полученные результаты о влиянии А, СА и ДСА на электрическую активность и ионные каналы нейронов свидетельствуют, что все они являются активными мембранотропными соединениями, способными модулировать функциональное состояние и деятельность нервных клеток [1–4, 14]. Доказательством этому служат продемонстрированные обратимые их эффекты. Эти соединения известны как антигипоксанты [5, 7, 10, 15, 19]. Влияние ряда антигипоксантов: гутимина, амтизола, его производных – алмида, бемитила и мексидола нами исследовалось и ранее [14, 17, 18]. Весьма интересной для некоторых из них является активация токов при действии в малых концентрациях 1–100 мкМ и при их отмывании после действия (кроме А). В основе подобных эффектов может лежать активация процессов фосфорилирования-дефосфорилирования канальных белков, стабилизация мембран, способствующая более быстрым конформационным взаимопереходам ионных каналов между состояниями (закрытое – открытое – инактивированное). Причиной длительных изменений в нейронах может быть их влияние на экспрессию ионных каналов и встраивание их в плазматическую мембрану. Быстрое восстановление ионных токов при отмывании свидетельствует о слабой степени связывания со структурами мембраны. Следует еще отметить, что в целом мембранотропная активность всех антигипоксантов примерно равноэффективна, хотя тенденция к их различиям прослеживается. Правда, на этом основании пока нельзя оценить антигипоксическую эффективность исследованных антигипоксантов. Эффекты А были обусловлены еще одним интересным фактом – блокированием так называемого выходящего потенциалозависимого протонного тока, что было показано ранее в совместной работе [9]. В условиях исключения протонного тока (когда в нейроне pH поддерживался 8,2 и протонный ток отсутствовал) А не вызывал замедления инактивации кальциевого тока. На устранении инактивации калиевого медленного тока блокирование протонного тока не сказывалось. Можно предположить, что эффекты А на ИА нейронов, скорее всего, связаны с блокированием им протонного тока. В литературе показано, что в очагах воспаления происходит закисление среды, возникают болевые ощущения, а некоторые аналгетические средства снимают их вследствие блокирования протонных каналов клеток. В связи с этим возникает предположение, что А может обладать и аналгетическими свойствами, а протонные каналы могут быть мишенью для него.

Анализируя полученные данные о мембранотропной активности всех изученных антигипоксантов, можно еще предположить, что их защитные реакции на уровне организма, вероятно, могут быть связаны с тем, что в малых концентрациях они способны гиперполяризовать мембрану клеток и активировать работу ионных каналов, стабилизировать генерацию ПД в гипоксических условиях, а в более высоких концентрациях – блокировать ионные токи, снижать возбудимость клеток и оказывать при этом защитное от перегрузок действие. Так, блокирование калиевых ионных каналов может приводить к увеличению длительности ПД нейронов, усиленному выбросу медиаторов в синаптических структурах и активации межнейронных отношений, повышая надежность работы и способствуя сохранению и закреплению следов активности. Активация натриевых и кальциевых каналов может приводить к увеличению амплитуды ПД возбудимых мембран и повышать надежность их функционирования. Блокирование же натриевых и кальциевых токов, напротив, – к снижению амплитуды ПД, снижению возбудимости, к защите клеток от перегрузок.

Впервые полученные данные о сравнительных изменениях электрофизиологических параметров нейронов под влиянием А, СА и ДСА убедительно свидетельствуют об их возможной терапевтической активности. При этом СА и в особенности ДСА, по сравнению с А, должны обладать более «мягкими» эффектами и с большей терапевтической широтой за счёт связывания активных аминогрупп в молекулах и временными затратами на их восстановление в результате метаболитических превращений. Незначительная деполяризация нейронов при действии всех трех соединений, небольшое подавление амплитуд натриевых, кальциевых и калиевых токов также могут являться в определенной степени «успокаивающим» нейроны фактором. Кроме того, небольшая деполяризация нейронов и увеличение частоты электрической активности могут указывать на активирующий эффект исследованных соединений. Следует отметить, что указанные эффекты проявлялись в широком диапазоне концентраций, что может характеризовать их, как вещества с широким диапазоном терапевтической активности и мало токсичные.

За указанными клеточными эффектами А, СА и ДСА стоят определенные молекулярные механизмы их действия. В принципе деполяризация клеточных мембран может быть связана с подавлением электрогенной части в работе натрий-калиевого насоса и с изменениями пассивной проницаемости клеточных мембран к ионам натрия, кальция или калия при действии новых соединений [4, 13]. Однако, поскольку неспецифические токи утечки мембраны изменялись незначительно, то вклад изменений пассивной ионной проницаемости мембраны, вероятно, незначителен. Гиперполяризацию клеток при действии антигипоксантов или после их действия можно объяснить усилением вклада в величину ПП электрогенной составляющей натрий-калиевого насоса [13], а также и снижением пассивной проницаемости к ионам натрия и кальция, или повышением ее к ионам калия [1, 4, 14].

Кроме всего перечисленного среди молекулярных мишеней не исключаются и мембранные липиды, поскольку липидотропное действие веществ на мембраны может приводить к увеличению их текучести и оказывать, так называемое, разжижающее действие. В ряду А > СА > ДСА происходит уменьшение растворимости в воде и увеличение жирорасттакже римости. Известно, что изменения фазового состояния мембраны оказывают существенное влияние на процессы мембранного транспорта, на системы трансмембранной передачи информации, на активность мембрано-связанных ферментов [4, 8, 14, 20]. Могут изменяться нейромедиаторные процессы, функционирование ферментов и ионных каналов.

Изменения суммарных ионных токов, параметров ПД и ИА нейронов под влиянием А, СА и ДСА обусловлены преимущественно соответствующими изменениями ПП и незначительным прямым влиянием на потенциалоуправляемые ионные каналы [4, 14, 21]. Следует еще отметить, что в целом мембранотропная активность всех препаратов была существенно ниже, чем ранее нами показанная на нейронах моллюсков для анестетиков и противоаритмических средств [1, 14].

Таким образом, можно сделать основной вывод о том, что А, СА и ДСА (А > СА > ДСА), как и другие антигипоксанты, через изменения ПП и ионных токов нейронов модулируют их функциональную активность. Они оказывают на функционирование (электрическую активность) нейронов как «успокаивающее», так и активирующее действие, что может являться составляющими компонентами противогипоксических эффектов.

ЛИТЕРАТУРА

1. Вислобоков А.И., Игнатов Ю.Д., Галенко-Ярошевский П.А., Шабанов П.Д. Мембранотропное действие фармакологических средств. – Санкт-Петербург – Краснодар: Просвещение-Юг, 2010. – 528 с.

2. Вислобоков А.И., Марышева В.В., Шабанов П.Д., Галенко-Ярошевский П.А., Богус С.К. Влияние антигипоксантов – производных 2-аминотиазола на ионные каналы нейронов // Кубанский научный медицинский вестник. – 2009. – № 8. – С. 17–23.

3. Вислобоков А.И., Мельников К.Н., Тюренков И.Н., Шабанов П.Д. Изменения внутриклеточных потенциалов и ионных токов нейронов моллюска под влиянием растворителей диметилсульфоксида и ацетона // Обзоры по клин. фарм. и лек. терапии. – 2013. – Т. 12, № 1. – С. 10–14.

4. Вислобоков А.И., Шабанов П.Д. Клеточные и молекулярные механизмы действия лекарств. – Серия: Цитофармакология. Т. 2 – СПб.: Информ-Навигатор, 2014. – 624 с.

5. Зарубина И.В., Лукк М.В., Шабанов П.Д. Антигипоксические и антиоксидантные эффекты экзогенной янтарной кислоты и аминотиоловых сукцинатсодержащих антигипоксантов // Бюлл. экспер. биол. и мед. – 2012. – № 3. – С. 313–317.

6. Зарубина И.В., Шабанов П.Д. Молекулярная фармакология антигипоксантов. – СПб.: Н-Л, 2004. – 368 с.

7. Зарубина И.В., Шабанов П.Д., Лукк М.В. Сопоставление антигипоксических и антиоксидантных свойств производных аминотиола и триазининдола // Экспер. и клин. фармакол. – 2009. – № 4. – С. 36–42.

8. Камкин А.Г., Киселева И.С. Физиология и молекулярная биология мембран клеток: учеб. пособие. М.: Изд. центр «Академия», 2008. – 592 с.

9. Костюк П.Г., Вислобоков А.И., Дорошенко П.А., Лукьянец Е.А., Манцев В.В. Действие 3,5-диамино-1-тиа-2,4-диазола на электровозбудимую мембрану нервных клеток моллюсков // Биол. мембраны, 1988. – Т. 5, № 12. – С. 1297–1303.

10. Лукк М.В. Зарубина И.В. Шабанов П.Д. Антиоксидантные свойства аминотиоловых и триазининдоловых антигипоксантов // Психофармакол. и биол. наркол. – 2008. – Т. 8, № 1–2 (ч. 1). – С. 2255–2263.

11. Методические рекомендации по экспериментальному изучению препаратов, предлагаемых для клинического изучения в качестве антигипоксических средств /под редакцией Л.Д. Лукьяновой/. – М, 1990. – 18 с.

12. Рябов Г.А. Гипоксия критических состояний. – М.: Медицина, 1988. – 288 с.

13. Сергеева С.С. Влияние гутимина и атмизола на активность К-, Na-насоса нервной клетки // Экспериментальная и клиническая фармакология. – 1994. – Т. 57. – № 4. – С. 16–18.

14. Фармакология ионных каналов / Вислобоков А.И., Борисова В.А., Прошева В.И., Шабанов П.Д. – Серия: Цитофармакология. Т. 1 – СПб.: Информ-Навигатор, 2012. – 528 с.

15. Цублова Е.Г., Носко Т.Н., Арбаева М.В. Исследование противогипоксической активности производных бензотиазола // Фундаментальные исследования. – 2008. – № 8 – С. 48.

16. Чеснокова Н.П., Понукалина Е.В., Бизенкова М.Н., Афанасьева Г.А. Возможности эффективного использования антиоксидантов и антигипоксантов в экспериментальной и клинической медицине // Успехи соврем. естествозн. – 2006. – № 8. С. 18–25.

17. Шабанов П.Д., Вислобоков А.И., Марышева В.В., Мельников К.Н. Мембранные эффекты антигипоксантов // Вестник ВМА им. С.М. Кирова. – 2005. – № 1 (13). – С. 56–68.

18. Шабанов П.Д., Вислобоков А.И., Марышева В.В., Мельников К.Н. Метаболические и мембранные эффекты аминотиоловых антигипоксантов // Психофарм. и биол. наркол. – 2005. – Т. 5, № 4. – С. 1044–1060.

19. Яснецов В.В. Влияние некоторых нейротропных веществ на дыхание митохондрий клеток головного мозга крыс // Вестник ВолгГМУ. – 2009. – № 2 (30). – С. 72–73.

20. Camerino D.C., Tricarico D., Desaphy J.F. Ion channel pharmacology // Neurotherapeutics. – 2007. – Vol. 4 (2). – P. 184–198.

21. Narahashi T. Neuroreceptors and ion channels as the basis for drug action: past, present, and future // J. Pharmacol. Exp. Ther. – 2000. – Vol. 294 (1). – P. 1–26.

Матысик О.В.

доцент, кандидат физико-математических наук, заведующий кафедрой прикладной математики и технологий программирования Брестского государственного университета имени А.С. Пушкина (г. Брест, Беларусь)

matysikoleg@mail.ru

НЕЯВНЫЙ МЕТОД ИТЕРАЦИЙ РЕШЕНИЯ НЕКОРРЕКТНЫХ ЗАДАЧ С НЕСАМОСОПРЯЖЁННЫМ ПРИБЛИЖЁННЫМ ОПЕРАТОРОМ В СЛУЧАЕ АПОСТЕРИОРНОГО ВЫБОРА ПАРАМЕТРА РЕГУЛЯРИЗАЦИИ

Пусть H и F – гильбертовы пространства, $A \in \mathcal{L}\,(H, F)$, т. е. A – линейный непрерывный оператор, действующий из H в F. Предполагается, что нуль не является собственным значением оператора A, однако нуль принадлежит его спектру. Рассмотрим линейное операторное уравнение

$$Ax = y. \tag{1}$$

Задача отыскания элемента $x \in H$ по элементу $y \in F$ является некорректной, так как сколь угодно малые возмущения в правой части y могут вызывать большие возмущения решения уравнения. Предполагаем, что точное решение $x^* \in H$ уравнения (1) существует и является единственным. Будем искать его с помощью итерационного метода

$$\left(E + \alpha A^k\right)x_{n+1} = \left(E - \alpha A^k\right)x_n + 2\alpha A^{k-1}y, \quad x_0 = 0, \quad k \in N, \tag{2}$$

где E – тождественный оператор, α – итерационный шаг. Считаем, что оператор A и приближённая часть y уравнения (1) заданы приближённо, т. е. вместо y известно приближение y_δ, $\|y - y_\delta\| \le \delta$, а вместо оператора A известен оператор A_η, $\|A_\eta - A\| \le \eta$. Предполагаем, что $0 \in Sp(A_\eta)$ и $Sp(A_\eta) \subseteq [0, M]$. Тогда приближения (2) примут вид

$$\left(E + \alpha A_\eta^k\right)x_{n+1} = \left(E - \alpha A_\eta^k\right)x_n + 2\alpha A_\eta^{k-1}y_\delta, \quad x_0 = 0, \quad k \in N. \tag{3}$$

Пусть $H = F$, $A = A^* \ge 0$, $A_\eta = A_\eta^* \ge 0$, $Sp(A_\eta) \subseteq [0, M]$, $(0 < \eta \le \eta_0)$. Неявная итерационная процедура (3) запишется в виде $x_n = g_n(A_\eta)y_\delta$, где

$$g_n(\lambda) = \lambda^{-1}\left[1 - \left(\frac{1 - \alpha\lambda^k}{1 + \alpha\lambda^k}\right)^n\right].$$ При $\alpha > 0$ для функций $g_n(\lambda)$ выполняются

условия [1,181]:

$$\sup_{0 \le \lambda \le M} \left|g_n(\lambda)\right| \le \gamma n^{1/k}, \ \gamma = 2k\alpha^{1/k}, \ (n > 0), \tag{4}$$

$$\sup_{0\le\lambda\le M} \lambda^s\left|1-\lambda g_n(\lambda)\right|\le\gamma_s n^{-s/k},\ (n>0),\ 0\le s\le s_0<\infty,\ \gamma_s=\left(\frac{s}{k\alpha e}\right)^{s/k}, \quad (5)$$

(здесь s – степень истокообразной представимости точного решения $x^*=A^s z$, $s>0$, $\|z\|\le\rho$),

$$\sup_{0\le\lambda\le M}\left|1-\lambda g_n(\lambda)\right|\le\gamma_0,\ \gamma_0=1,\ (n>0), \quad (6)$$

$$\sup_{0\le\lambda\le M}\lambda\left|1-\lambda g_n(\lambda)\right|\to 0,\ n\to\infty. \quad (7)$$

Докажем сходимость метода (3) в случае апостериорного выбора параметра регуляризации при решении уравнения (1) с несамосопряжённым приближённым оператором, получим оценку погрешности метода и оценку для апостериорного момента останова.

Зададим уровень останова $\varepsilon>0$ и определим момент m останова итерационного процесса (3) условием [1,188; 2,103]

$$\left.\begin{array}{l}\left\|A_\eta x_{n(\delta,\eta)}-y_\delta\right\|>\varepsilon,\ (n<m),\\ \left\|A_\eta x_{m(\delta,\eta)}-y_\delta\right\|\le\varepsilon,\end{array}\right\}\ \varepsilon=b(\delta+\|x^*\|\eta),b>1. \quad (8)$$

Предположим, что при начальном приближении $x_{0(\delta,\eta)}$ невязка достаточно велика, больше уровня останова ε, т. е. $\left\|Ax_{0(\delta,\eta)}-y_\delta\right\|>\varepsilon$.

В случае несамосопряжённого оператора метод (3) примет вид

$$\left(E+\alpha\left(A_\eta^* A_\eta\right)^k\right)x_{n+1}=\left(E-\alpha\left(A_\eta^* A_\eta\right)^k\right)x_n+$$
$$+2\alpha\left(A_\eta^* A_\eta\right)^{k-1}A_\eta^* y_\delta,\ x_0=0,\ k\in N. \quad (9)$$

Покажем возможность применения правила останова по невязке (8) к методу итераций (9). Справедливы

Лемма 1. *Пусть* $A,A_\eta\in\mathscr{L}(H,F)$, $\|A_\eta-A\|\le\eta,\|A_\eta\|^2\le M$, $\alpha>0$ *и выполнено условие* (5) *с* $s_0>1/2$. *Тогда* $n^{1/(2k)}\|A_\eta K_m v\|\to 0$ *при* $n\to\infty$, $\eta\to 0$, $\forall v\in\overline{R(A^*)}$, *где* $K_m=E-A_\eta^* A_\eta g_n\left(A_\eta A_\eta\right)$. *Если* $s_0>1$, *то* $n^{1/k}\|A_\eta^* A_\eta K_m v\|\to 0$ *при* $n\to\infty$, $\eta\to 0,\forall v\in\overline{R(A^*)}$.

Лемма 2. *Пусть* $A,A_\eta\in\mathscr{L}(H,F)$, $\|A_\eta-A\|\le\eta,\|A_\eta\|^2\le M$, $\alpha>0$ *и выполнены условия* (5), (7). *Если для некоторого* $v_0\in\overline{R(A^*)}$, $n_p\le\overline{n}=const$ *и* $\eta_p\to 0$ *имеем* $A_{\eta_p}K_{n_p\eta_p}v_0\to 0$ *или* $A_{\eta_p}^* A_{\eta_p}K_{n_p\eta_p}v_0\to 0$ *при* $p\to\infty$, *то* $K_{n_p\eta_p}v_0\to 0$.

Теорема 1. *Пусть* $A, A_\eta \in \mathscr{L}(H, F)$, $\|A_\eta - A\| \le \eta$, $\|A_\eta\|^2 \le M$, $(0 < \eta \le \eta_0)$, $y \in R(A)$, $\|y - y_\delta\| \le \delta$, $\alpha > 0$ *и выполнены условия* (5), (6) *с* $s_0 > 1/2$, $\gamma_0 = 1$. *Пусть параметр* $m(\delta, \eta)$ *выбран по правилу* (8). *Тогда* $(\delta + \eta)^2 m(\delta, \eta) \to 0$, $x_{m(\delta, \eta)} \to x^*$ *при* $\delta \to 0$, $\eta \to 0$.

Теорема 2. *Пусть выполнены условия теоремы* 1. *Если* $x^* = |A|^s z$, $s > 0$, $\|z\| \le \rho$, $|A| = \left(A^* A\right)^{1/2}$, *то справедливы оценки*

$$m \le 1 + \frac{s+1}{2k\alpha e}\left[\frac{\rho}{(b-1)\left(\delta + \|x^*\|\eta\right) - c_s \gamma_{1/2}\eta\rho}\right]^{(2k)/(s+1)} ;$$

$$\|x_{m(\delta,\eta)} - x^*\| \le c_s\left(1 + |\ln \eta|\right)\eta^{\min(1,s)} + \left[c_s\gamma_{1/2}\eta\rho + (b+1)\left(\delta + \|x^*\|\eta\right)\right]^{s/(s+1)}\rho^{1/(s+1)} +$$

$$+ 2k^{1/2}\alpha^{1/(2k)}\left\{1 + \frac{s+1}{2k\alpha e} \times \left[\frac{\rho}{(b-1)\left(\delta + \|x^*\|\eta\right) - c_s\gamma_{1/2}\eta\rho}\right]^{(2k)/(s+1)}\right\}^{1/(2k)}\left(\delta + \|x^*\|\eta\right).$$

$$(10)$$

Замечание 1. *Порядок оценки* (10) *есть* $O\left((\delta + \eta)^{s/(s+1)}\right)$, *и он оптимален в классе задач с истокопредставимыми решениями* [2,54]. *В оценке погрешности* (10) $c_s = const$ ($c_s \le 2$ *для* $0 < s \le 1$).

Замечание 2. *Знание порядка* $s > 0$ *и истокопредставляющего элемента* z, *используемое в теореме* 2, *на практике не потребуется. При останове по невязке* (8) *автоматически делается нужное число итераций для получения оптимального по порядку решения.*

Литература

1. Матысик, О.В. Явные и неявные итерационные процедуры решения некорректно поставленных задач / О.В. Матысик. – Брест: БрГУ имени А.С. Пушкина, 2014. – 213 с.

2. Вайникко, Г.М. Итерационные процедуры в некорректных задачах / Г.М. Вайникко, А.Ю. Веретенников. – М. : Наука, 1986. – 178 с.

Долгалёва Е.Е.
кандидат педагогических наук,
Финансовый Университет при Правительстве Российской Федерации
кафедра «Иностранные языки-1»

ЛИНГВИСТИЧЕСКИЙ ПОДХОД К ПРОБЛЕМЕ ЗНАЧЕНИЯ СЛОВА

К настоящему времени проблема значения слова в лингвистике уже достаточно хорошо исследована. Ей посвящены исследования ведущих языковедов (Апресян, Арутюнова, Уфимцева, Якубинский, Белявская, Никитин, Медникова, Улуханов, Шмелев, Филин, Гак).

Под значением слова понимается некоторый мысленный образ, ассоциируемый с лексемой. С этой точки зрения, изучение значения слова предполагает изучение состава мысленного образа, переданного определенной лексемой.

О.С.Ахманова дает следующее определение значения: «отображение предмета действительности (явления, отношения, качества, процесса) в сознании, становящегося фактом языка вследствие установления постоянной и неразрывной его связи с определенным звучанием, в котором оно реализуется; это отображение действительности входит в структуру слова в качестве его внутренней стороны (содержания), по отношению к которой звучание данной языковой единицы выступает как материальная оболочка, необходимая не только для выражения значения и сообщения его другим, но и для самого его возникновения, формирования, существования и развития» [1,214].

Уфимцева, говоря о разных аспектах значения, определяет его как «объект, сопоставляемый при интерпретации некоторого естественного или искусственного языка любому его выражению, выступающему в качестве имени. Таким объектом может быть как вещь, так и мысль о вещи» [15, 37].

Самое общее и самое краткое определение сущности языкового значения формулируется как « концепт, связанный знаком» [12, 70].

Одним из важнейших вопросов семасиологии является вопрос о структуре значения слова. Для выявления структуры слова лингвисты прибегают к компонентному анализу. Смысловой компонентный анализ представляет собой пример взаимозависимости процессов дифференциации и интеграции. Е.В.Гулыга и Е.И.Шендельс указывают на то, что обнаружение мельчайших единиц содержания – сем – продиктовано, прежде всего, « необходимостью расчленить значение с целью проникновения в его сущность» [6, 291]. Основателями современного подхода к лексическим единицам можно считать таких лингвистов, как А. И. Смирницкий и Е. Курилович, которые выделяли в значении слова отдельные лексико-семантические варианты [13,16] или главные и частные значения (первичные и вторичные функции) [10, 53].

Но, занимаясь проблемой многозначности слов, эти ученые не проводили анализа по семам. Уже позже ученые обратились к семантическому анализу. Следует отметить, что существуют различные точки зрения на компонентный анализ. Так Н.Г.Долгих [8,114] выделяет три направления: логическое, логико-лингвистическое и лингвистическое. Логический путь выделения сем основывается на единстве формального понятия и значения слова; лингвистический путь – на совместной встречаемости семантически близких сем в речи, в то время как логико-лингвистическое направление включает в себя приёмы логического и лингвистического подхода.

Другие лингвисты видят два направления в решении семантических проблем. Микролингвистический подход к анализу лексики (Апресян, Шмидт, Хельбиг) обнаруживает более тесную связь с формальной структурной лингвистикой; макролингвистические исследования (Болинджер, Найда, Кац, Фодор, Вотяк, Гак) имеют более широкий характер; они устремлены на экстралингвистические факторы. Ю. Д. Апресян сделал попытку сочетать точные методы и компонентный анализ. Он предложил определить содержание лексических единиц на основе их дистрибуции, выдвинув гипотезу о том, «что между синтаксическими свойствами слов и их семантическими признаками имеется регулярное соответствие [1, 51].

При этом, необходимо отметить, что элементарное значение лексической единицы выводится не только с помощью принципиально различных методов, но и по-разному определяется и имеет различные наименования: «фигура содержания» [9], «семантический множитель» (Апресян,1865), «дифференциальный признак» [2], «семантический маркер». Степанов, Гак, Уфимцева выделяют термин «сема» в качестве наименования элементарных значений в лексикологии.

В.Г.Гак [5,95] дает такое определение семы: «Под семантической структурой отдельного значения слова понимается совокупность элементарных смыслов, «сем», составляющих это значение. Каждая сема представляет собой отражение в сознании носителей языка различительных черт, объективно присущих денотату, либо приписываемых ему данной языковой средой и, следовательно, являющихся объективными по отношению к каждому говорящему». Данная дефиниция отражает стремление представителей макролингвистического направления найти связь между семами и экстралингвистическими факторами. Гак справедливо подчеркивает, что структура значения слова, характер сем, составляющих эту структуру, а также закономерности реализации сем при функционировании слова неразрывно связаны с ситуациями объективной действительности. Гак устанавливает иерархию сем внутри семантической структуры слова. Прежде всего, пользуясь термином Б.Потье, он выделяет архисему – общую сему родового значения. Далее устанавливаются дифференциальные семы видового значения, которые могут быть двух типов: описательные, т.е. отражающие собственные свойства предмета, выделяемые на основании различий и сходств (форма, устройство, размеры предмета, способ совершения действия) и относительные, отражающие связи различных объектов (пространственные и временные отношения). На низшем уровне выделятся потенциальные семы, которые должны отражать потенциальные свойства предметов и актуализируются в определенных условиях.

Никитин также использует термин «сема» или «концепт», при этом он указывает, что «семы отличаются от значений тем, что не связываются в данном десигнаторе с какой-либо определенной его частью, т. е. не выражены в данном знаке какой-либо его значимой частью. Когда различение сем и значений не существенно, говорим о семантических признаках» [12,67].

Все лингвисты сходятся во мнении, что лексическое значение слова представляет собой сложную структуру, включающую целый ряд составляющих.

Беляевская подчеркивает, что «сложность структуры лексического значения обусловлена сложной структурой процесса номинации, а также сложным и многоаспектным характером языковой коммуникации» [4, 43].

Рассматривая процесс номинации, автор отмечает, что лексическое значение включает: 1) указание на обозначаемый предмет, явление, процесс или признак; 2) указание на отношение к обозначаемому со стороны говорящего; 3) указание на общий тип коммуникативных ситуаций, в которых может использоваться данное наименование. Соответственно, лексическое значение включает:

1) вещественное содержание
2) коннотативный аспект
3) прагматический аспект.

В вещественном содержании выделяются «денотативный» и «сигнификативный» аспекты значения. Денотативный аспект лексического значения формируется признаками, составляющими денотат – языковое отражение понятия об обозначаемом предмете или явлении. Денотативный аспект лексического значения в большинстве случаев составляет основу словарных дефиниций толковых словарей.

Под «сигнификативным» аспектом Беляевская понимает «понятийную соотнесенность имени, его способность отражать соответствующее понятие» [4, 46].

Вслед за Беляевской, нам представляется важным при рассмотрении структуры лексического значения определить соотношение понятия и денотата; при этом денотат может или приближаться к понятию, охватывая общие существенные особенности класса предметов, или быть намного уже понятия при номинативном закреплении частных характеристик класса объектов, на которые направлена познавательная деятельность человека. Но при этом, как отмечает Беляевская, возникает противопоставление того, что слово означает и того, что слово обозначает. «Означая», слово дает наиболее общее представление об описываемом предмете, и, таким образом, соотносится с понятием. «Обозначая», слово закрепляет определенные признаки предмета и соотносится с денотатом.

Коннотативный аспект значения обычно определяется как «передаваемая словом, дополнительная по отношению к вещественному содержанию слова, информация об отношении говорящего к обозначаемому предмету или явлению» [4,49], т.е. коннотация – это эмоционально-оценочный компонент лексического значения.

Выражение своего отношения к предмету сообщения является непременной составляющей коммуникации. При этом в зависимости от конкретной коммуникативной ситуации одно и то же по лексическому составу высказывание может приобрести иногда диаметрально противоположную эмоционально-оценочную направленность. Коннотативный аспект лексического значения включает в себя несколько составляющих, к числу которых большинство лингвистов относят эмотивность, оценочность и интенсивность.

Никитин дает более подробную структуру лексического значения. В совокупном содержании лексического значения автор различает две части: содержательное ядро лексического значения, именуемое Никитиным как «интенсионал», и периферия семантических признаков, окружающих это ядро, его «импликационал».

Интенсионал лексического значения представляет собой совокупность семантических признаков, наличие которых, по мнению Никитина, является обязательным для денотатов данного класса.

Интенсионалы понятий-значений лежат в основе «мыслительных и речевых операций по классификации, отождествлению-различению денотатов и их именованию» [12,77].

Импликационные же признаки могут с необходимостью или вероятностью предполагать («имплицировать») наличие или отсутствие других признаков у денотатов данного класса. По отношению к интенсионалу-ядру значения-совокупность таких имплицированных признаков составляет импликационал лексического значения.

Некоторые лингвисты структурно разделяют лексическое значение слова на элементы, отличающиеся от указанных выше. Категория значения передается следующими оппозициями: значение и смысл у

Фреге, экстенсионал и интенсионал у Карнапа, референция и значение у Куайна, денотат и сигнификат у Черга, называемое и значение у Милля.

Чем глубже лингвисты проникают в структуру значения слова, тем больше смысловых компонентов они там обнаруживают.

Э.М.Медникова в своей работе «Значение слова и методы его описания» предприняла попытку установить иерархию значений слова. Вслед за ней, мы выделяем следующие виды значений:

1) исходные (первоначальные) значения и производные, выведенные из них.

2) При рассмотрении семантики слова, можно противопоставить общее (основное) значение и более частные, подчиненные ему. Но такое деление автор не считает научно плодотворным, «вследствие своей методологической неопределенности» [11,134], т.к. трудно понять, что имеется в виду под «общим» значением – понятийное содержание слова или его инвариантное значение, реализующееся в разнообразных употреблениях.

3) Номинативное значение, непосредственно направленное на предметы, явления, действия, качества действительности.

4) Интенсиональное значение (значение слова как единицы языка)

5) Экстенсиональное значение, приобретаемое, словом в данном контексте его речевого употреблении.

При этом экстенсиональное значение можно подразделить на узуальные значения, т.е. принятые в языке, установившиеся значения, в которых слово обычно и естественно употребляется; и окказиональные значения, которые придаются данному слову в данном контексте речевого употребления и представляют собой «известный отход от обычного и общепринятого» [11, 135].

К этой классификации могут быть добавлены следующие типы лексических значений, выделенные Улухановым [14,100-101] и Шмелевым [16, 89]:

- По способу номинации: прямые и переносные значения слов.

- По степени семантической мотивированности: немотивированные (непроизводные, первичные), определяющиеся значением морфем в составе слова, и мотивированные (производные, вторичные), выводящиеся из значений производящей основы и словообразовательных аффиксов.

- По возможности лексической сочетаемости: свободные и несвободные значения. Первые имеют в своей основе предметно-логические связи слов. Вторые характеризуются ограниченными возможностями лексической сочетаемости, которая определяется и предметно-логическими, и собственно языковыми факторами.

-      По характеру связей одних значений с другими в лексической системе могут быть выделены:

А) автономные значения, которыми обладают слова, относительно независимые в языковой системе и обозначающие преимущественно конкретные предметы.

Б) соотносительные значения, которые присущи словам, противопоставленным друг другу по каким-либо признакам.

В) «детерминированные» значения, обусловленные значениями других слов, т.к. они представляют их стилистические или экспрессивные варианты.

Таким образом, лингвистика в целом рассматривает значение слова, прежде всего с точки зрения его структуры, выделяя в ней составные компоненты (как правило, денотативные и коннотативные), а при более глубоком погружении в значение микрокомпоненты смысла (семы). Лингвистика занимается исследованием структуры системного значения слова, т.е. общепринятого значения, закрепленного в словаре.

Как бы ни были разнообразны значения слова, все они объективно присущи самому слову и обычно являются достоянием общенародного языка.

Список литературы

1.   Апресян Ю.Д. Лексическая семантика. Синонимические средства языка.– М.: «Наука», 1974. – 307с.
2.   Арнольд И.В. Лексикология современного английского языка. – М.: «Высшая школа», 1973. – 304с.
3.   Ахманова О.С. Словарь лингвистических терминов. – М.: Сов.энц., 1969.
4.   Беляевская Е.Г. Семантика слова. – М.: «Высшая школа», 1987. – 128с.
5.   Гак В.Г. Сопоставительная лексикология. – М.: «Наука», 1977.
6.   Гулыга Е.В., Шендельс Е.И. О компонентном анализе значимых единиц языка.// В кн. Принципы и методы семантических исследований. – М.: «Просвещение», 1976.
7.   Доза А. История французского языка. – М.:Изд-во иностр.лит-ры, 1956. – 472с.
8.   Долгих Н.Г. О трех направлениях в разработке метода компонентного анализа применительно к лексическому материалу. «Филологические науки», 1974, №4.
9.   Ельмслев Л. Пролегомены к теории языка. «Новое в лингвистике», вып.1. – М., 1960.
10.   Курилович Е. Очерки по лингвистике. Сборник статей.– М.: Изд-во иностр. литературы, 1962. – 456с.

11.	Медникова Э.М. Значение слова и методы его описания (на материале совр. англ. яз.). – М.: «Высшая школа», 1974. – 202с.

12.	Никитин М.В. Лексическое значение слова: (Структура и комбинаторика) – М.: «Высшая школа»,1983. – 127с.

13.	Смирницкий А.И. Лексикология английского языка. – М.: Изд-во лит-ры на иностр.языках, 1956 – 260с.

14.	Улуханов И.С. Словообразовательная семантика в русском языке и принципы её описания. – М.: «Наука», 1977. – 256с.

15.	Уфимцева А.А. Лексическое значение. – М.: «Наука», 1986. – 227с.

16.	Шмелев Д.Н. Значение слова// Русский язык: Энциклопедия. – М.: «Просвещение», 1979. – 278с.

Шелягова Т.Г.,
кандидат филологических наук, заведующая кафедрой иностранных
языков, БГУИР
Амелина Ю.М.
старший преподаватель, БГУ

ВЗАИМОСВЯЗЬ МЕЖДУ КРИТИЧЕСКИМ МЫШЛЕНИЕМ И ОБУЧЕНИЕМ ИНОСТРАННЫМ ЯЗЫКАМ

THE RELATIONSHIP BETWEEN CRITICAL THINKING AND TEACHING OF FOREIGN LANGUAGES

Аннотация: в этой статье описывается взаимосвязь между критическим мышлением и образовательным процессом в контексте изучения и преподавания иностранных языков. Исследуется влияние навыков критического мышления на результат освоения иностранных языков.

Ключевые слова: критическое мышление, изучение иностранных языков, языковые навыки, овладение иностранным языком, повышение эффективности преподавания.

Abstract: This article describes the relationship between critical thinking and educational process in the context of foreign language learning. It examines the impact of critical thinking on the development of foreign language learning.

Keywords: critical thinking, foreign language learning, language skills, language acquisition, improving teaching effectiveness.

Одной из главных целей системы образования является акцент на развитие и совершенствование навыков критического мышления в процессе обучения [1]. Как национальные, так и международные исследования показали, что стратегии и методы обучения иностранным языкам проявляются в виде важных факторов, способствующих развитию способностей к критическому мышлению [2]. Однако, большая часть аудиторного обучения сосредоточена на деятельности, в процессе которой обучающийся осваивает лишь факты, правила и верные последовательности действий по дисциплинам. Результаты же обучения обычно заключаются в проверке следующих уровней познания: знание, понимание и применение на практике.

В свою очередь, процесс обучения не всегда предполагает преподавание таких упражнений, которые предоставляли бы учащимся возможность осознать свое собственное место в обучении, позволяли бы критически мыслить и проводить свой собственный анализ смысла и содержания предоставляемого лингвистического материала.

Эта ситуация обусловлена тем, что большая часть образовательного процесса строится на традиционных подходах, осуществляемых без их должного критического осмысления [3]. При этом жизненно важным становится развитие навыков критического и креативного мышления обучающихся в процессе преподавания иностранных языков.

Одним из фундаментальных навыков предшествующих освоению критического мышления остается чтение [4]. Процесс чтения помогает в приобретении основных когнитивных умений, способствующих достижению успеха в профессиональной жизни обучающихся [5]. Понимание, в свою очередь, это ключевой момент процесса чтения. Он включает в себя следующее:

- осознание идей, концепций и процессов;
- распознание взаимодействий;
- проведение сравнений и аналогий;
- соотнесение словарных выражений с реальным опытом;
- рефлексию и интерпретацию;
- умение делать верные умозаключения.

В процессе освоения этих навыков, происходит понимание изучаемого материала. Это приводит к возможности критической оценки исследуемых идей и концепций. Такие навыки и умения начинают играть все более важную роль в информационном обществе.

О высоком уровне освоения иностранных языков стоит говорить, если обучающийся способен не только правильно использовать языковые конструкции и знать достаточное количество слов, но и если он может выражать креативные идеи на нём.

В результате развития навыков критического и креативного мышления в процессе обучения иностранным языкам обучающийся может получить дополнительный инструмент для увеличения эффективности собственного обучения. За счет освоения этих умений внутренняя стоимость языка, в качестве инструмента для решения проблем, принятия решений и креативного мышления, значительно возрастает. С учетом этого имеет смысл построение учебных программ, с возможностью удовлетворения этих образовательных потребностей.

Обучение навыкам критического мышления в процессе изучения иностранных языков способствует повышению качества преподавания и обучения в целом. Важно также развивать следующие шесть критических направлений мышления:

- готовность планировать;
- гибкость мышления;
- настойчивость;
- готовность к самосовершенствованию;

- внимательность;
- умение находить взаимовыгодные решения.

Учитывая вышесказанное необходимо сделать вывод, что связь между развитием критического мышления и повышением уровня обучения иностранным языкам достаточно сильна. Эта взаимосвязь дает потенциал как для повышения эффективности обучения иностранным языкам, так и для дальнейших возможностей использования языковых навыков обучающимися в их профессиональной деятельности.

Список литературы

[1] Lipman M. Thinking in Education. Cambridge University Press. 2003;

[2] Scheibe C., Rogow F. Critical Thinking in a Multimedia World. Corwin. 2011;

[3] Шелягова Т.Г., Амелина Ю.М. Контекст как фактор изучения иностранного языка // Topical areas of fundamental and applied research IV. Vol. 2: Proceedings of the Conference. North Charleston. 2014;

[4] Rainbolt G., Dwyer S. The Art of Argument. Cengage Learning. 2014;

[5] Moore B., Parker R. Critical Thinking. McGraw-Hill. 2012.

Кукуева Г.В.
доктор филологических наук, профессор кафедры общего и русского языкознания Алтайского государственного педагогического университета, kupala@inbox.ru.
Минина О.В.
аспирант кафедры общего и русского языкознания Алтайского государственного педагогического университета, cherenzeva@mail.ru

К ПРОБЛЕМЕ НОМИНАЦИИ ЖАНРОВОЙ ФОРМЫ НАРОДНЫХ МЕМУАРОВ В ИНТЕРНЕТ-КОММУНИКАЦИИ

В последнее время коммуникация в интернете явилась причиной появления специфических интернет-жанров, требующих своей квалификации в системе жанровых форм.

Виртуальное коммуникативное пространство не только порождает и активно развивает новые речевые жанры, но и модифицирует уже существующие [1; 4; 5].

Наблюдения над материалом позволяют выявить в интернет-среде распространенность речевого жанра мемуаров как продукта народной культуры, который функционирует на различных сайтах – сетевой литературы, социальных сетей, литературного творчества, блогов, групп по интересам и др. Только на одном интернет-сервере современной сетевой литературы «Самиздат» [3] опубликовано более 10 тыс. текстов, квалифицируемых авторами как мемуарный жанр.

Можно констатировать, что широкая включенность мемуаров в виртуальное пространство демонстрирует коммуникативную привлекательность жанра как речевой формы, служащей для самовыражения и речетворчества.

Традиционно мемуары определяются как «вид эпической словесности: хроникальное и фактографическое повествование от лица автора, в котором отражены подлинные события, некогда реально происходившие, а теперь вспоминаемые» [6]. В качестве основных жанрообразующих признаков в научной литературе выделяются следующие: ретроспекция (А.Г. Тартаковский, И.Д. Фрайман), повествование от первого лица и документальность (Л.М. Бондарева, А.Г. Тартаковский, З.Р. Сутаева), концептуальность (А.А. Галич), особый хронотоп (А.В. Антюхов, А.А. Галич).

В своем классическом варианте мемуары, как правило, создаются при помощи ручки на листе бумаги (в зависимости от объема это может быть отдельный лист, тетрадь или несколько общих тетрадей и пр.). Попадая в интернет-среду, они приобретают статус электронного жанра коммуникации, субстрат которого служит отправной точкой для его дальнейшей модификации: «субстратная составляющая, находящаяся в сфере формы, участвует в жанровой организации <...> электронный носитель накладывает свои ограничения и специфицирует содержательные и прочие аспекты» [2, с. 50].

Первым признаком модификации исходного жанра является отсутствие единообразия в его жанровом определении – повесть, статья, репортаж, фотоочерк, очерк, эссе, записки и др.

Неустойчивость номинации жанровой формы речевого жанра, квалифицируемого автором при публикации как мемуары, наблюдается:

1)   в заглавии:

«Дневник некроманки» (автор Лина Эйр);

«Письмо кумиру» (автор Косарева Н.Г.);

«Деникин. Очерки русской смуты» (автор Клуб историков);

«Анкеты героев» (автор Ведьмы)

«Фотосессия» (автор Кравцова А.);

«Интервью с рэбэ Масоном» (автор Попович Алёша);

«Объявление» (автор Бубела О.Н.);

«Эскизы нового рассказа» (автор Храмцев Д.В.);

«Как солить помидоры (рецепт бабушки Пелагеи)» (автор Журавлёва Л).

2)   в аннотации:

«Как бы мемуары» (Аннотация автора Зарецкого А.И. к тексту «Из записок старого театрала»);

«Я фигею! Очередное сумбурненькое «мненько», после очередных диалогов. Пополню и поправлю как выйду из ступора» (Аннотация автора Мерзская Бука к тексту «Что за писатели пошли?»);

«Отчет о посещении «Парка птиц» в деревне «Воробьи» Калужской области. Лето 2007 года» (Аннотация автора Саенко А.В. к тексту «Парк птиц»: Калужская область, деревня «Воробьи»);

«Бред, который остался без объяснения» (Аннотация автора Найка к тексту «Белые стихи психопата»);

«Смешные рассказики о работе психиатра в провинциальном израильском городе» (Аннотация автора Райсбаума М.Ю. к тексту «Репортажи из психсарая»);

3)   в комментариях:

Надежда   (artnadj@mail)   2014/01/07   11:20   [ответить]
« <...> *Меня зовут Надя Пилипцева, я тоже упомянута в Вашей статье. Мы только сейчас случайно нашли ее в Интернете и были приятно удивлены. Только позвольте кое-что уточнить. Я никогда не работала в торговле.Лида никогда не была директором магазина, а Света медсестрой. А дети наши далеко несостоятельные, а самые обычные. <...> Но все равно-спасибо за статью, за то, что Вы всех помните. С Рождеством Вас! Будьте здоровы!»* (Комментарий к тексту Мосяковой Т.Д. «Память годам не стереть»).

Светлана Марыкина (svetik_marikina@mail.ru) *2014/04/03 02:26* [ответить]

«Здравствуйте, Татьяна! И нашей семье очень приятно прочитать ваш рассказ <...> Спасибо, Вы со своей историей вошли в историю нашего рода, семьи... копируем и сохраняем» (Комментарий к тексту Мосяковой Т.Д. «Память годам не стереть»).

Сфинкский *2009/09/29 03:10* [ответить]

«Очень понравились эти ретроспективные философские размышления. У вас получилось нарисовать образ самого себя. Это очень трудно сделать. <...> Как будто щёлкнул фотиком... раз! У меня, например, не получается остановить «своё мгновение». Я о себе не пишу (за исключением, наверно, одного-двух-трёх рассказов. Зато пишу по картинкам (это заметно :)). А вы в этом рассказе «вышли из себя» (Комментарий к тексту Сотникова О. «Я пришел в этот мир, чтобы жить»).

Таким образом, мемуарный жанр, попадая в виртуальную среду, теряет устойчивость при квалификации жанровой формы его создателем и предопределяет ее модифицирование по сравнению с классическим вариантом. Выбирая подобную форму в жанровом сознании автора, бесспорно, существуют мемуары как классический речевой жанр, но будучи перенесенным в новое коммуникативное пространство он становится более свободным, как по своему смысловому наполнению, так и в ортологическом отношении, что приводит к снижению эстетической стороны текста.

Список литературы:

1. Горошко, Е.И. Виртуальное жанроведение: становление теоретической парадигмы / Е.И. Горошко, Е.А. Землякова // Ученые записки Таврического национального университета им. В. И. Вернадского. Серия «Филология. Социальные коммуникации». Том 24(63) №1. Часть 1 – 2011 – С. 225 – 237.

2. Жанры естественной письменной речи : студенческие граффити, маргинальные страницы тетрадей, частная записка / Н. Б. Лебедева [и др.]. - М.: URSS : КРАСАНД, 2011. - 252 с.

3. Журнал «Самиздат» [Электронный ресурс]. Режим доступа: http://samlib.ru.

4. Компанцева, Л.Ф. Интернет-коммуникация: когнитивно-прагматический и лингвокультурологический аспекты / Л.Ф. Компанцева. – Луганск: Знание, 2007. – 444 с.

5. Кукуева, Г.В. Эссе как речевой жанр эстетической сферы интернет-коммуникации / Г.В. Кукуева // Новый университет. Серия: Актуальные проблемы гуманитарных и общественных наук. - 2014. - №1 (34). - Режим доступа : http://www.universityjournal.ru/guman_14_1.htm.

6. Словарь иностранных слов русского языка // Академик [Электронный ресурс]. - Режим доступа: http://dic.academic.ru/contents.nsf/dic_fwords. – (Дата обращения 11.09.2014).

Дадян Э.Г.
к.т.н., доцент, профессор Финансового университета
при Правительстве РФ, dadyan60@yandex.ru

АНАЛИЗ СОСТОЯНИЯ ВАЛЮТНОГО РЫНКА РОССИИ

В данной работе приведены результаты нейросетевого анализа влияния существенных факторов на котировку курса валют на примере формирования курса доллара в условиях «турбулентности экономики» в России.

К существенным факторам, влияющим на формирование курса валют, относят мировые экономико-политические процессы. Существует множество методов анализа количественного и качественного влияния процессов на формирование курсов валют. Например, метод экспертных оценок, метод регрессионного анализа или метод фрактального анализа.

В данной работе приведены результаты нейросетевого анализа влияния существенных факторов на котировку курса валют на примере *формирования курса доллара в условиях «турбулентности экономики» в России.*

В качестве инструмента исследовательской работы, в силу ряда преимуществ, был выбран аналитический пакет **Deductor** *Studio*, разработанный фирмой Basegroup (РФ, город Рязань) [1; 2; 3].

Система *Deductor* предназначена для решения широкого спектра задач, связанных с обработкой структурированных, представленных в виде таблиц, данных. При этом, область приложения системы может быть практически любой - механизмы, реализованные в системе, с успехом применяются на финансовых рынках, в страховании, торговле, телекоммуникациях, промышленности, медицине, в логистических и маркетинговых задачах и множестве других. При помощи *Deductor*-а можно не только строить модели, но и проводить анализ по принципу *«что-если»*, т.е. оценить, как может измениться тот или иной показатель при изменении любого влияющего фактора. Для реализации этого простого в использовании и, одновременно мощного механизма, предназначен специальный визуализатор. При этом, не имеет значения, каким способом производилось построение модели - работа со всеми алгоритмами выполняется одинаково. Результаты можно просмотреть как в табличном виде, так и графическом.

Анализ валютного рынка России при помощи *Deductor*-а проводился с использованием относительно небольшого количества, но весьма существенных факторов. Их выбор был сделан на основании анализа коэффициентов корреляции между курсом доллара США, с одной стороны, и ключевыми потенциальными факторами, с другой. Результаты этого анализа приведены в таблице 1.

Таблица 1

№ п/п	Потенциальный фактор влияния	Коэффициент корреляции	Использованные факторы
1	Суммарный экспорт стран Еврозоны	-0,118554756	Нет (слабость влияния)
2	Объем чистого экспорта в России	-0,432862041	Нет (отсутствие необходимых данных)
3	*Котировки индексов CAC40*	*-0,3585795*	*Да (существенный)*
4	*Котировки индексов DAX*	*-0,05042734*	*Да (информационный)*
5	Размер национальных резервов	0,352761	Нет (отсутствие необходимых данных)
6	*Котировка нефти*	*-0,956345*	*Да (существенный)*
7	*Курс Евро*	*0,993236576*	*Да (существенный)*
8	*Инфляция в РФ*	*0,92369468*	*Да (существенный)*
9	*Интервенции ЦБ*	*-0,31887355*	*Да (существенный)*
10	*Изменения котировки нефти*	*0,142487687*	*Да (существенный)*

Использование *существенных показателей* (в таблице отмечены жирным шрифтом) в качестве обучающей выборки позволило выполнить качественный и даже количественный анализ влияния выше перечисленных экономических факторов на формирование курса доллара в кризисной ситуации экономики страны. Необходимые исходные данные для формирования обучающей выборки нейронной сети были заимствованы из трейдинговой системы Bloomberg. При загрузке исходных данных рассматривались месячные котировки с июня 2014 года по декабрь 2014 года. Для ввода, накопления и предварительной обработки исходных данных использовалась среда *«1С: Предприятие»*. *«1С: Предприятие»* и *Deductor* полностью совместимы на уровне форматов данных [8; 9]. Взаимодействие среды *«1с: Предприятие»* и *Deductor*-а, а также укрупненный алгоритм обработки данных, последовательность выполняемых операций и логику действий с момента сбора данных и до момента получения визуализированных форм отчетов представлены на рис. 1. Структура работы определена с учетом степени разработанности темы, исходя из цели и задач исследования. При формировании топологии сети исходили из следующих предпосылок. Не существует точного правила по тому, каким количеством слоев и нейронов должна обладать сеть для хорошего обучения. Р. Тадеусевич [4; 5; 6; 7] пишет, что нейронов не должно быть слишком много, иначе это приведет к плохому функционированию сети – она будет запоминать значения, вместо нахождения закономерностей. Однако и слишком маленькое количество нейронов отрицательно повлияет на сеть. В процессе исследования нами рассматривались различные варианты числа нейронов в среднем слое (от 5 и до 15). Сопоставляя диаграммы рассеивания от 5 до 15 средне-слойных топологий нейронной сети, мы остановились на 5-ти нейронах, как обеспечивающих лучшее приближение прогнозных значений к реальным (рис.2).

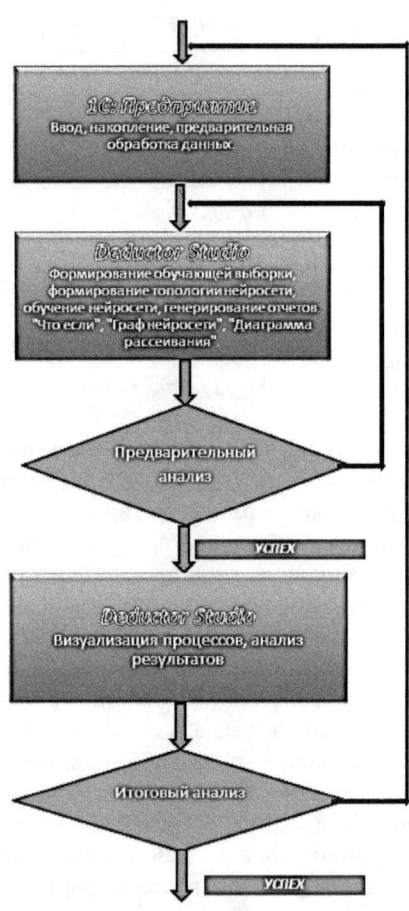

Рис. 1. Укрупненный алгоритм обработки данных

Диагональная линия на рисунке – это линия идеальных значений. Точками, рассеянными вдоль линии идеальных значений, обозначены выходные значения модели. Смысл диаграммы рассеивания следующий. Если все точки (или хотя бы основная масса), представляющие реальные выходные значения модели, сосредоточены вблизи линии идеальных значений, то модель работает хорошо. Окончательно была определена структура нейросети, представленная на рис.3.

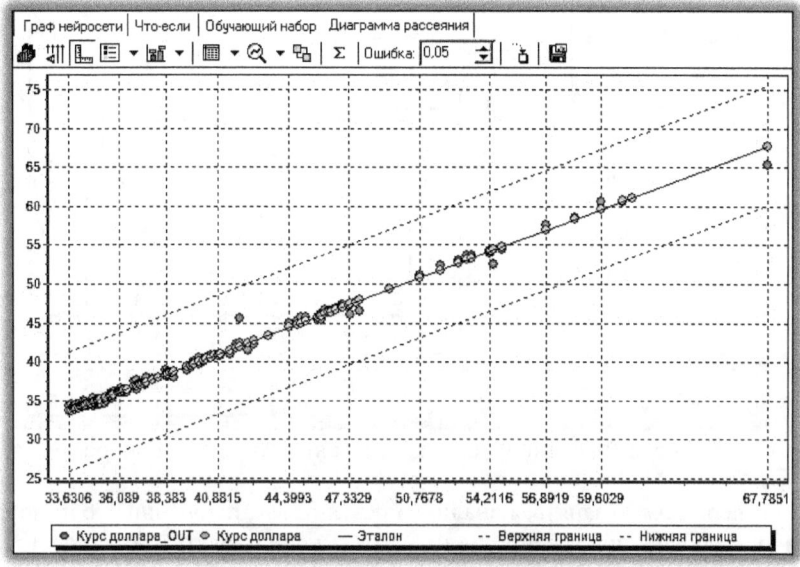

Рис.2. Диаграмма рассеивания

В нашем случае видно, что качество приближения хорошее, все прогнозные значения находятся очень близко к настоящим.

Рассмотренная диаграмма и все последующие рисунки необходимо видеть и анализировать в цвете. Цвет того или иного процесса несет в себе определенную информацию. Черно-белое изображение эту информацию теряет со всеми вытекающими отсюда последствиями.

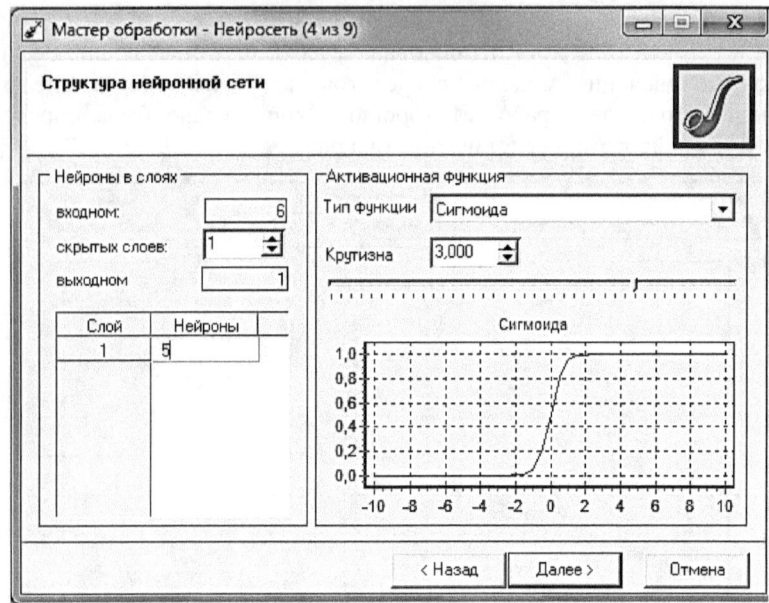

Рис.3. Выбранная для исследования структура нейросети

Теперь можно заняться анализом результатов, полученных с помощью хорошо обученной нейронной сети, использовать «нейросетевого эксперта» для прогнозирования интересующих нас процессов с целью дальнейшего принятия соответствующих решений. Определенный интерес представляет граф нейросети (рис. 4). С его помощью по цветовым связям и весовым коэффициентам можно судить о значимости того или иного фактора и степень его влияния на выходной параметр.

Какие выводы можно сделать, анализируя граф нейросети? Каков вес влияния отобранных существенных параметров на формирование курса доллара? Ответ содержится в цвете линий связи идентифицированного входного нейрона с соответствующими нейронами среднего слоя. Цветовая линейка в нижней части рисунка сопровождается числовыми значениями. Результаты подобного цветового анализа с рассчитанными усредненными весовыми коэффициентами приведены в таблице 2.

Таблица 2

№ п/п	Параметр	Усредненный весовой коэффициент
1	Котировка нефти	-0,925
2	Изменения котировки нефти	0,135
3	DAX	0,0499
4	CAC40	-0,34

5	Интервенции ЦБ	-0,3
6	Инфляция РФ	0,92

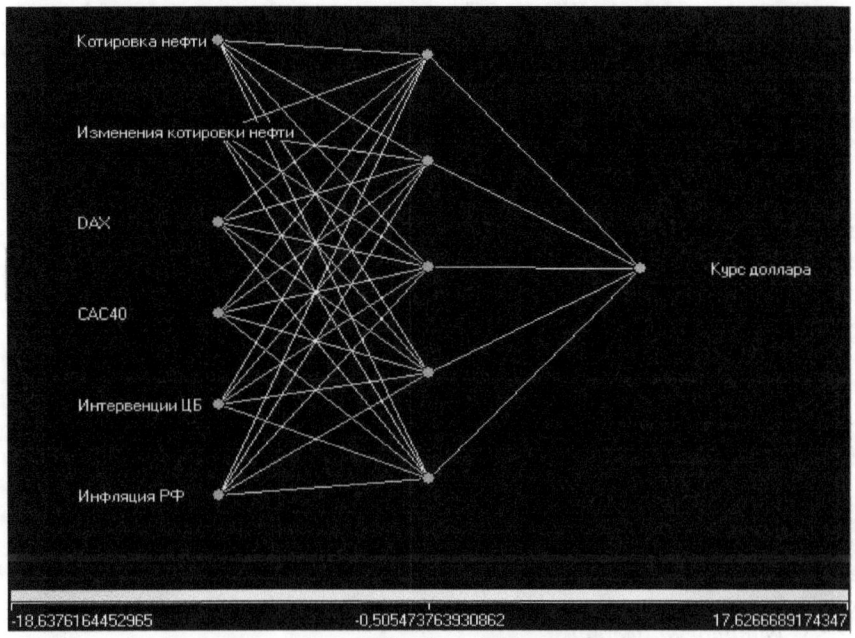

Рис.4. Граф нейросети

Получить точные значения усредненных весовых коэффициентов, рассматриваемых параметров, практически невозможно; многое зависит от цветового восприятия субъектом линий связи (к сожалению, цвет пришлось убрать и ориентировать читателя на оттенки, - таковы требования редактора), т.е. здесь присутствует субъективный фактор. И тем не менее, можно увидеть близость значений коэффициентов корреляции и усредненных весовых коэффициентов соответственных параметров формирования курса доллара, что и ожидалось.

Анализ по методу "Что-если" позволил исследовать, как будет вести себя построенная система обработки при подаче на ее вход тех или иных данных. Проще говоря, проводился эксперимент, в котором, изменяя значения входных полей обучающей выборки нейронной сети, мы наблюдали за изменением значений на выходе.

Возможность анализа по принципу "Что-если" особенно ценна, поскольку позволяет исследовать правильность работы системы, достоверность полученных результатов, а также ее устойчивость. Под устойчивостью понимается то, насколько снижается достоверность полученных результатов при попадании на вход системы нетипичных данных – выбросов, пропусков данных и т. д. Такой анализ дает возможность определить, какую предварительную обработку данных нужно провести перед подачей на вход системы.

Система анализа "Что-если" включает табличное и графическое представления, которые формируются одновременно. В данной работе рассматривалось только графическое представление. По горизонтальной оси диаграммы отображается весь диапазон значений текущего поля выборки, а по вертикальной – значения соответствующих выходов сети. На диаграмме "Что-если" можно увидеть, при каком значении входа изменяется значение на соответствующем выходе. Если, например, во всем диапазоне входных значений выходное значение для данного поля не изменялось, то диаграмма будет представлять собой горизонтальную прямую линию.

Анализ в режиме "Что-если" выполнялся с целью получения зависимости курса доллара США от выбранных существенных параметров, приведенных в таблице 1. Здесь следует сделать исключительно важное замечание: для принятия окончательного решения следует учитывать не только зависимость y=f(x), но и значения всех остальных параметров, помня о том, что мы имеем дело с многопараметрической системой и курс доллара зависит не только от одного параметра, используемого в качестве аргумента. С учетом высказанных замечаний, были получены интереснейшие зависимости курса доллара от следующих существенных параметров:

1. *котировки нефти,*

2. *инфляции в РФ (усредненные значения по дням),*

3. *интервенции ЦБ,*

1. *Зависимость от котировки нефти (рис.5)*

Исключительно информативен график зависимости курса доллара США от котировки нефти. В процессе исследования мы анализировали несколько вариантов одной и той же зависимости, но при *различных значениях параметров*. Этот же подход применялся и при исследовании других зависимостей. К сожалению, формат данной статьи не позволяет привести все варианты влияния параметров на результатную составляющую. Автор планирует детальное рассмотрение многомерной ситуационной картины привести в готовящейся монографии.

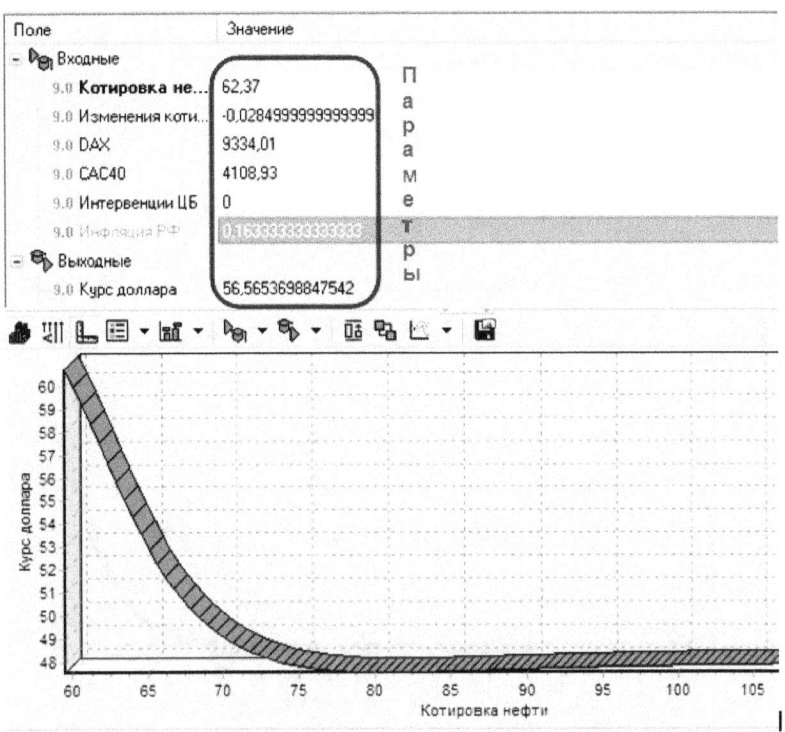

Рис.5. Зависимость от котировки нефти

Какая практическая польза и какие выводы можно сделать:
1. Четко определить критические котировки нефти, приводящие к резкому падению курса рубля.
2. Увидеть степень влияния приведенных инфляционных показателей на управление курсом доллара США.
3. Увидеть степень влияния интервенции ЦБ на управление курсом доллара США.

2. *Зависимость от инфляции в РФ (усредненные значения по дням) (рис. 6)*
Многокритериальная зависимость курса доллара США от усредненных значений инфляции в РФ показала неожиданную для автора ситуацию наличия критических точек влияния, когда дальнейший рост инфляционной составляющей может ***резко снизить*** курс национальной валюты, способствовать разрушению финансовой структуры страны.

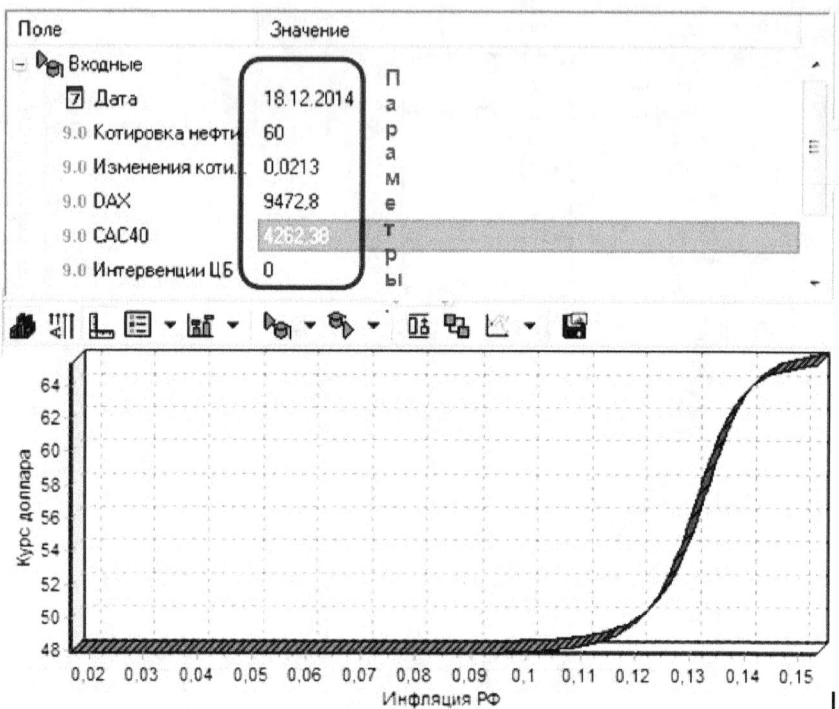

Рис.6. Зависимость от инфляции в РФ (усредненные значения по дням)

Какая практическая польза и какие выводы можно сделать:
1. Четко определить критические значения усредненных показателей, приводящих к резкому падению курса рубля.
2. Увидеть степень влияния приведенных усредненных показателей инфляции на управление курсом доллара США.
3. Убедиться в абсолютно правильных действиях ЦБ РФ, резко повысившего ставку финансирования, правда, если при этом будет обеспечиваться *целевая поддержка* банков

3. *Зависимость от валютной интервенции ЦБ (рис. 7)*

В России термин «валютная интервенция» обычно употребляется в связке с задачей поддержания российского рубля, его стабильного курса по отношению к доллару США. ЦБ РФ продаёт доллары и/или евро, чтобы не дать упасть рублю на валютном рынке и тем самым воздействовать на покупательную силу денег, валютные курсы и на экономику страны в целом. И наоборот, скупка иностранной валюты ЦБ влечёт за собой падение курса российского рубля. Для интервенций, как правило, используются официальные валютные резервы, поэтому при больших нарушениях в системе платёжного баланса валютная интервенция может в конце концов привести к истощению валютных резервов страны, не предотвратив обесценивания национальной валюты.

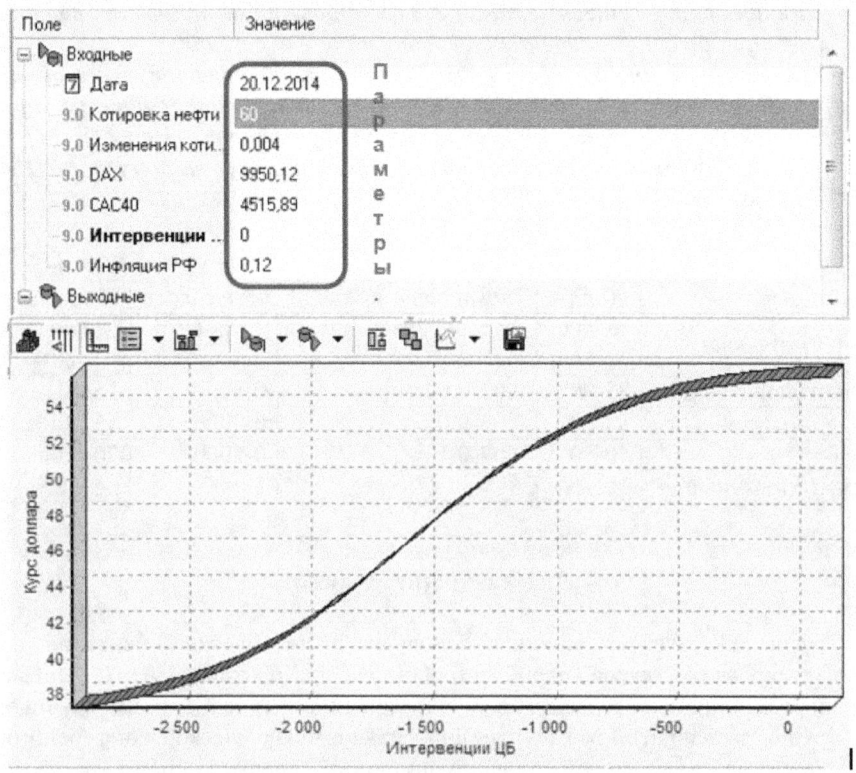

Рис.7. Зависимость от интервенции ЦБ РФ

Какая практическая польза и какие выводы можно сделать:
1. Влияние интервенции ЦБ РФ на курс доллара США при определенных условиях достаточно велико.
2. Ежедневная продажа на валютной бирже 3-х миллиардов долларов, при указанных на рис.7 значениях параметров, может значительно укрепить национальную валюту. Ясно, что при этом чем больше ЦБ РФ осуществляет продаж, тем меньше у страны валютных запасов.

Выводы по работе
1. *Разработана модель сбора, накопления и предварительной обработки данных в среде и на платформе «1С: Предприятие».*
2. *Разработан алгоритм обработки данных в среде и на платформе Deductor Studio.*
3. *Выбрана структура нейросети для проведения исследования.*

4. **Осуществлен сбор актуальнейших исходных данных в условиях «турбулентности экономики» РФ для обучения нейронной сети.**
5. **Создана многопараметрическая экспертная система оценки влияния ряда существенных параметров на котировки валют, имеющих большое значение для экономики РФ сегодня.**
6. **Тщательный анализ исследуемой предметной области с помощью разработанной многопараметрической экспертной системы при различных значениях существенных параметров [10; 11; 12] , позволил дать следующий прогноз поведения курса доллара США (таблица 3):**

Таблица 3

Вариант развития	Коти-ровка нефти	Инфляция в РФ (усредненные значения по дням в %)	Интервенция ЦБ (милл. дол)	Котиров-ка долл. США
Благоприятный	85-90	0,01-0,015	0-500	35-40
Промежуточный	55-60	0,05-0,06	0-3000	55-60
Не благоприятный	40-50	0,07-0,1	0-5000	70-80 и более

Литература(источники)

1. Дадян Э.Г. Анализ влияния основных экономических факторов на формирование курса евро / Дадян Э.Г., Колотий Д.А. // Новые информационные технологии в образовании. Ч. 1: Сборник научных трудов двенадцатой Международной научно-практической конференции "Формирование новой информационной среды образовательного учреждения с использованием технологий "1С" (31 января-1 февраля 2012 г.) / УМО по образованию в области финансов, учета и мировой экономики; Финуниверситет; Фирма "1С"; под общ. ред. Д.В. Чистова. — М., 2012 .— С.495-499 .—

2. Дадян Э.Г. Анализ и расчет экономических показателей предприятия в условиях ограниченности информации с помощью *Deductor Studio* / Дадян Э.Г., Птицын Н.А. // Новые информационные технологии в образовании. Ч. 1: Сборник научных трудов двенадцатой Международной научно-практической конференции "Формирование новой информационной среды образовательного учреждения с использованием технологий "1С" (31 января-1 февраля 2012 г.) / УМО по образованию в области финансов, учета и мировой экономики; Финуниверситет; Фирма "1С"; под общ. ред. Д.В. Чистова .— М., 2012 .— С.501-505 .—

3. Дадян Э.Г. Анализ влияния факторов на стоимость АЗС как бизнеса / Дадян Э.Г., Птицын Н.А. // Новые информационные технологии в образовании. Ч. 1 : Сборник научных трудов двенадцатой Международной научно-практической конференции "Формирование новой информационной среды образовательного учреждения с использованием технологий "1С" (31 января-1 февраля 2012 г.) / УМО по образованию в области финансов, учета и мировой экономики; Финуниверситет; Фирма "1С"; под общ. ред. Д.В. Чистова .— М., 2012 .— С.499-501 .—

4. Тадеусевич Р., Элементарное введение в технологию нейронных сетей с примерами программ // Тадеусевич Р., Боровик Б., Гончаж Т., Леппер Б.; перевод с польск. И.Д.Рудинского – М.: Горячая линия – Телеком, 2011.

5. Дадян Э.Г. Влияние некоторых существенных факторов на формирование курсов валют. Фундаментальные и прикладные науки сегодня. Fundamental and applied sciences today IV. Vol. 2. spc Academic. Create Space 4900 LaCross Road. North Charleston, SC, USA 29406, 2014, стр. 233-240.

6. Дадян Э.Г. Прогнозирование эффективности вложений в паевые фонды. Академическая наука - проблемы и достижения. Academic science – problems and achievements IV. Vol. 3. North Charleston. USA, p.244-251, 2014.

7. Дадян Э.Г. A system for forecasting the efficiency of investments in mutual funds as application 1C Enterprise. Новые информационные технологии. Сборник научных трудов Четырнадцатой международной научно-практической конференции «Применение технологий «1С» для повышения эффективности деятельности организаций образования» – Паблишинг, 2014, Москва, стр. 344-197.

8. Андреев И.А., Арутюнов С.Р., Чистов Д.В., Инструментальные средства "1С:Предприятие 8" для построения распределенных систем. Новые информационные технологии в образовании: Сборник научных трудов 14-й международной научно-практической конференции "Новые информационные технологии в образовании" (Применение технологий "1С" для повышения эффективности деятельности организаций образования) 28 - 29 января 2014 г. Часть 1.– М.: ООО "1С-Паблишинг", 2014. 549 с.:

9. Арутюнов С.Р., Андреев И.А., Чистов Д.В., Исследование механизмов разработки распределенных систем на платформе *«1С: Предприятие 8»*, Информационные технологии в финансово-экономической сфере: прошлое, настоящее, будущее. Материалы международной научной конференции./ под ред. О.В. Голосова, Д.В. Чистова. – М.:1С-Паблишинг, 2013. – с. 85-91

10. Информационные ресурсы и технологии в экономике/Под ред. Б.Е. Одинцова, А.Н., Романова.- М.: Вузовский учебник, 2013.

11. Одинцов Б.Е. Обратные вычисления в формировании экономических решений. Уч. пособие.- М.: Финансы и статистика, 2004.
12. Одинцов Б.Е. Целевое управление эффективностью бизнеса в нечеткой среде\\ Информатизация образования и науки.- 2014.-№ 2(22), стр. 100-110.

Зайцева Ю.А.
магистрант факультета экономики
ФГБОУ Рязанский Государственный Университет имени С.А.Есенина
Калашников С.А.
доктор экономических наук, профессор, профессор кафедры теоретической
экономики ФГБОУ Рязанский государственный университет
имени С.А. Есенина

СУЩНОСТЬ СЕЛЬСКИХ ТЕРРИТОРИЙ И НЕОБХОДИМОСТЬ ФОРМИРОВАНИЯ ПРОГРАММ ИХ СОЦИАЛЬНО-ЭКОНОМИЧЕСКОГО РАЗВИТИЯ

До недавнего времени проблемы сельских территорий были не актуальны для официальной власти в нашей стране, а для ученых, экономистов носили лишь теоретический характер. Но критическое состояние многих сельских поселений, а также сельскохозяйственных и производственных предприятий, составляющих основную доходную часть бюджета данных территорий, заставило власть кардинально пересмотреть своё отношение к сложившейся ситуации.

Еще более усугубляет положение запустение территорий и отток населения, особенно молодежи из села. Для предотвращения негативных последствий необходимо сформировать комплексную государственную политику, которая будет направлена на сохранение, восстановление и развитие сельских территорий. Первоначальной ступенью которой должно являться создание благоприятной социальной, экономической и экологической среды на длительную перспективу.

Также, еще одним толчком к началу работы в данном направлении послужило реформирование бюджетной системы и в частности бюджетных ассигнований со стороны федерального центра. Появление четвертого уровня бюджетной системы – сельских поселений - дает необходимость в разработке стратегий развития данных территорий. Ведь эффективное социально-экономическое развитие страны в целом, напрямую зависит от грамотно-реализованного потенциала и устойчивого развития каждой из ее административно-территориальной единицы.

Под устойчивым развитием сельских территорий понимается их стабильное социально-экономическое развитие, увеличение объема производства сельскохозяйственной продукции, повышение эффективности сельского хозяйства, достижение полной занятости сельского населения и повышение уровня его жизни, рациональное использование земель [2]. Из определения следуют основные составляющие, на которые должны быть направлены формируемые программы развития.

Обоснованием значимости их развития, может служить то, что сельские поселения являются одной из важнейших подсистем общества. Они имеют свои особенности, цели, задачи, функции, принципы, критерии и показатели развития. Под сельской территорией (сельской местностью) принимается территория вне границ городских поселений, включающая территорию сельских поселений и межселенную территорию [4]. Под сельской территорией понимаются сельские поселения и хозяйствующие субъекты, расположенные в географических границах органов местного самоуправления, т. е. сельских администраций [5].

В настоящее время наблюдается значительный разрыв буквально по всем социально-экономическим показателям между уровнем развития города и села. В 2013 году доля сельского населения в общей численности населения Российской Федерации составила 26%, это около 37,9 млн. человек, в том числе около 21,4 млн. человек в трудоспособном возрасте [3].

Таблица 1.

Распределение численности населения России за 2005-2013гг.

Годы	Численность населения тыс. человек	в том числе		Доля сельского населении (в %)	Численность сельского трудоспособного населения	Доля трудоспособного населения в общей доле сельского населения
		городского	сельского			
2005	143801,0	105182,1	38618,9	26,9		
2006	143236,6	104818,6	38418,0	26,8		
2007	142862,7	104731,7	38131,0	26,7		
2008	142747,5	104865,1	37882,4	26,5		
2009	142737,2	104915,5	37821,7	26,5		
2010	142856,5	105313,7	37542,8	26,3	22218,21	59,1
2011	142865,4	105421,2	37444,2	26,2		
2012	143056,4	105742,0	37314,4	26,1		
2013	143347,1	106118,3	37228,8	26,0	21423,995	57,5

Так как сельское хозяйство в большинстве районов остается по-прежнему основной, а иногда и единственной сферой деятельности местного населения, наблюдается трудовая миграция квалифицированных кадров из сельской местности, что еще больше усугубляет технологические и экономические проблемы АПК. Неразвитость альтернативной деятельности, которая могла бы занять высвобожденную рабочую силу, не оставляет шансов для молодых кадров на достойную и высокооплачиваемую работу.

Отметим, что среднемесячная номинальная начисленная заработная плата работников сельского хозяйства составила в 2013 г. 15 724 руб. (что в 1,8 раз ниже, чем в среднем по экономике) [3].

Таблица 2.

Среднемесячная номинальная начисленная заработная плата работников организаций по видам экономической деятельности в Российской Федерации за 2005-2013гг. (рублей)

	2005г.	2006г.	2007г.	2008г.	2009г.	2010г.	2011г.	2012г.	2013г.
Вся экономика	8554,9	10633,9	13593,4	17290,1	18637,5	20952,2	23369,2	26628,9	29792,0
Сельское хозяйство, охота и лесное хозяйство	3646,2	4568,7	6143,8	8474,8	9619,2	10668,1	12464,0	14129,4	15724,0

Работа в сельском хозяйстве на сегодняшний момент является непривлекательной и низкооплачиваемой. Такое положение свидетельствуют о наличии значительного числа проблем с трудовыми ресурсами в аграрной сфере экономики, что способствует негативным тенденциям развития сельского хозяйства.

Еще одной не маловажной проблемой является отсутствие развитой социальной инфраструктуры, что влечет за собой другие, не менее актуальные и негативные последствия. Главное из которых на сегодняшний момент является отрицательный естественный прирост населения и как следствие - вымирание сел. Данный факт напрямую связан со значительной отдаленностью, малочисленностью, а иногда и вовсе отсутствием дошкольных учреждений, образовательных учреждений, больниц, учреждений культуры и т.д.

За последнее десятилетие сократилось число участковых больниц и фельдшерско-акушерских пунктов. Обеспеченность сельского населения врачами и амбулаторно-поликлиническими учреждениями находится на критическом уровне и в несколько раз ниже, чем в городе.

Существует проблема доступности образовательных услуг, из-за недостаточной организации доставки детей к месту обучения, а также сокращения количества сельских общеобразовательных учреждений.

Также в разы сократилось число клубов и домов культуры, уменьшился библиотечный фонд. На сегодняшний день практически не функционирует система по обслуживания жителей периферийных сельских поселений передвижными средствами культуры.

Из-за неразвитой транспортной сферы, а в некоторых случаях даже ее отсутствия, недостаточного жилищного строительства ущемляются права и возможности жителей сельских поселений, как на получение достойного качественного жилья, квалифицированной помощи, так и на самореализацию.

Конечно, существующие сейчас государственные программы по улучшению качества жизни на селе, пытаются побудить потенциальных инвесторов к вложению капитала в данные территории и привести к стимулированию, как строительства, так и качества представления услуг в сфере медицины и образования. Данные программы реализовываются в контексте «Государственной программы развития сельского хозяйства и регулирования рынков сельскохозяйственной продукции, сырья и продовольствия на 2013 - 2020 годы», утвержденной Постановлением Правительства Российской Федерации от 14 июля 2012 г. N 717., а также Распоряжения Правительства РФ от 30.11.2010 N 2136-р «Об утверждении концепции устойчивого развития сельских территорий Российской Федерации на период до 2020 года».

Данная концепция является перспективной базой для проведения стратегических исследований на селе, основная цель которой - устойчивое развитие данных территорий в долгосрочной перспективе.

Концепция формулирует конкретные задачи, выполнение которых позволит обеспечить социально-экономическую устойчивость села. В данном документе признается, что проблемы развития связаны с моноотраслевым характером экономики сельских территорий и отсутствием развитой альтернативной сферы деятельности, которая призвана задействовать высвободившуюся рабочую силу из аграрного производства. Стоит также отметить, что недостаточное предложение рабочих мест влечет за собой формирование обширных зон депрессивных сельских регионов. Поэтому крайне важно, чтобы данный законопроект был переведен в практическое русло в кратчайшие сроки.

Однако говорить о коренных изменениях в области социально-экономического развития сельской местности еще рано.

Острота проблем на селе негативно сказывается на общем уровне развития страны. Из-за сложившейся ситуации остро встает вопрос и о продовольственной безопасности России, так как уровень развития сельских территорий напрямую связан с производительностью труда в аграрной сфере экономики. Главным условием сохранения продовольственной безопасности страны и основой конкурентоспособности сельского хозяйства является именно развитие человеческого капитала сельских территорий, которое может быть обеспечено лишь высоким уровнем жизнеобеспечения.

Для обеспечения продовольственной безопасности страны, увеличения значимости и рентабельности российского аграрного сектора на мировом рынке необходимо принятие эффективных мер по повышению качества и условий жизни на селе, повышению престижа работников сельского хозяйства, привлечению в отрасль новых квалифицированных кадров, улучшению демографической ситуации, повышению инвестиционной привлекательности в АПК и росту экономической активности населения. В рамках достижения данных целей на всех уровнях власти должна идти активная разработка и принятие концепций и программ комплексного и всестороннего развития сельских территорий.

Для достижения поставленных целей по преобразованию сельской местности должен использоваться программно-целевой подход, который зарекомендовал себя как высокоэффективный способ реализации мероприятий государственной политики в аграрной сфере экономики. В дальнейшем, для сохранения достигнутых результатов и для продвижения на новые уровни развития сельских территорий требуется пролонгация программно-целевого подхода [1]. При этом необходимо обеспечить более высокий уровень и последовательность мер государственной поддержки, расширение ее спектра, усиление государственного контроля по выполнению поставленных задач, увеличение эффективности использования средств и ресурсов, направляемых на развитие села.

Использование программно-целевого метода в долгосрочной перспективе позволит обеспечить сбалансированность комплексного подхода и расстановку приоритетов, способных обеспечить оптимальную позитивную тенденцию в социально-экономическом развитии сельских территорий.

Список литературы:

1. Распоряжение Правительства РФ от 30.11.2010 N 2136-р «об утверждении концепции устойчивого развития сельских территорий Российской Федерации на период до 2020 года» //Собрание законодательства РФ", 13.12.2010, N 50, ст. 6748
2. Развитие сельского хозяйства [электронный ресурс]: Федеральный закон Рос. Федерации № 264-ФЗ от 29.12.2006г.- Доступ из справочно-правовой системы Гарант.
3. Российский статистический ежегодник 2013г. [электронный ресурс]: официальный сайт Федеральной службы государственной статистики. Режим доступа: http://www.gks.ru/wps/wcm/connect/rosstat_main/rosstat/ru/statistics/public ations/catalog/doc – Загл. с экрана.
4. Градимова, М. Диверсификация агропроизводства// Экономика сельского хозяйства России, 2003. - № 9.
5. Голышев М. Е. Сущность устойчивого развития сельских территорий//

Вестник НГИЭИ- 2011.- № 2 (3) / том 1.

6. Звягин Л. С. Концептуальные аспекты инновационной деятельности для развития региональных сельских территорий // Молодой ученый. — 2012. — №1. Т.1. — С. 104-109

Жукова Е.Н.
студентка ФГАОУ ВПО «Северо-Кавказский федеральный университет»,
г. Ставрополь
Видеркер Н.В.
кандидат экономических наук, доцент ФГАОУ ВПО «Северо-Кавказский
федеральный университет», г. Ставрополь

АНАЛИЗ СОСТОЯНИЯ БАНКОВСКОГО СЕКТОРА РОССИИ В СОВРЕМЕННЫХ УСЛОВИЯХ

Стремительный темп развития банковского сектора за последние годы позволил значительно расширить предложение банковских услуг в России.

Однако в настоящее время ее банковская система подвергается серьезным модификациям, ведущим к нестабильному состоянию рынка банковских услуг. Многие российские банки испытывают трудности, связанные с наличием и распределением финансовых активов, перебоями с ликвидностью, снижением доверия населения.

Основной особенностью 2013 года явилось сокращение числа кредитных организаций путем отзыва у них лицензий Центральным банком. За 2013 год количество кредитных организаций сократилось на 38 банков с 897 до 859 банка, в то время как в 2012 году осуществляло деятельность 922 банка.

По состоянию на 1 декабря 2014 года в России зарегистрировано 980 банков, из которых у 190 отозвана или аннулирована лицензия на осуществление банковских операций, однако пока они не исключены из Книги государственной регистрации кредитных организаций. Таким образом, По состоянию на 01 декабря 2014 года в России действуют 790 коммерческих банка. В целом за 10 месяцев 2014 года банковская система РФ была сокращена на 60 банков [1].

Потребители при вложении своих ресурсов стали отдавать предпочтение более крупным кредитным организациям с участием государственного капитала, что довольно осложнило ситуацию в сфере банковских услуг [2]. Для анализа было выбрано три крупных универсальных банка, которые лишились лицензий в 2013 и 2014 годах, имея схожие нарушения. Данные представлены в таблице 1.

Таблица 1 – Причины отзыва лицензий банков России

Причина отзыва лицензии	ОАО «Акционерный Банк «Пушкино»	ОАО «Коммерческий банк «Мастер-Банк»	ОАО «АКБ «Инвестб анк»
Недостоверность отчетных данных	+	+	+
Нарушение требований ст. 7 ФЗ «О противодействии	+	+	-

(отмыванию) доходов, полученных преступным путем, и финансированию терроризма»			
Резерв на возможные потери	-	-	-
Несоблюдение ограничений на осуществлении отдельных банковских операций	+	-	-

Основной причиной отзыва лицензии у данных банков является установление существенной недостоверности отчетных данных. Так недостоверность данных ОАО «Акционерный Банк «Пушкино» состояла в скрытии отрицательной величины собственных средств банка. Кроме того, данным банком нарушались ограничения на осуществление некоторых банковских операций, проводя высоко рискованную кредитную политику, он не создавал резервы на возможные потери пропорционально принятым рискам. ОАО «Коммерческий банк «Мастер-Банк» и ОАО «АКБ «Инвестбанк» лишились своей лицензии так же вследствие предоставления недостоверных отчетных данных и осуществления сомнительных операций. Таким образом, ситуация на рынке банковских услуг является сложной и напряженной.

В первом полугодии 2014 года Евросоюзом и США был введен ряд санкций против крупнейших финансовых институтов России. Воздействие западных санкций первым ощутил на себе банковский сектор, который лишился фондирования на Западе. Из-за отсутствия дешевых западных денег значительно увеличилась стоимость российского финансирования, в особенности это выражается в нехарактерном росте задолженности банков по операциям РЕПО ЦБ с фиксированной процентной ставкой. Данная задолженность, ранее не пользующаяся популярностью из-за дорогой стоимости, увеличилась до 533,7 млрд. рублей, достигнув своего максимума[3].

Качество кредитных портфелей банков ухудшается, о чем говорит увеличение прироста просроченной задолженности по кредитам, депозитам и прочим размещенным банками средствам в первом полугодии 2014 года до 18,5% (по сравнению с аналогичным периодом 2013 года - 6,6%). В общем объеме кредитов банка удельный вес просроченной задолженности составляет 3,8%, что на 0,3 уменьшилось с начала года. Попавшим под санкции крупнейшим банкам России запрещается привлечение средне-и долгосрочного финансирования в западных странах.

Однако, оказав негативное влияние на отдельные аспекты банковской деятельности, они не оказали существенное влияние на крупные банки, финансовое положение которых остается устойчивым.

Основным негативным последствием данных санкций является уменьшение количества депозитов. Вследствие значительного снижения сберегательной активности населения и появлением проблем с фондированием, банки начинают повышать ставки по депозитам.

Кроме того, необходимо отметить нынешнее повышение ставок по депозитам – в некоторых банках они достигают 20%, так, например, в МДМ Банке ставка по вкладам «Лидер» уже достигает 21% годовых. Понятно, что на них повлияло повышение Центральным банком ключевой ставки сразу на 6,6 процентных пункта до 17 %, ситуация на валютном рынке – так называемый «черный вторник», ну и паника со стороны населения также оказала не последнее влияние. Наблюдался некоторый отток денежных средств, в том числе люди, таким образом пытались их «сохранить», вкладывая например в недвижимость. Соответственно повышение ставок по депозитам является одной из необходимых мер по привлечению денег населения. Проведенный после повышения ключевой ставки Центральным Банком мониторинг показал, что в середине декабря средняя по десяти привлекающим наибольший объем депозитов физических лиц максимальная процентная ставка выросла почти в полтора раза – с 10,58 до 15,31%.

В условиях инфляции и экономической неопределенности невысокие процентные ставки не устраивают вкладчиков, что приводит к снижению темпа роста депозитов, который в 2014 году составляет 8,3 %, по сравнению с 23,1 % в 2013 году. Снижение темпов роста по вкладам связано, прежде всего, с уменьшением доходов населения, «съедаемых» инфляцией, а так же искусственными ограничениями Центральным Банком ставок по депозитам.

Таким образом, доверие населения к банкам снижается вследствие массового отзыва лицензий у банков и повышения рисков из-за санкций. Логичным решением для населения является вложение средств в недвижимость, которую в дальнейшем можно сдать или продать.

Влияние санкций на обычных клиентов будет не столь значительным, однако, существует и мнение о том, что за западные санкции банки могут отыграться на своих клиентах, увеличив проценты по кредитам и снизив их по депозитам. Поэтому влияние введенных санкций на работу банков покажет время, а обычному клиенту ничего не остается кроме ожидания стабильности и гибкости банковской системы.

Литература:
1. Сколько банков в России? [Электронный ресурс]. - Режим доступа: http://www.profbanking.com
2. Козлова А. С. Современное состояние банковской системы России // Экономическая наука и практика: материалы III междунар. науч. конф. — Чита: Издательство Молодой ученый, 2014. — С. 52-54.
3. Задолженность кредитных организаций перед Банком России по операциям РЕПО [Электронный ресурс]. - Режим доступа: http://www.cbr.ru

Минаева Е.А.

аспирантка кафедры «Государственные и муниципальные финансы,
Финансовый университет при Правительстве Российской Федерации
Minaeva-ea@yandex.ru

СОВЕРШЕНСТВОВАНИЕ ТЕХНОЛОГИИ ГОСУДАРСТВЕННОГО ФИНАНСОВОГО КОНТРОЛЯ ЗА РАСХОДАМИ ФЕДЕРАЛЬНОГО БЮДЖЕТА НА РЕАЛИЗАЦИЮ ЦЕЛЕВЫХ ПРОГРАММ

Согласно Бюджетному посланию Президента Российской Федерации Федеральному собранию «О бюджетной политике в 2014 - 2016 годах» в 2014 - 2015 годах должен быть завершен переход к программно-целевым методам стратегического и бюджетного планирования. Основным инструментом достижения целей государственной политики должны стать государственные программы, требования к которым вытекают из документов стратегического планирования, а механизмы и объемы их финансового обеспечения устанавливаются в трехлетних бюджетах и Программе повышения эффективности управления общественными (государственными и муниципальными) финансами на период до 2018 года.

В силу того, что основная часть расходов федерального бюджета исполняется посредством реализации целевых программ, одной из главных задач в системе программно-целевого управления бюджетом является организация эффективного, обладающего действенной технологией, государственного финансового контроля (далее - ГФК) за расходами программного бюджета.

ГФК наряду с финансовым планированием, прогнозированием и оперативным управлением является частью финансового управления общегосударственного уровня. Особенностью ГФК за расходами федерального бюджета на реализацию целевых программ является в первую очередь то, что он является составной частью программно-целевого управления, при этом сам представляет собой сложную систему.

Главная задача ГФК в системе программно-целевого управления бюджетом состоит в получении информации о расходовании бюджетных средств на предмет законности, целесообразности, целевого характера и, главным образом, эффективности расходов.

Следует отметить, что акцент на эффективность бюджетных расходов в рамках программно-целевого управления проявляется еще на стадии формирования целевых программ, когда сначала определяются необходимые результаты государственной политики, а затем определяется, каким образом распределить на них финансовые ресурсы. Такой подход к планированию позволяет при осуществлении ГФК за расходами бюджета на реализацию целевых программ оценивать не только целевой характер использования бюджетных средств, но и результаты их расходования.

Не менее важным является соизмерение бюджетных расходов и степени реализации целей и задач государства, решаемых на основе целевых программ, что является основой для предупреждения правонарушений и негативного влияния факторов, отрицательно сказывающихся на достижении целей и задач программы, или для корректировки параметров программы. Для этого органами ГФК используются специфические методы контроля, направленные на оценку эффективности бюджетных расходов и степени достижения запланированных результатов программы.

Методы ГФК за расходами программного бюджета наряду с практическим применением знаний и информации об объекте и предмете контроля представляют собой технологию ГФК за расходами федерального бюджета на реализацию целевых программ.

Информационное обеспечение является одним из основных элементов системы ГФК за расходами федерального бюджета на реализацию целевых программ. И управление, и контроль не могут осуществляться без информации. По каналам прямой и обратной связи система ГФК получает информацию о соответствии результатов деятельности государства запланированным целям.

На современном этапе к информационному обеспечению ГФК за расходами программного бюджета следует отнести:

- нормативно-правовые акты об утверждении целевых программ, включающие в себя вопросы реализации программы;
- рабочие графики реализации целевых программ;
- отчеты об исполнении целевых программ;
- документы, связанные с размещением заказов на поставки товаров, выполнение работ, оказание услуг для осуществления мероприятий программы;
- государственные контракты, договора, заключенные в целях реализации целевых программ, и первичные документы по их исполнению;
- информацию о фактическом финансировании целевых программ в разрезе мероприятий и вида использования;
- результаты прошлых контрольных мероприятий данного объекта;
- статистическую, справочную информацию, связанную со спецификой мероприятий целевых программ;
- информацию из СМИ по проблемам реализации целевых программ.

Информационная обеспеченность субъектов контроля на постоянной основе является одним из принципов организации качественного ГФК за расходами программного бюджета и предполагает: (а) определенность порядка формирования и предоставления отчетности по использованию средств бюджета на реализацию целевых программ; (б) непрерывность формирования информационной базы о результатах реализации целевых программ, объемах и сроках финансирования их мероприятий; (в) идентичность формы отчетности, которая позволит проводить ежегодную оценку и сопоставление результатов финансирования программ, а также сравнивать эффективность бюджетных расходов, направляемых на различные целевые программы.

Однако на современном этапе информационное обеспечение ГФК за расходами федерального бюджета на реализацию целевых программ обладает рядом недостатков:

1. Официальная статистическая информация об использовании средств из бюджетных и внебюджетных источников финансирования на выполнение государственных и федеральных целевых программ, а также о достижении целевых индикаторов и показателей их реализации, представляемая на сайте Федеральной службы государственной статистики и портала государственных программ Российской Федерации, зачастую не корректна, не актуальна и не может быть использована органами ГФК для оперативного анализа, мониторинга и контроля за ними.

2. Единое информационное пространство органов государственного финансового контроля на базе информационных технологий в полном объеме не создано. В связи с этим осуществлять, например, контроль за целевым и эффективным использованием субъектами Российской Федерации субсидий федерального бюджета на выполнение мероприятий целевых программ весьма проблематично.

По состоянию на начало 2014 года государственная информационно-аналитическая система контрольно-счетных органов (ГИАС КСО), оператором которой является Счетная палата Российской Федерации, объединяла 88 % контрольно-счетных органов субъектов Российской Федерации [1].

Вместе с тем в условиях перехода на программный принцип формирования федерального бюджета и необходимости повышения эффективности государственного финансового контроля за его исполнением «усиливается потребность в … обеспечении контрольных органов возможностью оперативного доступа к достоверной, полной и актуальной информации (нормативно-справочной, результатам экспертиз, мониторинга и анализа бюджетного процесса на всех уровнях, результатам контрольно-ревизионных мероприятий и т.п.)» [2].

3. Отсутствие единого для всех органов ГФК за расходами федерального бюджета на реализацию целевых программ классификатора нарушений отражается на качестве классификации нарушений бюджетного законодательства и в связи с этим - на оценке эффективности государственного финансового контроля. Так, отсутствие единого классификатора нарушений влечет за собой сложности сравнения

выявляемых органами ГФК нарушений, определения наиболее уязвимых на современном этапе применения программного подхода к формированию бюджета направлений расходования бюджетных средств, а также понимания мер ответственности за нарушение законодательства Российской Федерации в ходе реализации и финансирования целевых программ.

В связи с этим совершенствование информационного обеспечения, необходимого для осуществления ГФК за расходами федерального бюджета на реализацию целевых программ, требует, по нашему мнению, реализации следующих мер.

1. Считаем необходимым предусмотреть в Порядке разработки, реализации и оценки эффективности государственных программ Российской Федерации, утвержденном постановлением Правительства Российской Федерации от 2 августа 2010 г. № 588, а также Порядке разработки и реализации федеральных целевых программ и межгосударственных целевых программ, в осуществлении которых участвует Российская Федерация, утвержденном постановлением Правительства Российской Федерации от 26 июня 1995 г. № 594 «О реализации Федерального закона «О поставках продукции для федеральных государственных нужд», положения, согласно которым сведения об объемах финансового обеспечения целевых программ и результатах их реализации обновлялись бы на соответствующих сайтах в сети Интернет ежеквартально.

2. Необходимо завершить работу по подключению контрольно-счетных органов Российской Федерации к системе ГИАС КСО. Кроме того, в соответствии с тем, что главной задачей ГФК за расходами федерального бюджета на реализацию целевых программ является содействие повышению эффективности управления государственными финансами, полагаем целесообразным подключить к системе ГИАС КСО Министерство финансов Российской Федерации и Министерство экономического развития. Указанные органы должны принимать решения об объемах выделяемых на реализацию целевых программ бюджетных ассигнований, их необходимости для обеспечения реализации приоритетных целей и задач развития государства с учетом информации о законности, целевом и эффективном использовании средств в предыдущие периоды. В настоящее время взаимодействие в таком ключе не ведется.

Единый централизованный банк данных правонарушений бюджетной сферы позволит решить проблему контроля расходов бюджетополучателей в режиме реального времени, оперативного обмена материалами и более тесного взаимодействия органов контроля. Кроме того, единая информационная система обеспечит открытость бюджетов, сэкономит контролирующим органам время и снизит затраты на поиск необходимой им информации, а также, что очень важно, будет предупреждать нарушения в финансово-хозяйственной деятельности.

3. При этом следует отметить, что для формирования единого информационного пространства необходимо обеспечить информационную совместимость результатов деятельности контрольных органов, что обеспечит единый классификатор нарушений для всех органов ГФК за расходами федерального бюджета на реализацию целевых программ, а также автоматизировать учет контрольных мероприятий.

Разработать указанный классификатор нарушений полагаем целесообразным Счетной палате Российской Федерации совместно с Федеральной службой финансово-бюджетного надзора.

Помимо общих бюджетных нарушений предлагаем предусмотреть в классификаторе разделы, отражающие нарушения по направлениям расходов исходя из особенностей расходов по разделами и подразделам бюджетной классификации, а также по целевым статьям расходов. Целесообразно также напротив каждого нарушения указывать меры ответственности, предполагаемые в соответствии с нормами бюджетного, административного и уголовного права.

При оформлении актов и отчетов по результатам контрольных мероприятий органы ГФК за программными расходами федерального бюджета, полагаем, должны сопоставлять выявленные нарушения законодательных норм с их наименованиями и мерами ответственности, отражаемыми в едином классификаторе нарушений.

Вместе с тем классификатор нарушений следует привязать к Бюджетному кодексу Российской Федерации, так как внесение изменений в его положения должно влечь за собой изменение классификатора. В связи с этим предлагаем при разработке единого классификатора нарушений прописать положение о периодичности сверки положений действующего законодательства и классификатора, что будет способствовать эффективности ГФК и реалистичности отчетов органов государственного финансового контроля.

Квалификация на практике органами ГФК нарушений на основании единого классификатора является одним из факторов, обеспечивающих функционирование системы органов ГФК как единой системы, нацеленной на реализацию общей задачи – повышение эффективности программных расходов федерального бюджета.

Таким образом, комплексная реализация предложенных рекомендаций по модернизации технологии ГФК за расходами федерального бюджета на реализацию целевых программ позволит поднять на новый качественный уровень управление государственными финансовыми ресурсами, а также повысить результативность ГФК.

Вместе с тем в условиях ориентации на повышение эффективности бюджетных расходов следует отметить необходимость реализации органами ГФК за расходами федерального бюджета на реализацию целевых программ принципа гласности, установленного законом о Счетной палате Российской Федерации, Модельным законом «О государственном финансовом контроле», утвержденным постановлением Межпарламентской Ассамблеи государств – участников Содружества Независимых Государств № 24–11, а также Декларацией принципов деятельности контрольно-счетных органов Российской Федерации. Он отражает связь контроля субъектов государственного управления с гражданами, обеспечивающими общественный контроль за финансированием и реализацией целевых программ, и предполагает публикацию докладов и отчетов по результатам проводимых контрольных мероприятий.

В России открытость для общественности информации о результатах контроля за программными расходами, а тем более информации о принятии мер по устранению выявленных нарушений, оставляет желать лучшего. Данная информация остается преимущественно внутреннего пользования.

В предисловии к русскому переводу «Стандартов государственных организаций», изданных Главным контрольным управлением США, особо подчеркивается: «Должностные лица и служащие, управляющие этими программами, должны предоставлять общественный отчет о своей деятельности. Этот принцип отчетности, хотя и не всегда предусмотренный законом, является неотъемлемой частью процесса государственного управления любой нации» [3,145].

Список литературы:

1. Информация официального сайта Ассоциации контрольно-счетных органов Российской Федерации. – Режим доступа: http://www.ach-fci.ru/Chambers/SP-Centr/News/art23 (дата обращения 15.01.2015)
2. Концептуальные положения по созданию Государственной информационно-аналитической системы контрольно-счетных органов Российской Федерации (ГИАС КСО) (одобрены Советом по сопровождению и контролю работ по созданию и развитию ГИАС КСО (протокол заседания № 1 от 12 июля 2007 года № 1)). – Режим доступа: http://www.ach-fci.ru/Legislation/libart3 (дата обращения 17.01.2015).
3. Столяров, Н.С. Финансовый контроль в системе стратегического управления социально-экономическим развитием России (теория и практика): Монография / Н.С. Столяров. – М.: Издательство РГСУ «Союз», 2006. – 704 с.

Сучков А.И.,
доктор экономических наук, профессор
Рыхта П.А.
аспирант
Новосибирский государственный аграрный университет
E-mail: pav.345@mail.ru

МЕХАНИЗМЫ ПОВЫШЕНИЯ ФИНАНСОВОЙ УСТОЙЧИВОСТИ СЕЛЬСКОХОЗЯЙСТВЕННЫХ ОРГАНИЗАЦИЙ НОВОСИБИРСКОЙ ОБЛАСТИ

За последние пару лет сельскохозяйственным производителям пришлось столкнуться с серьёзными изменениями: это и конкуренция с иностранными производителями; изменившиеся условия внешней среды. А с момента введения санкций против России возник вопрос о возможности удовлетворения спроса населения продуктами собственного производства.

На фоне всего этого просроченная кредиторская задолженность и удельный вес её в сельском хозяйстве резко возрос с 2012 г.

Таблица 1

Просроченная кредиторская задолженность сельскохозяйственных организаций, млрд. руб. [4]

Показатели	2008	2009	2010	2011	2012
Кредиторская задолженность, включая кредиты и займы	1148,5	1314,5	1483,5	1717,5	1763
Просроченная кредиторская задолженность	38,4	43,4	46,7	17,1	125,2
Удельный вес просроченной задолженности, %	3,3	3,3	3,1	1	7,1

В 2013 г. доля просроченной кредиторской задолженности составила 6%, в 2014 г. по оценкам экспертов показатель вырос до 9%.

Для того чтобы хозяйства приспособились к изменившимся условиям, комитет Государственной Думы по аграрным вопросам разработал ряд мер для повышения конкурентоспособности и финансовой устойчивости сельскохозяйственных производителей: 1) финансовое оздоровление и реструктуризация ссудной задолженности предприятий; 2) поддержка отечественного сельхозпроизводителя через стимулирование спроса на внутреннем и внешнем рынке, посредством реализации программ поддержки покупательского спроса населения через осуществление закупок для государственных и муниципальных нужд исключительно у отечественных производителей сельскохозяйственной продукции; 3) изменения и уточнения в некоторые законы, регулирующие условия функционирования сельского хозяйства. [2]

Мы, несомненно, согласны с применением этих рекомендаций и на территории Новосибирской области их применение обоснованно. Но нужно глубже проработать возможности их применения в нашей области. И достаточно уже беглого взгляда на карту области, чтобы понять, что самый крупный рынок сбыта, и в том числе сельскохозяйственной продукции, Новосибирская агломерация, которая составляет 73% населения области, расположена в восточной окраине региона. Соответственно есть как районы, окружающие Новосибирск, так и территории, находящиеся на значительном удалении от него. И если рассмотреть состояние сельского хозяйства в каждой группе районов, то можно выявить определённые различия, которые и будут влиять на необходимость применения озвученных выше мер.

И если говорить о ситуации с кредитованием и реструктуризацией ссудной задолженности сельского хозяйства, то в Новосибирской области и в 2013 г. наблюдался рост кредитования сельского хозяйства.

Таблица 2

Информация о выдаче банками кредитов сельскохозяйственным товаропроизводителям Новосибирской области

Показатель	I квартал 2012 г.	I квартал 2013 г.
Объем предоставленных кредитных ресурсов (займов), поступивших на ссудный счет заемщика	1655,636	2081,751

Объем предоставленных кредитных ресурсов за первый квартал 2013 г. вырос на 25% в соответствии с аналогичным периодом 2012 г. Рост заемных средств опережает рост производства и соответственно растут кредитные обязательства и переплаты по ним.[3]

Все эти данные по Новосибирской области подтверждают состояние высокой закредитованности сельского хозяйства. Однако если взглянуть в отчёт о прибылях и убытках сельскохозяйственных организациях отдаленного Татарского района, то там ситуация иная, объем заемных средств не увеличивается: в 2012 кредиторская задолженность сельскохозяйственных организаций составляла 160927 тыс. руб., а в 2013 году – 162835 тыс. руб. Рост составил 2%. В 2014 году кредиторская задолженность выросла на 8%. [5,141]

В Искитимском районе, который расположен рядом с крупными рынками сбыта (г. Новосибирск) в 2012 г. кредиторская задолженность составляла 3427382 тыс. руб., в 2013 г. – 4179246 тыс. руб. В 2013 г. этот показатель вырос на 22% и продолжал увеличиваться в 2014 г (оценочно на 20%).

И это при том, что рост сельскохозяйственного производства в области составил не более 6%. Подобная ситуация характерна и для других районов. В целом, в близлежащих к г. Новосибирску районах закредитованность растёт опережающими темпами.

В отдалённых районах хозяйства не торопятся брать кредиты. Они находятся в сложном экономическом положении, что подтверждается невысокими объёмами прибыли в сельскохозяйственных организациях. Для сравнения были взяты хозяйства Тогучинского, Коченёвского, Колыванского, Маслянинского, Татарского и Венгеровского районов.

Несмотря на отсутствие закредитованности, средняя прибыль, получаемая организациями в отдалённых районах в 2013 году составила 4057 тыс. руб. (прослеживается тенденция к уменьшению получаемой средней прибыли 2011г – 6439 тыс. руб., 2012г. – 4463 тыс. руб.), а в близлежащих к Новосибирску – 5581 тыс. руб.

Конечно, большая удалённость от рынков сбыта и неразвитость инфраструктуры в отдалённых территориях – это факторы, с которыми стоит считаться. А вот на продвижение товаров на рынок и увеличение объёма производства следует направить силы.[1,21]

Основная причина данной ситуации с прибыльностью – это низкая рентабельность производства продукции. Себестоимость производства зерна в отдалённых территориях выше.

А вот на производство молока расходуются одинаковые финансовые затраты как в отдалённых, так и в близлежащих районах. В Таблице 3 представлены данные по некоторым хозяйствам.

Таблица 3

Себестоимость 1 ц. молока в сельскохозяйственных организациях Новосибирской области в 2013 г. (руб.)

Близлежащие территории	Отдалённые территории
1368	1375
1350	934
1225	1017
1120	1013
1610	1128
1280	952
1254	1173
1209	1064
840	1368
1056	1000
1282	1008
1014	1311

1370	1266
1347	1459
1386	1176
1153	1623
1022	946
1546	1303
1339	1093
В среднем: 1251	**В среднем: 1168**

Этот потенциал и следует использовать для развития сельского хозяйства территорий.

Так что такие меры государственной поддержки, как стимулирование спроса будут эффективны применительно для отдалённых территорий. И государство планирует государственные закупки продуктов, есть и разговоры о возрождении продуктовых карточек. Методы стимулирования спроса, которые в разной степени применяются в ЕС возможно применять и у нас: государственная поддержка цен с помощью соответствующих программ закупок или ссуд, а так же перепродажа потребителям по конкурентным рыночным ценам продуктов, закупленных по искусственным твердым ценам, с покрытием разницы за счет государства. И эти механизмы следует применять для отдалённых территорий, он поможет им нарастить объём производства и найти рынки сбыта.

Возможности для наращивания производства у них есть. Эти меры помогут использовать определённый потенциал этих территорий в области животноводства.

А вот реструктуризацию задолженности необходимо провести для близлежащих к Новосибирску территорий, где рост кредитной нагрузки превышает рост производства.

Санкции Запада против России и изменение внешнеполитической ситуации доказывают, что наш анализ развития сельскохозяйственных территорий становится актуальным в сложившихся условиях.

Ведь под безопасностью страны должно пониматься как обеспечение оборонной, так и продовольственной самостоятельности.

БИБЛИОГРАФИЧЕСКИЙ СПИСОК

1. Агропромышленный комплекс Сибирского федерального округа. 2006-2010: стат. сб. / Территор. орган Федерал. службы гос. статистики по Алт. краю. – Барнаул, 2011. – 140 с.
2. Государственная программа развития сельского хозяйства и регулирования рынков сельскохозяйственной продукции, сырья и продовольствия на 2013-2020 годы. // Офиц. сайт Министерства

сельского хозяйства российской федерации [Электрон. ресурс]. – Режим доступа: http://www.mcx.ru/documents/file_document/show/19570.77.htm

3. Информация о выдаче банками кредитов сельскохозяйственным товаропроизводителям Новосибирской области // Офиц. сайт территор. органа Федерал. службы госу. статистики по Новосиб. обл. [Электрон. ресурс]. – Режим доступа: http://mcx.nso.ru/meropr/kred/Pages/default.aspx
4. Министерство Сельского Хозяйства Российской Федерации. Национальный доклад «О ходе и результатах реализации в 2012 году государственной программы развития сельского хозяйства и регулировании рынков сельскохозяйственной продукции, сырья и продовольствия на 2008-2012 годы» [Электрон. ресурс]. – Режим доступа: http://www.mcx.ru/documents/file_document/show/23818..htm
5. Сучков А. И., Рыхта П. А. Состояние закредитованности сельскохозяйственных организаций Новосибирской области и Венгеровского района // Вестник НГАУ (Новосибирский государственный аграрный университет).- 2014.-№ 1 (30) .- с 140-143

Механизмы повышения финансовой устойчивости сельскохозяйственных организаций Новосибирской области

Тезисы

За последние пару лет сельскохозяйственным производителям пришлось столкнуться с серьёзными изменениями: это и конкуренция с иностранными производителями; изменившиеся условия внешней среды; а в последнее время и с необходимостью обеспечения населения своими продуктами и ростом производства.

Для того чтобы хозяйства приспособились к изменившимся условиям, комитет Государственной Думы по аграрным вопросам разработал ряд мер для повышения конкурентоспособности и финансовой устойчивости сельскохозяйственных производителей: 1) финансовое оздоровление и реструктуризация ссудной задолженности предприятий; 2) поддержка отечественного сельхозпроизводителя через стимулирование спроса на внутреннем и внешнем рынке, посредством реализации программ поддержки покупательского спроса населения через осуществление закупок для государственных и муниципальных нужд исключительно у отечественных производителей сельскохозяйственной продукции; 3) изменения и уточнения в некоторые законы, регулирующие условия функционирования сельского хозяйства. Мы, несомненно, согласны с применением этих рекомендаций и на территории Новосибирской области их применение обоснованно. Но нужно глубже проработать возможности их применения в нашей области. И достаточно уже беглого взгляда на карту области, чтобы понять, что самый крупный рынок сбыта - Новосибирская агломерация, которая составляет 73% населения области, расположена в восточной окраине региона. Соответственно есть как районы, окружающие Новосибирск, так и территории, находящиеся на значительном удалении от него. В состоянии сельского хозяйства есть определённые различия, которые и будут влиять на необходимость применения озвученных выше мер.

В Новосибирской области и в 2013 г. наблюдался рост кредитования сельского хозяйства.

Однако в Татарском районе объем заемных средств не увеличивается: в 2012 кредиторская задолженность сельскохозяйственных организаций составляла 160927 тыс. руб., а в 2013 году – 162835 тыс. руб. Рост составил 2%. В 2014 году кредиторская задолженность выросла на 8%.

В Искитимском районе в 2012 г. кредиторская задолженность составляла 3427382 тыс. руб., в 2013 г. – 4179246 тыс. руб. В 2013 г. этот показатель вырос на 22% и продолжал увеличиваться в 2014 г (оценочно на 20%).

Несмотря на отсутствие закредитованности, прибыль, получаемая организациями в отдалённых районах меньше. Низкая прибыль обусловлена большей отдалённостью от рынков сбыта, неразвитой инфраструктурой районов. Влияет на низкую прибыль и высокая себестоимость продукции растениеводства. При этом себестоимость производства молока меньше в отдалённых территориях.

Повысить рентабельность производства и укрепить финансовую устойчивость сможет увеличение объёмов производства. Так что такие меры государственной поддержки, как стимулирование спроса будут эффективны применительно для отдалённых территорий. А вот реструктуризацию задолженности необходимо провести для близлежащих к Новосибирску территорий, где рост кредитной нагрузки превышает рост производства.

ВЫВОДЫ

1. Рассмотрено в сравнении состояние сельскохозяйственных организаций близлежащих к г. Новосибирску и отдалённых территорий области.
2. Обосновано применение двух стратегий поддержки сельскохозяйственных организаций в условиях импортозамещения: для близлежащих территорий это реструктуризация задолженности и сокращение закредитованности, а для отдалённых территорий – наращивание объёмов производства через стимулирование спроса и расширение рынков сбыта.

Долженко Е.Н.[1], **Монич А.И.**[2], **Кудряков А.Г.**[3], **Сазыкин В.Г.**[4]
[1, 2, 3] – канд. техн. наук, доцент, [4] – д-р техн. наук, профессор
[1, 2] – Норильский индустриальный институт, Россия
[3, 4] – Кубанский государственный аграрный университет, Россия

МОДЕЛЬ ОЦЕНКИ ЭКОЛОГИЧЕСКОЙ БЕЗОПАСНОСТИ ПРОИЗВОДСТВЕННОГО ПРЕДПРИЯТИЯ

Одной из важных задач развития экологического менеджмента является комплексная оценка экологической безопасности производственного предприятия, относящаяся к классу неформализованных задач. Для ее решения предлагается иерархическая модель оценки [1–3].

Система критериев экологической безопасности производственного предприятия должна охватывать все уровни его взаимодействия с окружающей средой – от локального до глобального. В аспекте регионального анализа промышленного производства показатели экологической безопасности на глобальном (мировом) территориальном уровне могут не рассматриваться. Рассмотрение же низшего локального (территориального) уровня необходимо, так как часть его показателей должна служить исходными данными для анализа экологической безопасности производства на уровне региона. Система критериев экологической безопасности производства локального уровня также ориентирована на оценку экологической опасности отдельных объектов [4].

Для того, чтобы система критериев могла найти практическое применение, она должна основываться на существующей нормативно-правовой и информационной базе. В ином случае из-за недостатка, отсутствия или не репрезентативности исходной информации практические расчеты предложенных показателей будут чрезвычайно затруднены или невозможны.

Комплекс характеристик и показателей экологической безопасности предприятия должен обеспечивать возможность: оценки уровня безопасности производства в условиях нормальной эксплуатации (при этом должны быть охвачены все три основных аспекта – экологический, социальный и эколого-экономический); прогноза уровня безопасности в случае модернизации предприятия или изменения его структуры; оценки ресурсопотребления предприятия; оценки вероятности аварий и опасности аварийных условий, которые относятся к технологическому уровню обеспечения безопасности.

Исходя из приведенных выше требований, предлагается дерево критериев экологической безопасности предприятия, представленное на рисунке.

Показатели экологической безопасности предприятия позволяет оценить степень его негативного воздействия на внешнюю среду. Они описывают негативное влияние предприятия на работников предприятия и на природную среду, негативное воздействие, возникающее в результате чрезвычайных ситуаций, носящих случайный характер, а также показывают степень экологичности выпускаемой предприятием продукции. При рассмотрении и оценке ряда показателей возможно выявить и другие проблемы экологической деятельности предприятия.

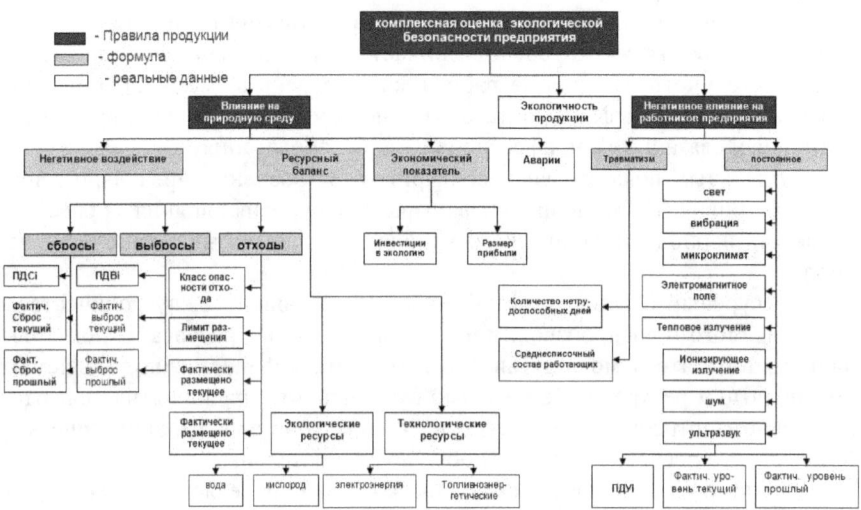

Рисунок – Дерево показателей оценки экологической безопасности предприятия: ПДС – предельно допустимый сброс; ПДВ – предельно допустимый выброс; ПДУ – предельно допустимый уровень

Влияние на окружающую среду описывает степень опасности данного воздействия и представлено группой показателей: негативное воздействие, ресурсный баланс и экономические показатели.

Негативное воздействие определяется по выбросам в атмосферу, сбросов сточных промышленных вод и отходов производства. Все три показателя рассчитываются аналогично и состоят из аналогичных компонентов: предельно-допустимая норма воздействия, класс опасности рассматриваемого вещества либо отхода, уровень фактического воздействия за текущий период и уровень фактического воздействия за аналогичный прошедший период. Данные о фактическом воздействии учитываются экологическими службами ежедневно, поэтому определить значения данных показателей не вызывает затруднений.

Экологичность продукции – это свойства продукции, определяющие вредные воздействия на окружающую среду при производстве, монтаже, эксплуатации, а также при ее хранении и утилизации. Оценка экологичности продукции достаточно сложна и плохо формализуема. Экологичность продукции предприятия предлагается определять путем прямого экспертного оценивания по пятибалльной шкале (1 – чрезвычайно опасная, 2 – высоко опасная, 3 – умеренно опасная, 4 – малоопасная, 5 – не опасная).

Показатель «Аварии» характеризуется количеством аварий за рассматриваемый период.

Негативное влияние на работников предприятия представлено показателями травматизма, который возникает случайным образом и показателями постоянного влияния на работников: уровень шума, вибрации, ультразвука и другими факторами, оказывающими влияние на здоровье работников и связанные с профессиональными заболеваниями.

Для i-тых показателей рассматриваются значения предельно допустимого уровня (ПДУi) влияния, фактического уровня влияния за рассматриваемый период и фактического уровня за аналогичный прошедший период.

Ресурсный баланс представлен в виде разницы между количеством потребляемого и воспроизводимого отдельно взятого ресурса. С помощью данного показателя можно увидеть и оценить количество потребляемых предприятием ресурсов. Необходимо отметить, что предприятия являются в основном потребителями ресурсов, поэтому при анализе экологической безопасности ресурсные балансы обычно отрицательны.

С помощью экономических показателей определяется уровень расходов предприятия на природоохранную деятельность в виде коэффициента инвестиций и экологических платежей. Основным видом стоимостного критерия могут служить соответствующие экологические платежи предприятия. По сути, они являются производными удельных показателей ущерба. Однако при определении платежей: во-первых, учитывается превышение предприятием допустимых норм воздействия (лимитные и сверхлимитные платежи, или штрафы); во-вторых, платежи за лимитное и сверхлимитное использование природных ресурсов позволяют в определенной мере осуществить стоимостную оценку ресурсной составляющей экологической безопасности; в-третьих, экологические платежи нормируются единой системой законодательных и подзаконных актов и обязательны для каждого предприятия, т.е. для их получения достаточно взять соответствующую финансовую отчетность предприятия.

ЛИТЕРАТУРА

1. Долженко Е.Н. Комплексная оценка экологической безопасности промышленного предприятия. Вопросы совершенствования управления предприятиями и отраслями экономики в современных условиях: Сб. научных трудов. – Барнаул: АлтГТУ, 2007. – С. 27–36.

2. Долженко Е.Н., Кудряков А.Г., Сазыкин В.Г. Совершенствование структурных составляющих менеджмента современных предприятий. Материали за 10-а международна научна практична конференция, «Achievement of High School (17–25 November 2014)». Том 3. Икономики. София. «Бял ГРАД-БГ» ООД, 2014. – С. 69–72.

3. Долженко Е.Н., Кудряков А.Г., Сазыкин В.Г. Предприятие как элемент экологическо-экономической системы. Наука, образование, общество: тенденции и перспективы: Сборник научных трудов по материалам Международной научно-практической конференции 28 ноября 2014 г.: в 5 частях. Часть I. – М.: «АР-Консалт», 2014 г. – С. 146–147.

4. Монич А.И., Кудряков А.Г., Сазыкин В.Г. Концепции внутрифирменного управления современными предприятиями. Материали за 10-а международна научна практична конференция, «Achievement of High School (17–25 November 2014)». Том 3. Икономики. София. «Бял ГРАД-БГ» ООД, 2014. – С. 73–78.

Захарова Н.В. - доктор экономических наук, профессор кафедры «Мировая экономика» РЭУ им.Г.В.Плеханова (г.Москва) и кафедры «Мировая экономика и международный бизнес» Финансового университета при Правительстве РФ (г.Москва)
Быстрицкая Е.А. - аспирантка кафедры «Мировая экономика» РЭУ им.Г.В.Плеханова (г.Москва)

ЗНАЧИМОСТЬ СОЗДАНИЯ РОССИЙСКОЙ ТРУБОПРОВОДНОЙ СЕТИ ДЛЯ ТРАНСПОРТИРОВКИ КАСПИЙСКОЙ НЕФТИ

Данная статья является обзорной, в ней рассматривается актуальная ситуация территориальных споров в регионе Каспийского моря, а также анализируются негативные факторы и возможности создания российской трубопроводной системы на базе сотрудничества с бывшими советскими республиками – странами, имеющими выход к Каспийскому морю.

Ключевые слова: *санкции, месторождения, прикаспийские государства, трубопровод (трубопроводная система), направление.*

В условиях антироссийских санкций со стороны Европы и США для России в области трубопроводного строительства является крайне важным изменить приоритеты направлений поставки нефти и газа: с европейского (западного) на восточный. Многочисленные запасы нефти, принадлежащей России, располагаются в сложном с геополитической точки зрения регионе Каспийского моря. Главной проблемой является отсутствие официального разделения морской акватории между суверенными государствами, имеющими права собственников каспийской нефти.

Прогнозные ресурсы нефти под дном Каспийского моря составляют 15– 17 млрд. тонн условного топлива [1, 15].

После распада Советского Союза ситуация перестала быть стабильной. Так, Казахстан, Туркменистан, Азербайджан после обретения статуса суверенных государств захотели самостоятельно выстраивать свои отношения с другими странами, не собираясь участвовать в российских инициативах.

Ведущие позиции в образованных консорциумах заняли американские корпорации, выступавшие партнерами Государственной нефтяной компании Азербайджана. Несколько позднее по пути объявления международных тендеров на участки дна у своих берегов в целях разведки и разработки углеводородных ресурсов пошли Казахстан и Туркменистан.

Сразу возник острый вопрос: «нарушался ли при этом правовой статус Каспия, установленный советско-иранскими договорами?» Иранская сторона отвечает на этот вопрос утвердительно. По ее трактовке, не имея возможности самостоятельно осваивать морские месторождения, любое прикаспийское государство обязано сначала пригласить на равнодолевой основе (по 20 процентов) к участию в этом процессе остальные прибрежные государства и только после их отказа принимать в долю компании третьих стран. При отсутствии такого преференциального режима для прикаспийских государств любое из них имеет право начать разведку и разработку углеводородных ресурсов в любой точке Каспия.

По мнению российской стороны, которая поначалу была склонна поддержать иранский подход, но вскоре после появления американских компаний на этой территории осознала его бесперспективность, должен быть найден компромисс: в 45-мильной прибрежной зоне каждое государство обладало бы исключительными или суверенными правами на минеральные ресурсы морского дна, то есть ресурсной юрисдикцией. Там, где морская добыча уже велась каким-либо прибрежным государством за пределами 45-мильной зоны или должна была вскоре начаться, такое государство обладало бы "точечной" ресурсной юрисдикцией на соответствующие месторождения. В то же время центральная часть моря оставалась бы в общем владении, а ее углеводородные ресурсы разрабатывались бы совместной акционерной компанией пяти прикаспийских государств [1,2-3].

Однако, несмотря на то что "точечная" юрисдикция в полной мере отвечала интересам Азербайджана, готовившегося начать разработку месторождения Чираг за пределами 45 миль, попытка России, Туркменистана и Ирана создать трехстороннюю акционерную компанию для разведки и разработки углеводородных ресурсов морского дна окончилась безрезультатно, поскольку Туркменистан, вблизи побережья которого такая компания должна была начать работу, решил вместо этого выставить соответствующие участки дна на международный тендер.

И тогда же была впервые озвучена идея строительства транскаспийского трубопровода (ТКГ), что было расценено Россией как слабая попытка изменить установленный в СССР расклад сил в регионе.

Строительство не началось в связи с отказом Туркмении, даже несмотря на выделенные США денежные средства в размере 1,3 млн. долл. для разработки ТЭО проекта.

Причиной отказа Туркмении от участия в этом проекте стали неформальные соглашения, достигнутые по итогам встречи в Подмосковье президентов Б.Н. Ельцина и Н.А Назарбаева в январе 1998 года, по результатам которой было опубликовано совместное заявление, в котором высказывалось мнение, что в отношении правового статуса территорий Каспийского моря и прикаспийской зоны "достижение консенсуса предстоит найти на условиях справедливого раздела дна Каспия при сохранении в общем пользовании водной поверхности, включая обеспечение свободы судоходства, согласованных норм рыболовства и защиты окружающей среды".

После этого в течение полугода российская правительственная делегация во главе с первым заместителем министра иностранных дел Б.Н. Пастуховым провела несколько раундов переговоров с казахстанской стороной и консультации с другими прикаспийскими государствами. Однако никаких письменных соглашений заключено не было – вместо этого началась активная работа в прикаскийских секторах с участием зарубежных компаний, которые намеревались «закрепиться» в этом регионе.

Более того, сам Туркменистан, пожелавший ослабить свою зависимость от российского рынка по прошествии нескольких лет (и это при наличии договоренностей между ним и Россией, заключенных в начале 2000-х гг.), проявил заинтересованность в новом проекте – запуске трансаспийского трубопровода, который по замыслу США, Турции и ЕС должен поставлять туркменский газ в трансанталийский газопровод, по которому газ доставляется в Европу (через Азербайджан и Турцию) [2,4].

Естественно, что данная идея лоббировалась проамериканской коалицией, заинтересованной в захвате региона и вытеснении из него России.

Однако доподлинно известно, что не только Туркменистан нарушал установленные договоренности с Россией, но и последняя, по политическим соображениям, реализованным в экономических целях, пыталась монополизировать своё влияние на Туркменистан: так, по мере увеличения объемов добычи газа в Туркменистане и, соответственно, роста объемов экспорта туркменского «голубого топлива» в Россию/российском направлении, «Газпром» и в целом РФ стали проявлять повышенную заинтересованность в модернизации и увеличении пропускной способности туркменской газотранспортной инфраструктуры, а также строительстве новых трубопроводов для перекачки газа.

Причем, строительные проекты тесно увязывались Москвой с задачей не допустить появления альтернативных путей транспортировки углеводородов из Центральной Азии [1,18].

Следствием этого явились российско-туркменские «газовые споры» в конце 90-х гг., которые обусловили резкое снижение экспортного потока «голубого топлива» из Туркменистана и, как следствие, привели к кардинальному снижению добычи газа в республике, а многие скважины были законсервированы. По сравнению с советским периодом, ежегодная добыча газа сократилась почти в 7,5 раз [1,8]. А это, очевидно, не могло устраивать руководство республики, поэтому впоследствии, несмотря на некоторый подъем во взаимоотношениях двух стран, приоритетной задачей во внешнеэкономической и внешнеторговой политике Туркмении стало избавление от российского монополизма.

Поэтому ещё через несколько лет (к середине 2000-х гг.) возникла идея строительства проекта Nabucco со вполне определенной целью «отрезать» Россию от потребителей в Европе. Предполагаемая стоимость проекта — 7,9 млрд. евро [4,6].

Задачей данного проекта было укрепить позиции «южного коридора» как альтернативного источника поставки природного газа в Европу для снижения имеющейся зависимости от российского газа. Но по ряду политических причин (конфликт, связанный с иранской ядерной программой, развязывание войны в Южной Осетии и т.д.) к реализации проекта так и не приступили, и сроки запуска сместились: вместо намеченного 2011 года, начало строительства было отложено до 2018 года.

Тем не менее, эксперты и аналитики, рассматривающие данный проект, подтверждают его экономическую эффективность.

Понятно, что подобное развитие событий невыгодно для России, которая, как мы понимаем, ощущает нацеленность задействованных в проекте стран-участниц не столько на экономическую выгоду, сколько на политическую победу, заключающуюся в оттеснении РФ с основных позиций в этом регионе, что чревато политической нестабильностью в регионе, ухудшением российских отношений с третьими странами, а также потерей источников сырья для ныне действующих трубопроводов. Особенно остро это сказывается в настоящих кризисных для России условиях, связанных с санкциями Запада против неё.

Для того чтобы как-то противостоять такому раскладу сил в регионе, Россия планирует строительство трубопровода, проходящего по дну Каспийского моря, оспаривая при этом соглашение о строительстве ТКГ, аргументируя это тем, что каждый из участников региона должен согласовать соглашение о строительстве, поскольку официального разделения дна Каспийского моря на сектора так и не произошло.

Вторит России и Иран, заявляющий, что экспорт туркменского газа со дна Каспия невозможен, предлагая себя в качестве «транзитера» на маршруте в Турцию. Тем не менее, Туркменистан договорился с Азербайджаном о прокладке труб по дну Каспийского моря, пользуясь отсутствием официального статуса у этой территории, считая, что Россия в своем нынешнем положении и так поддерживает энергетическую монополию в регионе, что не дает принять верное решение в имеющемся территориальном споре [3,7].

Итак, становится понятно, что на Россию надвигается реальная угроза быть вытесненной из региона Каспийского моря, а также оттесненной от «межгосударственной стройки» трубопроводов, что влечет за собой негативные последствия изоляции.

Однако существуют мнения, согласно которым все манипуляции, совершаемые США и ЕС в регионе, есть ничто иное, как попытка отвлечь Россию от других международных вопросов и проблем: военные действия в Сирии, ситуация в Афганистане после вывода американского и европейского контингента, напряженность в Иране, конфликт на Корейском полуострове и т.д.

Тем не менее, авторы данной статьи, как и многие политологи, экономисты, специалисты, изучающие вопросы современной геополитики, не разделяют убежденности об отсутствии всяких причин для беспокойства российской стороне. Несмотря на факты, приведенные в этой статье, есть определенная политическая сила, стремящаяся установить свое господство в регионе, для которой ни политическая напряженность в Европе, ни значительные финансовые затраты не смогут стать препятствием для достижения цели.

Из этого следует то, что России нужно серьезно думать об альтернативных путях, позволяющих удержать свои позиции в регионе, а также о налаживании новых связей, ей следует стремиться расширить своё влияние в восточном направлении, чтобы относительно безболезненно прошла переориентация с Запада на Восток. Трудности, возникшие во взаимоотношениях между бывшими советскими республиками и Россией, связаны с сохранением психологии первенства у самой России, что воспринимается руководством прикаспийских государств с раздражением.

И если раньше у России было западное направление в качестве основного, а возможность работы на восточном рассматривалась как дополнительная опция, то сейчас ситуация кардинально изменилась: это направление рассматривается как приоритетное, что усложняется тем, как Запад (в особенности США) предпринимает попытки по сохранению и усилению холодности и враждебности между Россией и независимыми государствами каспийского региона, пытаясь тем самым нарушить планы России по строительству отечественных трубопроводных систем для нефтегазовой отрасли.

Поэтому единственным способом для противостояния этому может считаться политический диалог, экономические привилегии и прочие «бонусы» для бывших советских республик, чтобы создать российскую коалицию, избежав антироссийского сплочения, основанного на американской материальной помощи и европейских технологиях.

Литература:

1) Russian National Interests and the Caspian Sea report by Mr. Timothy L. Thomas, Foreign Military Studies Office, Fort Leavenworth, KS., 2000.

2) Интернет-ресурс. Режим доступа: URL: http://mir-politika.ru/3522-transkaspiyskiy-gazoprovod.html (дата обращения: 19.01.15).

3) Интернет-ресурс. Режим доступаURLhttp://www.naturalgaseurope.com/azerbaijan-wont-invest-trans-caspian-pipeline (дата обращения: 19.01.15) Интернет-ресурс. Режим доступа: URL: http://www.todayszaman.com/news-291766-trans-caspian-pipeline-vital-to-meeting--turkeys-gas-demands.html

Панкратьева Е.А.

к.э.н., доцент кафедры «Экономика и управление инвестициями и недвижимостью» ФГБОУ ВПО «Байкальский государственный университет экономики и права»

Кельберг Е.И.

аспирант, ассистент кафедры «Экономика и управление инвестициями и недвижимостью» ФГБОУ ВПО «Байкальский государственный университет экономики и права»

ИДЕНТИФИКАЦИЯ ОБЪЕКТА ОЦЕНКИ

Занимаясь стоимостной оценкой различных видов активов невозможно не обратить внимания на проблему идентификации объекта оценки. В соответствии с Федеральным законом «Об оценочной деятельности в Российской Федерации» №135-ФЗ, статьей 5 [1] (Объекты оценки), к объектам оценки относятся:

отдельные материальные объекты (вещи);

совокупность вещей, составляющих имущество лица, в том числе имущество определенного вида (движимое или недвижимое, в том числе предприятия);

право собственности и иные вещные права на имущество или отдельные вещи из состава имущества;

права требования, обязательства (долги);

работы, услуги, информация;

иные объекты гражданских прав, в отношении которых законодательством Российской Федерации установлена возможность их участия в гражданском обороте.

Стоит разобраться, соответствует ли перечисленным объектам оценки такой объект как бизнес или же целесообразно оценивать предприятия, а может, организацию или фирму?

Вопрос в сущности навеян изучением многочисленной литературы, в которой нет единого понятия объекта оценки.

Так, например, В.М. Рутгайзер в своей книге «Справедливая стоимость бизнеса: *условия измерений и применения*» [1, 15] характеризует место справедливой стоимости в системе стандартов оценки стоимости бизнеса, т.е. предполагается, что оценивается именно бизнес.

Е.В. Шпилявская и О.В. Медведева в 2010 году издали книгу под названием «Оценка стоимости предприятия (бизнеса)» [1]. Но ведь понятие предприятия не тождественно понятию бизнес.

Объекту нашего анализа так же подвергся учебник «Оценка бизнеса» под редакцией Т.Г.Касьяненко, Г.А. Маховиковой [4, 6], который рекомендован в качестве учебника для студентов, обучающимся по экономическим специальностям. В предисловии к этому изданию указано, что «В учебнике рассмотрена одна из актуальных проблем рыночной экономики – оценка бизнеса, который тщательно изучен как объект собственности и как объект оценки……». Но сам по себе бизнес не есть объект собственности. Во всех главах данного учебного пособия тесно переплетены понятия фирмы, предприятия, организации, бизнеса, хозяйствующего субъекта, что вводит студентов высших учебных заведений, а также практикующих оценщиков в заблуждение.

Это не исчерпывающий перечень авторов, которые не могут четко идентифицировать объект оценки.

Во время написания настоящей статьи появился проект приказа Министерства экономического развития Российской Федерации «Об утверждении федерального стандарта оценки «Оценка акций, паев, долей участия в уставном (складочном) капитале (оценка бизнеса) (ФСО№ 8)». [2] В данном проекте Федерального стандарта оценки «под бизнесом понимается предпринимательская деятельность организации, направленная на извлечение экономических выгод». Там же «под стоимостью бизнеса понимается денежное выражение от предпринимательской деятельности организации».

Для того, чтобы определиться, что же все-таки является объектом оценки сначала нужно определить ключевые понятия: бизнес, предприятие, фирма, организация.

В словаре иностранных слов [2] понятие «бизнес» определено как предпринимательская экономическая деятельность, приносящая доход, прибыль.

«Бизнес» в словаре Т.Ф. Ефремова «Новый словарь русского языка» определяется как предпринимательская деятельность, приносящая доход.

Предприя́тие — самостоятельный, организационно-обособленный хозяйствующий субъект с правами юридического лица, который производит и сбывает товары, выполняет работы, оказывает услуги. [3]

Фи́рма — это единица предпринимательской деятельности, оформленная юридически и реализующая собственные интересы посредством производства и продажи товаров и услуг с использованием различных факторов производства. [4]

Организация (Учреждение) — общественное объединение или государственное учреждение, созданное с определёнными целями и правилами работы. [4] Только после государственной регистрации организация может быть признана юридическим лицом и участвовать в законном хозяйственном обороте.

Исходя из определений, фирма и предприятие могут оказаться единичными терминами в случае, если предприятие – самостоятельное юридическое лицо, которое реализует свои интересы, в противном случае предприятие может оказаться только частью фирмы.

Между бизнесом и предприятием при всем сходстве существуют все же отличительные черты.

Если мы говорим об оценке бизнеса, то подразумеваем оценку стоимости какого – либо дела, законно оформленной деятельности, которая направлена на извлечение экономической выгоды (исходя из определения). Именно извлечение экономической выгоды играет первоочередное значение. Но сам по себе бизнес не является объектом сделки, его нельзя купить или продать, т.к. на него нет зарегистрированного права. Мы можем совершать сделки с акциями, активами и даже долгами, так как они имеют владельца.

Оценка предприятия по большей части основана на оценке активов как функциональных, так и нефункциональных. В рамках оценки стоимости предприятия мы так же можем оценить акции, долги, отдельные активы, но только при оценке предприятия целесообразно оценивать стоимость активов, которые или не увеличат, а может даже и уменьшат размер итоговой стоимости.

С точки зрения определений, понятие организации шире, чем понятие предприятия, в том числе и потому, что организация может осуществлять некоммерческую деятельность. С точки зрения права эти понятия синонимичны. Однако, при оценке стоимости нет смысла говорить об оценке организации исходя из того, что цель оценки, указанная в приказе Министерства экономического развития Российской Федерации «Цель оценки и виды стоимости (ФСО№ 2)» [5] не сопоставима с деятельностью некоммерческой организации. У некоммерческой организации не может быть рыночной, инвестиционной или же ликвидационной стоимости.

Если ориентироваться на проект ФСО № 8 и принять, что «под стоимостью бизнеса понимается денежное выражение от предпринимательской деятельности организации», то мы можем определять объект оценки как в качестве бизнеса, так в качестве предприятия.

Проблема заключена в том, что действующее законодательство никак не трактует понятие «бизнес». Он является вспомогательным в Гражданском кодексе и связан с ведение предпринимательской деятельности: самостоятельной, осуществляемой на свой риск деятельности, направленной на систематическое получение прибыли от пользования имуществом, продажи товаров, выполнения работ или оказания услуг лицами, зарегистрированными в этом качестве в установленном порядке (ст.2 ГК РФ). [5]

Любая оценка бизнеса так или иначе связана с ведением именно предпринимательской деятельности, например, оценка для повышения эффективности текущего управления предприятием, фирмой, купли-продажи акций, облигаций предприятий на фондовом рынке, принятия обоснованного инвестиционного решения, купли-продажи предприятия его владельцем целиком или по частям и других.

Исходя из вышесказанного, считаем необходимым определять стоимость именно бизнеса как наиболее соответствующего сложившимся понятиям. Однако, для этого необходимо в ближайшее время закрепить термин «бизнес» в действующем законодательстве как предпринимательская деятельность организации, направленная на извлечение экономических выгод.

Литература

1. Федеральный закон от 29.07.1998 N 135-ФЗ (ред. от 21.07.2014) "Об оценочной деятельности в Российской Федерации" // Консультант Плюс [Электрон. ресурс] / АО «Консультант Плюс». – М., 2015.

2. Вводный курс по экономической теории [Электронный ресурс] // Фирмы (предприятия): какими они бывают . – Онлайн версия, 2015 . – Режим доступа : http://bibliotekar.ru/biznes-38/19.htm, свободный. – Загл. с экрана. (20.01.2015).

3. Википедия. Свободная энциклопедия [Электронный ресурс] // Организация (значения) . – Онлайн версия, 2015 . – Режим доступа : https://ru.wikipedia.org/wiki/%D0%9E%D1%80%D0%B3%D0%B0%D0%BD %D0%B8%D0%B7%D0%B0%D1%86%D0%B8%D1%8F_(%D0%B7%D0% BD%D0%B0%D1%87%D0%B5%D0%BD%D0%B8%D1%8F), свободный. – Загл. с экрана. (19.01.2015).

4. Гражданский кодекс Российской Федерации. Часть 1 в ред. Федеральных законов от 05.05.2014 N 129-ФЗ // Консультант Плюс [Электрон. ресурс] / АО «Консультант Плюс». – М., 2015.

5. Касьяненко Т.Г. Оценка бизнеса / Т.Г. Касьяненко, Г.А. Маховикова ; под ред. Т.Г. Касьяненко – Ростов н/Д : Феникс, 2009. – 621 с.

6. Предприятие в условия рыночной экономики // Экономика предприятия / Под ред. проф. В.Я. Горфинкеля, проф. В.А. Швандара. — 4-е издание. — М.: ЮНИТИ-ДАНА, 2007. — С. 24-162. — 608 с. — ISBN 5-238-00517-2

7. Приказ Министерства экономического развития Российской Федерации «Об утверждении федерального стандарта оценки «Цель оценки и виды стоимости (ФСО№ 2)» // Консультант Плюс [Электрон. ресурс] / АО «Консультант Плюс». – М., 2015.

8. Проект приказа Министерства экономического развития Российской Федерации «Об утверждении федерального стандарта оценки «Оценка акций, паев, долей участия в уставном (складочном) капитале (оценка бизнеса) (ФСО№ 8)» // Консультант Плюс [Электрон. ресурс] / АО «Консультант Плюс». – М., 2015.

9.   Рутгайзер В.М. Справедливая стоимость бизнеса: условия измерений и применения. 2-е издание . – М. : Маросейка, 2010. – 138 с.

10.   Толковый словарь русского языка онлайн [Электронный ресурс] // С.И. Ожегов, Н.Ю. Шведова Толковый словарь русского языка . – Онлайн версия, 2015 . – Режим доступа : http://www.classes.ru/all-russian/russian-dictionary-Ozhegov-term-1693.htm, свободный. – Загл. с экрана. (20.01.2015).

11.   Шпиляевская Е.В. Оценка стоимости предприятия (бизнеса) / Е.В. Шпиляевская, О.В. Медведева ; под ред. Е.В. Шпиляевской – Ростов н/Д : Феникс, 2010. – 346 с.

Илюхина Л.А.

кандидат экономических наук, доцент ФГБОУ ВПО «Самарский государственный экономический университет»

E-mail: laresa@inbox.ru

Веккер Е.В.

студент-бакалавриант ФГБОУ ВПО «Самарский государственный экономический университет»

E-mail: KatyaVekker@yandex.ru;

Мугинова И.М.

студент-бакалавриант ФГБОУ ВПО «Самарский государственный экономический университет»

E-mail: I.Muginova@mail.ru;

ЗАРУБЕЖНЫЙ ОПЫТ УПРАВЛЕНИЯ ПЕРСОНАЛОМ: ЯПОНИЯ И США

Социально-экономическое развитие бизнеса не стоит на месте, и компании с самого начала своего существования осознают необходимость наличия службы управления персоналом. Это объясняется как большим количеством штатных сотрудников, так и потребностью постоянно контролировать кадровый процесс в организации. С течением времени в отдельных странах, исходя из национальных особенностей, культурных и правовых традиций, формируются собственные методы и подходы к управлению человеческими ресурсами. Сегодня особенно любопытно узнать, как принято управлять особо ценным ресурсом в зарубежных странах.

Проведенные многочисленные исследования дают основания выделить две основных модели управления, которые практикуются во всем мире: японскую и американскую. Во многих странах можно встретить их применение в различных комбинациях и разной степени выраженности.

Рассмотрим японский опыт управления человеческими ресурсами. Значительные результаты, достигнутые экономикой страны, свидетельствуют об эффективности японской системы менеджмента и организации труда.

Японская модель управления – одна из самых эффективных в мире. Главное ее достоинство – умение работать с людьми. Японский менеджмент ориентируется на групповую форму организации труда. Используется механизм коллективной ответственности, при котором члены группы участвуют в принятии управленческих решений и несут равную ответственность за их реализацию. Информация о планах фирмы, ее делах доводится до всех сотрудников. Практикуется активное вовлечение работников в решение проблем организации. Так же предприятия Японии имеют собственную корпоративную философию, упор в которой делается на такие понятия, как гармония, уважение, искренность и сотрудничество. Отсюда сопричастность к результатам работы, тесный контакт руководства, различных служб и работников. Большое значение на японских фирмах уделяется научно-техническому прогрессу. Действует система управления производительностью и качеством работы, на фирмах создаются кружки качества. В результате, по официальной статистике, количество рационализаторских предложений в Японии в несколько раз больше, чем в США.

Американскую и японскую модель управления человеческими ресурсами принято рассматривать как находящиеся на разных полюсах, в первую очередь, с точки зрения ориентации на коллективизм (Япония) и индивидуализм (США).

Америка имеет богатейший опыт менеджмента. Американские менеджеры всегда отличались высокими деловыми качествами. Индивидуализм – слово, которое предельно кратко выражает суть американской модели управления.

Работа по управлению человеческими ресурсами в США обеспечена большим количеством теоретических исследований, обучающих программ, консультационной поддержки.

Для современного этапа развития сферы управления человеческими ресурсами в американских компаниях свойственно:
- расширение содержания, форм и методов работы с персоналом;
- углубление специализации в различных функциях;
- рост профессионализма сотрудников;
- увеличение расходов на инновационную деятельность;
- активизация использования информационных технологий.

Американские менеджеры традиционно ориентированы на индивидуальные ценности и результаты. Вся управленческая деятельность в американских компаниях основывается на механизме частной ответственности, оценке результатов конкретного работника. Управленческие решения, как правило, принимают отдельные лица и несут ответственность за их реализацию.

Во многих американских корпорациях основное внимание уделяется индивидуалистичным ценностям американца — желанию стать богаче, умнее, значимее, чем все остальные. Управление персоналом подогревает амбиции сотрудников, и основной упор делается на развитие неформальной конкуренции между создателями новой продукции, новых форм обслуживания и т.д.

Службы управления человеческими ресурсами американских фирм, помимо обеспечения потребности организации в квалифицированных работниках, осуществляют также контроль за соблюдением трудового законодательства, планирование карьеры сотрудников, обеспечение долгосрочных отношений с персоналом посредством развития системы участия в прибыли и капитале, а также непрерывного обучения (в среднем на обучение и развитие сотрудников расходуется 10-15% бюджета компаний [1, 62-66]. Основной принцип инновационного управления человеческими ресурсами в США – отношение к своим работникам как к внутренним клиентам.

На основе всего вышесказанного проведем сравнительный анализ функций служб управления персоналом в организациях Японии и США и представим в виде таблицы.

Таблица 1

Сравнение функций служб управления персоналом в организациях Японии и США

Функции службы управления персоналом	Япония	США
1	2	3
Подбор персонала	Японские компании тщательно отбирают и комплектуют свой персонал, и у руководителей много времени уходит на неформальную оценку работы подчиненного. Обычно работник в японской компании получает новое назначение через два-три года и знает, что качество исполнения им своих обязанностей определит характер его очередного назначения	В американских фирмах при приеме на работу потенциальные кандидаты проходят тестирование для выявления профессиональной подготовки. Из-за признания значимости индивидуальных компетенций большую роль играют хедхантинг и развитие инновационных методов поиска и подбора требуемого персонала
Адаптация персонала	Программа обучения новичков, принятых на работу в фирму, рассчитана на несколько лет и включает не только широкую профессиональную подготовку, но также изучение истории, целей,	После приема на работу проводится процедура введения в должность, когда работника знакомят с его обязанностями в соответствии с инструкциями, ограниченными его

	принципов деятельности компании в целом	узкой специализацией. Работника не знакомят с деятельностью компании в целом
Увольнение	В Японии распространен пожизненный найм. Организации в своих отношениях с работниками выходят намного дальше стандартных трудовых отношений	Увольнение персонала, включая менеджеров, в американских фирмах сопровождается длительной серией оценочных и воспитательных приемов
Оплата труда	В японских компаниях зарплата устанавливается в соответствии с принципами справедливости, т.е. применяется единый порядок оплаты на всех иерархических уровнях. Функции управления заработной платой централизованы и переданы службе управления персоналом	В большинстве американских фирм системы оплаты труда отличаются негибкостью, не обладают достаточным мотивационным эффектом и слабо стимулируют повышение производительности труда.

Таким образом, исходя из национальных особенностей, культурных и правовых традиций, управление человеческими ресурсами в Японии и США имеют, как общие черты, так и существенные различия. В мировой практике в настоящее время наметилась тенденция применения смешанной модели управления человеческими ресурсами, а работа с персоналом строиться с учетом трех основных тенденций: децентрализации, экономизации и интернационализации [2, 22-23].

Децентрализация означает дополнительное делегирование линейным руководителям функций кадрового планирования, отбора и развития персонала. Экономизация выражается в организации работы службы персонала с учетом ее эффективности как самостоятельного подразделения предприятия. Интернационализация предполагает приспособление стратегии и методов управления персоналом к экономическим, культурным и правовым условиям той страны, на территории которой находится представительство, филиал или дочерняя фирма компании.

Список использованной литературы:

1. Благославова Е. США России подарили HR-директора // Управление персоналом. 2007. № 1. С.62-66.

2. Дуракова И. Эволюция службы персонала // Кадровик. Кадровый менеджмент. 2006. №7. С.22-23.

3. Зарубежный опыт управления персоналом организации [Электронный ресурс] / Открытая библиотека электронных учебных курсов. - Режим доступа: http://free.megacampus.ru/xbookM0022/index.html?go=part-068*page.htm.

4. Кибанов А.Я. Основы управления персоналом: учеб. / А.Я. Кибанов.- М.: ИНФРА-М, 2011. – 304 с.

5. Лунёв А.П., Минёва О.К. Сравнение европейского и японского опыта управления персоналом // Гуманитарные исследования. 2008. № 4. С. 213-215.

Zernova L.E.
C. E. N., Assoc. prof., Moscow state University of design and technology,
Moscow, Russia
Ilyna S.I.
C. T. N., Assoc. prof., Moscow state University of design and technology,
Moscow, Russia

ABOUT THE DEVELOPMENT OF THE MECHANISM OF MANAGEMENT OF MULTINATIONAL CORPORATIONS

Problems of modernization of the Russian economy is directly dependent on the conditions and direction of development of modern transnational corporations. Currently, transnational corporations have become an important factor of global reproduction process because it is they who, in spite of the imposed economic sanctions, promote the establishment of international relations. Because of this transnational corporations bring to the international arena and the entire reproductive cycle. In the framework of their functioning is the turnover of a significant part of financial, material and human resources, they control the strategically important sectors of the economy. It is the activities of transnational corporations, that creates a real basis for the formation of global production with a single market and information space [1].

It should be noted that a vertically and horizontally integrated corporations concentrate material, human and financial resources for the solution of complex scientific-technical and production problems that provides innovative development of the Russian economy and the competitiveness of corporations on the market. This increases the need for revision of the methodological approaches and the search for modern instruments effective management of transnational corporations in the industrial sector of the economy [2].

To solve these problems it is necessary to investigate the scientific approach to the content of the control mechanism of transnational corporations in the industry; to prove the versatility of the system approach to the management of multinational corporations; to identify the features of structural transformations in Russian transnational corporations; to develop instrumental and methodological basis for the assessment of the mechanism of management of multinational companies. In the course of the study established that the mechanism of management of transnational corporations in the industry includes a set of forms, methods and tools for the development and implementation of business processes.

This mechanism organizes and coordinates related production-economic, financial, technological, scientific and structural processes in the global economic environment for the implementation of priority directions of development of business of transnational corporations. Effective implementation of the management activities of transnational corporations is a combination of various functions (activities), each of which is aimed at solving specific, diverse and complex interoperability issues between different divisions of the company, and requires the implementation of a wide range of specific activities.

If you are implementing governance: transnational corporations plays an important role in deepening public-private partnership in the field of investment and implementation of major innovative projects in the industry, as well as deepening the transnational nature of export-import operations. In this regard, the control mechanism can be defined as a set of forms, methods and tools of economic organizational, motivational and legal impact on the basic elements of transnational corporations, dependent on factors external and internal environment. Thus, a characteristic feature of management in the modern transnational corporations is a combination of the principles of centralization and decentralization, with authority for the strategic orientation fixed for the highest level of governance of the parent company and operational issues for the local units of governance, in particular, the territorial units and departments.

Note that a systematic approach to the management of multinational corporations comes from the fact that the development plans diversified and decentralized management is subordinate to the interests of interaction between departments of the production system. This approach was developed through the use of computer technology and the creation of a centralized information systems. In relation to the management of transnational corporations in modern conditions has been the development of methods of system analysis, operations research, methods of corporate governance, the development of the organization.

Each transnational Corporation creates original management structure, due to the specific characteristics of its activities in General. Typing presents features presents certain difficulties, since the current management structure of transnational corporations largely complicated and covers the diverse functions. Their implementation in modern conditions necessitates the improvement of the applied forms and methods of centralized management

From our point of view it is necessary to implement a highly effective management tool in controlling the mechanism of control by transnational corporations engaged in the controlling function of exposure and to analyze the implementation of the basic functions of management.

Practical software development management mechanism of transnational corporations is achieved by the introduction of innovative technologies corporate management strategy formation capacity and accumulation of corporate capital for the implementation of a unique high-tech projects, lifecycle management of knowledge-intensive products, a substantial increase in the share of value added in final products, the introduction of hierarchical automated control systems of high-tech resources, corporate training centers and training based on them experts in the field of innovation, management of multinational corporations.

Literature

1. Zernova L. E., Erokhin E. S. Organizational-economic mechanism for the creation, operation and evaluation of the activities of financial-industrial groups. Moscow, MGTU im .A. N. Kosygin, 2009, s.
2. Zernova L. E., Erokhin E. S., Scherbakov V.P. Assessment of the economic potential of financial-industrial groups. Vestnik of Samara state University of Economics, No. 2, 2008, S. 49-52.

Минаев Н.Н.
доктор экономических наук, профессор Томского государственного
архитектурно-строительного университета
Филюшина К.Э.
кандидат экономических наук, доцент Томского государственного
архитектурно-строительного университета
Колыхаева Ю.А.
кандидат экономических наук, доцент Томского государственного
архитектурно-строительного университета
Жарова Е.А., Меркульева Ю.А., Добрынина О.И.
студентки 4 курса Томского государственного архитектурно-
строительного университета

РЕКОМЕНДАЦИ ПО РАЗРАБОТКЕ ПРОГРАММ ЭНЕРГОСБЕРЕЖЕНИЯ В ЖИЛИЩНО-КОММУНАЛЬНОМ КОМПЛЕКСЕ

Разработанные и утвержденные региональные программы энергосбережения имеют множество недочетов, которые связаны со спешкой при их разработке [5]. Следовательно, требуется разработка комплексной региональной программы энергосбережения, которая будет учитывать все недочеты, выявленные при анализе уже утвержденных программ энергосбережения. При составлении программ энергосбережения в-первую очередь требуется разработка доступного, лаконичного и укрупненного паспорта программы, что в разработанных региональных программах энергосбережения отражено не в полном объеме, поэтому мы предлагаем дополненный паспорт региональных программ энергосбережения [6]. Данный паспорт должен содержать основную информацию о региональной программе энергосбережения, а именно: кем конкретно утверждена и каким документом региональная программа энергосбережения; должно отражаться полное название региональной программы энергосбережения с указанием сроков реализации данной программы, а также с указанием перспективного срока, если планируется; указываются основания для разработки региональной программы; указывается государственный заказчик, а именно координатор разработанных региональных программ, далее указываются все остальные государственные заказчики, которым тоже необходима разработка данных программ; следующим этапом указывается непосредственно сам разработчик программы с указанием его принадлежности и организационно-правовой формы; формулируются цели и задачи, преследуемые при разработке региональных программ энергосбережения; предоставляются важнейшие целевые показатели и индикаторы, играющие важную роль при составлении топливно-энергетического баланса;

перечисляются основные мероприятия программы с разбивкой по направлениям [4], а также в этом же разделе перечисляются подпрограммы, разработанные по этим направлениям; указываются основные исполнители разработанных мероприятий и подпрограмм; отдельным пунктом указываются сроки реализации региональной программы энергосбережения с разбивкой по этапам с указанием сроков на перспективу, если это присутствует в программе; предоставляется информация по объемам и источникам финансирования, направленным на реализацию разработанных региональных программ энергосбережения; предоставляется информация об ожидаемых конечных результатах реализации региональной программы энергосбережения; указывается информация по оценке рисков в разработанных программах, здесь кратко приводится перечень ожидаемых рисков и необходимых мероприятий по их минимизации, указываются ответственные, объем и источник финансирования и основные исполнители; в итоге приводится система организации контроля, за исполнением разработанной региональной программой энергосбережения.

После предоставления краткой информации по содержанию паспорта региональной программы энергосбережения, начинается непосредственное описание разрабатываемой программы, а именно расписываются основные понятия и термины, необходимые при реализации региональной программы энергосбережения. Предоставляется информация о нормативно-правовых актах. Описываются существующие в РФ и субъектах РФ правовые основы для разработки программ энергосбережения. Далее каждый регион перечисляет разработанные конкретно в нем нормативно-правовые акты, относящиеся к процессу энергосбережения [10]. Определяется необходимость составления программы, т.е. описывается характеристика проблемы, на которую направлена программа [9]. Более подробно описываются основные цели и задачи, инструменты решения поставленных задач, целевые индикаторы и показатели эффективности, сроки реализации преследуемые при разработке региональных программ энергосбережения. Так же приводятся система программных мероприятий, а также перечень подпрограмм или программ разработанных по каждой отрасли. Описываются, ожидаемы результаты реализации региональной программы энергосбережения, т.е. проводится оценка эффективности разработанной программы [3], [7]. В итоге приводится анализ и оценка возможных рисков [2], описывается и наглядно представляется система организации управления и контроль за ходом реализацией данной региональной программы энергосбережения (концессии, государственно-частное партнерство [1], перфоманс-контракты [8]). Представляется информация о возможности применения разработанной программы в различных условиях, например в труднодоступных населенных местах, если такие в регионе присутствуют, а также приводится адаптация данной модели к существующим условиям.

ЛИТЕРАТУРА

1. Филюшина, К.Э. Формирование модели государственно-частного партнерства в строительном комплексе региона / К.Э. Филюшина // Региональная экономика: теория и практика. 2012. № 16. С. 41-44.

2. Минаев, Н.Н. Методика анализа и оценки рисков в строительном комплексе региона / Н.Н. Минаев, К.Э. Филюшина // Интеграл. 2011. № 6. С. 158-159.

3. Колыхаева, Ю.А. Комплексная оценка эффективности функционирования системы теплоснабжения / Ю.А. Колыхаева, К.Э. Филюшина // Проблемы современной экономики. 2012. № 1. С. 322-325.

4. Филюшина, К.Э. Энергосбережение в жилищно-коммунальном комплексе / К.Э. Филюшина // Сборники конференций НИЦ Социосфера. 2014. № 1. С. 056-057.

5. Минаев, Н.Н. Оценка тенденций и закономерностей развития процессов энергосбережения в регионах России / Н.Н. Минаев, К.Э. Филюшина, Ю.А. Колыхаева // Региональная экономика: теория и практика. 2014. № 20. С. 51-60.

6. Минаев, Н.Н. Исследование закономерностей процессов энергосбережения и повышения энергетической эффективности в регионах России / Н.Н. Минаев, К.Э. Филюшина, Ю.А. Колыхаева // Сибирская финансовая школа. 2014. № 2 (103). С. 55-60.

7. Уфимцева Е.В. Универсальная система показателей как инструмент управления оценки эффективности деятельности жилищно-коммунального комплекса / Е.В. Уфимцева // Экономика и предпринимательство. 2013. № 12-1 (41). С. 602-609.

8. Минаев, Н.Н. Перфоманс-контракты в процессе модернизации и повышения энергоэффективности жилищно-коммунального комплекса / Н.Н. Минаев, Ю.Ю. Галямов, А.А. Селиверстов, Н.Р. Шадейко // Проблемы современной экономики. 2011. № 1. С. 264-267.

9. Нуруллина, О.В. Формирование идеологии рационального ресурсопотребления в сфере жилищно-коммунальных услуг (на примере Республики Татарстан) / О.В. Нуруллина, Е.А. Добросердова, А.И. Романова // Вестник экономики, права и социологии. 2012. № 1. С. 97-101.

10. Ланцов, В.М. Современные проблемы ЖКХ в России / В.М. Ланцов, Т.М. Киреева, А.Н. Афанасьева, В.Э. Кириллова // Известия Казанского государственного архитектурно-строительного университета. 2011. № 2 (16). С. 284-289.

Нагдалян Т.Г.
аспирант юридического факультета ЕГУ, г. Ереван, РА
ОСНОВНЫЕ ВОПРОСЫ СУДЕБНОГО ПРЕЦЕДЕНТА КАК ИСТОЧНИКА ПРАВА В РА

Данная статья посвящена основным вопросам судебного прецедента как источника права в РА, в которой, в свете сравнительного анализа англо-американской stare decisis и романо-германской jurisprudence constant доктрин, обсуждается правовая природа решений Кассационного Суда РА. Вступившая в силу 06.12.2005г. в измененной редакции статья 92-ая Конституции Республики Армения устанавливает норму, предопределяющую решающее преобразование в правовой системе Армении, а именно: «Высшей судебной инстанцией Республики Армения является Кассационный Суд, который призван обеспечивать единообразное применение закона, кроме вопросов конституционного правосудия». Ратификация соответствующего положения Конституции Республики Армения создало основу для предопределения такого направления в развитии правовой системы Армении, в отношении которой и в настоящее время существуют противоположные и даже взаимоисключающие позиции во многих других странах континентальной правовой системы. Для ответа на вопрос, не является ли «чужеродным предметом» прецедент в континентальной правовой системе, служит ли прецедент в качестве источника права в этой правовой систем, и возможно ли заимствование и применение элементов, характерных для внутренней логики другой правовой системы без искажения внутренней логики единой правовой системы, необходимо вернуться к различным доктринам судебного прецедента.

При обсуждении принципов, касающихся прецедента в юридической литературе, как правило, упоминаются англо-американская stare decisis и романо-германская jurisprudence constante доктрины.

Как известно, судебный прецедент - обоснования решения суда, который впоследствии при рассмотрении дел с однотипными фактическими обстоятельствами принимается другим судом, исходит из англо-американской правовой традиции. Обращаясь к англо-американской доктрине прецедента, отметим, что согласно последней только принцип, лежащий в основе решения суда, является обязательным /сформулированный в ratio decidendi или holding/, который имеет место в обосновывающей части судебного акта [1,628]. Между тем, отмеченное обстоятельство не является характерным для решений кассационного суда Республики Армения, поскольку обязательными являются обоснования последних, в том числе толкования закона.

Следующей особенностью англо-американской доктрины прецедента является наличие обязательного и убедительного прецедента [2,78]. Что касается решений кассационного суда Республики Армения, то в них имеются лишь определенные элементы, характерные для обязательного прецедента.

Согласно указанной доктрине прецедента все судебные решения в практике правоприменения должны быть истолкованы с учетом тех обстоятельств, в отношении которых они были приняты [3,134]. Указанная особенность с имеющимися в наличии законодательными урегулированиями является характерной также для решений кассационного суда Республики Армения, однако в правоприменительной практике она представлена в искаженном виде.

Что касается романо-германской доктрины jurisprudence constante прецедента, отметим, что ее основная особенность состоит в том, что если какое-либо толкование, данное судами, сохраняется в течение длительного периода, то в результате подхода, основанного на последнем, формируется единая судебная практика в отношении определенного вопроса, и она, по существу, становится источником права. Следовательно, таким является не принятое прежде решение, как в случае с англо-американской доктриной прецедента, а стабильная судебная практика, иначе говоря, собирательная целостность решений [4,67]. Между тем, в случае решений кассационного суда Республики Армения подобная собирательная целостность судебных актов не является необходимой, и для того чтобы стать источником права, достаточно всего лишь одно решение Кассационного суда.

В отмеченном контексте достойно внимания объективный процесс, происходящий между англо-саксонской и романо-германской правовыми семьями – правовая конвергенция (сближение, формирование объективных подобий между правовыми системами).

В юридической литературе широко обсуждается точка зрения, согласно которой большинство современных континентальных правовых систем больше не удовлетворяет jurisprudence constant и в указанных de facto правовых системах сформировалась новая, гибридная модель судебного прецедента, которая содержит характерные черты как stare decisis, так и jurisprudence constant. Некоторые теоретики называют эту модель прецедентом толкования [5,46].

Указанные авторы приходят к тому заключению, что в аспекте правосоздающей роли судов страны континентального и общего права сближаются, стремясь к пересечению на том уровне, где существует основанная на законе стабильная судебная практика – прецедент толкования, и в этом контексте решения Кассационного суда можно рассматривать как проявление указанной разновидности прецедента. Сущностью прецедента толкования является казуальное толкование, служащее примером для нижестоящих судов (образцовые примеры толкования закона). При этом дальнейшее применение такого толкования в случае однотипных казусов преследует не столько цель нормосоздания, сколько направлено на обеспечение равенства людей перед законом, правовую определенность, прогнозирование содержания судебных актов, сокращение возможности действия посредством двойственных параметров, повышения качества обоснования и мотивировки судебных актов.

Русские теоретики А.В. Полякова и Е.В. Тимошина выражают интересную мысль в этой связи, утверждая: «Прецедентное право отличается чрезвычайной сложностью, что создает определенные проблемы для его применения. Однако, вместе с этим прецедентные нормы наиболее приближены к конкретным жизненным ситуациям, и по этой причине они в состоянии более полноценно отозваться на требование справедливости, чем общие и отвлеченные нормы закона» [6,254].

Таким образом, можем заключить, что если судья фактически создает норму, принимая прецедентное постановление в правовой системе общего права, а стороны судебного спора во время обоснования иска или защиты в первую очередь возвращаются к изучению принятых ранее многочисленных прецедентных постановлений, иногда не упоминая даже закон, то в правовой системе континентального права, принимая прецедентное право, фактически толкуют закон или заполняют упущения в нем, не создавая правовой нормы, а стороны судебного спора в первую очередь обращаются к регулирующим правоотношение законам и другим правовым актам, сопоставляя их с существующими прецедентами.

Обобщая вопрос о том, является ли источник права судебным прецедентом в Республике Армения на основании существующих многочисленных теоретических и практических анализов, приходим к заключению, что судебный прецедент в нашем обществе находится пока еще в зачаточном состоянии, и судьи кроме «рассмотрения» законов «рассматривают» также судебный акт, принятый вышестоящей судебной инстанцией.

Литература

1. Марченко М.Н., Является ли судебная практика источником российского права? // Журнал российского права, 2000, N 12, стр. 628.
2. Какоян А. Судебный прецедент как источник права в правовой системе РА и других стран. /Сравнительно-правовой анализ/, Диссертация, Ереван, 2008г., стр. 67:
3. Судебный прецедент как источник права //Сборник статей.-Ер., Тигран Мец, 2005, стр. 134.
4. Оганян В. Основные проблемы источников права в Республике Армения /Теоретико-практический анализ/, Диссертация, Ереван, 2009г., стр. 67:
5. Богдановская И. Судебный прецедент и его эволюция // Законность. 2007г., N 3, стр. 46.
6. Полякова А.В., Тимошина Е.В. Судебный прецедент как источник права //Юрист. М., 2005г., стр. 254.

Игнатушина М.В.
научный сотрудник Кафедры юридических и социально-политических
наук Института истории, гуманитарного и социального образования
Федеральное государственное бюджетное образовательное учреждение
высшего профессионального образования «Новосибирский
государственный педагогический университет», город Новосибирск
Ignatushina-M@yandex.ru

ВОЗНАГРАЖДЕНИЕ АВТОРОВ ИЗОБРЕТЕНИЙ В ПРАВОВОМ ПРОСТРАНСТВЕ: ПРОБЛЕМЫ И РЕШЕНИЯ

В настоящее время «весьма важными являются активизация института изобретательства и рационализаторства, поскольку интеллектуальный продукт - один из важнейших элементов национального богатства любого государства» [1, 23].

Одной из наиболее важных проблем индустрии авторских прав является проблема мотивации авторов изобретений к созданию конкурентоспособных преимуществ. Указанная проблема выражается, в том числе, в вопросе определения размера вознаграждения авторов изобретений.

В частности, законодательство о вознаграждении имеет значительные пробелы и выражено в основном в нормах закона «Об изобретениях СССР». Безусловно, вопрос об обязательности использования обозначенного нормативного акта сегодня разрешается неоднозначно. Существующая судебная практика демонстрирует двоякий подход в определении размера вознаграждения (с ссылками на законы СССР, либо без таковых).

Обоснованием этому, с одной стороны, служит тот факт, что при введении в 1992 году Патентного закона (при распаде СССР) Верховный Совет обязал Правительство Российской Федерации - Совет министров «определить порядок применения указанных положений с учетом законодательных актов Российской Федерации [2, 9].

С другой стороны, Постановлением от 14 августа 1993 г. N 822 Правительство РФ - Совет министров разъяснило «Автор изобретения, промышленного образца, патент на которые выдан работодателю или его правопреемнику, имеет право на вознаграждение в размере и на условиях, определяемых соглашением с патентообладателем. При недостижении соглашения применяются положения пунктов 1, 3 и 5 статьи 32 Закона СССР "Об изобретениях в СССР". [3, 7]. Данная позиция была также поддержана в Постановлении Правительства РФ от 12 июля 1993 г. № 648 [4, 16]. и подтверждена некоторой судебной практикой (Верховный суд Удмуртской республики, апелляционное определение от 1 августа 2012 г.

по делу n 33-2412/2012, Астраханский областной суд, апелляционное определение от 5 сентября 2012 г. по делу n 33-2684/2012)

Однако, некоторая судебная практика показывает, что к фразе «при не достижении соглашения относительно вознаграждения» суды прибегают не только в случае отсутствия письменного договора, но и при обращении работника с требованиями о взыскании больших сумм вознаграждения, нежели обозначены в договоре и являющихся ниже минимальных исходя из смысла закона СССР. При таких обращениях Суды признают договор ничтожным как значительно ущемляющим интересы работника по сравнению с действующим законодательством и взыскивают согласно минимальных ставок СССР (Определение Кемеровского областного суда от 23.10.2012 N 33-10453, Определение Кемеровского областного суда от 28.10.2011 по делу N 33-12212).

Проблематика определения размера на изобретения проявляется, кроме того, в различном толковании правоприменителем Закона СССР об изобретениях

В частности, согласно пункту первому ст. 32 Закона СССР от 31.05.1991 N 2213-1 "Об изобретениях в СССР» «Вознаграждение за использование изобретения выплачивается автору в размере не менее 15 процентов прибыли, ежегодно получаемой патентообладателем от его использования…» [5, 9].

При этом Правоприменитель по-разному подходит к пониманию самого понятия прибыли исходя из сути конкретного результата интеллектуальной деятельности и его полезности. Так, в Постановлении ФАС Уральского округа от 09.08.2011 N Ф09-9768/10 по делу N А71-11180/2009 прибыль определена через снижении нормы производственных затрат, в Кассационном определение Кировского областного суда от 26.05.2011 по делу N 33-1761 суд почитал правильным вариант исчисление прибыли по снижению периодичности затрат на капитальные вложения в основные средства, Определением Свердловский областной суд от 10.05.2011 по делу N 33-6651/2011 при исчислении прибыли применил расчет эксперта, в основу которого положены фактические данные о полученной дополнительной прибыли за счет снижения брака при применении изобретения по сравнению с периодом до его внедрения. Красноярский краевой суд в апелляционном определении от 28.11.2012 по делу N 33-8830/2012, «разрешая вопрос о размере прибыли, полученной ответчиком в 2008 году от использования изобретения произвел расчет, исходя из заключения о фактическом долевом вкладе в экономическом эффекте за 2008 год служебных изобретений».

Таким образом, анализируя действующее законодательство в области определений вознаграждений на изобретения нельзя не согласиться со словами Холоповой Е.Н о том, что «законодателю необходимо вернуться к созданию правовых инструментов - специальной нормативной базе охраны и использования изобретений, защиты прав авторов и правообладателей на указанные объекты» [6, 29].

Углубленное внимание к данной проблематике сегодня поможет снизить финансовые и организационные затраты в последующем. Унификация правового пространства в вопросе установления вознаграждений авторам за изобретения будет способствовать стимулированию научно-технического творчества и изобретательства как факторов, предопределяющих конкурентоспособность и эффективность российского бизнеса.

Литература и информационные источники

1. Ершова Н.И. Правовая охрана и коммерциализация инноваций как служебных объектов интеллектуальной собственности // Имущественные отношения в Российской Федерации. 2014. N 9.
2. Постановление ВС РФ от 23.09.1992 N 3518-1 "О введении в действие Патентного закона Российской Федерации"// "Российская газета", N 225, 14.10.1992.
3. Постановление Правительства РФ от 14.08.1993 N 822 "О порядке применения на территории Российской Федерации некоторых положений законодательства бывшего СССР об изобретениях и промышленных образцах"// "Собрание актов Президента и Правительства РФ", 23.08.1993, N 34.
4. Постановление Правительства РФ от 12.07.1993 N 648 "О порядке использования изобретений и промышленных образцов, охраняемых действующими на территории Российской Федерации авторскими свидетельствами на изобретение и свидетельствами на промышленный образец, и выплаты их авторам вознаграждения"// "Собрание актов Президента и Правительства РФ", 19.07.1993, N 29.
5. Закон СССР от 31.05.1991 N 2213-1 "Об изобретениях в СССР"// "Ведомости СНД СССР и ВС СССР", 19.06.1991, N 25, ст. 703.
6. Холопова Е.Н., Дегтярев А.В. Актуальные проблемы защиты прав авторов и патентообладателей секретных изобретений в действующем российском законодательстве // Юридический мир. 2012. N 12.
7. Дозорцев В.А. Интеллектуальные права: Понятие. Система. Задачи кодификации. М.: Статут, 2003.
8. Служебные объекты промышленной собственности: актуальные проблемы и пути решения: [сайт патентного бюро Валентина Рачковского]. URL: http://www.intelpro.by.

Шабадарова О.В.

преподаватель
кафедры гражданского права и процесса ФГБОУ ВПО «Марийский государственный университет»
olgeens@mail.ru

АДМИНИСТРАТИВНЫЕ РЕГЛАМЕНТЫ ОРГАНОВ МЕСТНОГО САМОУПРАВЛЕНИЯ ЧЕРЕЗ ПРИЗМУ ПРОЕКТА ФЕДЕРАЛЬНОГО ЗАКОНА «О НОРМАТИВНЫХ ПРАВОВЫХ АКТАХ В РОССИЙСКОЙ ФЕДЕРАЦИИ»

26 декабря 2014 г. на сайте Единого портала для размещения информации о разработке федеральными органами исполнительной власти проектов нормативных правовых актов и результатов их общественного обсуждения был размещен проект Федерального закона «О нормативных правовых актах в Российской Федерации» и пояснительная записка к проекту. Ранее в Российской Федерации ни проектов, ни таких актов не издавалось и не принималось. В свете планирования такого документа к принятию и его публичного обсуждения становится актуальным вопрос о возможном влиянии разрабатываемого федерального закона на сферу муниципальных правоотношений и конкретно на муниципальные правовые акты. Особый интерес в этой области представляет позиция проектируемого федерального закона в отношении административных регламентов органов местного самоуправления.

Понятие «регламент» в российском праве принято было употреблять в смысле «технический регламент». С принятием Федерального закона № 210-ФЗ от 2 июля 2010 г. «Об организации предоставления государственных и муниципальных услуг» понятие «регламент» стало шире употребляться в смысле «административный регламент», что прежде встречалось в единичных случаях. Согласно п.4 ст.12 Федерального закона № 210-ФЗ от 2 июля 2010 г. административный регламент – нормативный правовой акт, устанавливающий порядок и стандарт предоставления государственной или муниципальной услуги [3].

В настоящее время понятие «регламент» употребляется еще шире, нежели предусматривает упомянутый федеральный закон. Так, разновидностями регламентов стали не только «технические регламенты» и «административные регламенты», но и «должностные регламенты». При этом основная составная, можно сказать, «родовая» часть категорий – «регламент» в законодательстве отдельно не рассматривается.

Указанную ситуацию призван скорректировать представленный для общественного обсуждения Федеральный закон «О нормативных правовых актах в Российской Федерации» (далее – Проект), в котором понятию «регламент» уделено некоторое внимание.

Так, в статье 6 Проекта указано, что в форме регламентов принимаются нормативные правовые акты, определяющие порядок деятельности государственного органа, органа местного самоуправления, их структурных подразделений [2].

Согласно классификации, приводимой в Проекте, регламент является производным нормативным правовым актом, то есть утверждается другими нормативными правовыми актами. Действительно, административные регламенты органов местного самоуправления никогда не издаются отдельно от постановлений, их утверждающих. Такие постановления в данном случае будут относиться к категории основных нормативных правовых актов. При этом в Проекте содержится важное указание, согласно которому основной и производный нормативные правовые акты представляют собой единый нормативный правовой акт.

Статья 9 Проекта посвящена муниципальным нормативным правовым актам и имеет одноименное название. При этом в профильном законе о местном самоуправлении, Федеральном законе от 6 октября 2003 г. № 131-ФЗ «Об общих принципах организации местного самоуправления в Российской Федерации» подобная глава закона носит наименование «Муниципальные правовые акты», а в статье 2 рассматриваемого закона сформулировано понятие «муниципальный правовой акт». Согласно Федеральному закону «Об общих принципах организации местного самоуправления в Российской Федерации» можно выделить следующие признаки муниципальных правовых актов:

1. решение, принятое уполномоченным субъектом (субъектами);
2. по вопросам местного значения либо по вопросам осуществления отдельных государственных полномочий, переданных органам местного самоуправления;
3. документальное оформление;
4. обязательность для исполнения на территории муниципального образования;
5. устанавливают либо изменяют общеобязательные правила или имеют индивидуальный характер.

В Проекте дано определение понятия нормативный правовой акт. Так, это письменный официальный документ, принятый (изданный) в определенной форме субъектом правотворчества в пределах его компетенции и направленный на установление, изменение, разъяснение, введение в действие, прекращение или приостановление действия правовых норм, содержащих общеобязательные предписания постоянного или временного характера, распространяющиеся на неопределенный круг лиц и рассчитанные на многократное применение.

Таким образом, заметно, что определения данных понятий различаются по отраслевому признаку и степени обобщенности. При этом муниципальные правовые акты могут быть нормативными, а могут и не являться таковыми, поскольку могут иметь или не иметь индивидуальный характер.

В принципе, из Проекта и действующего законодательства можно заключить, что существенных правовых противоречий принятие закона «О нормативных правовых актах в Российской Федерации» не породит, однако, при этом необходимо отметить, что принятие такого федерального закона, несомненно, обогатит российскую юридическую науку и практику.

При рассмотрении административных регламентов органов местного самоуправления через призму проекта Федерального закона «О нормативных правовых актах в Российской Федерации» можно сделать вывод о том, что новый правовой акт в сфере действия административных регламентов органов местного самоуправления во многом разъяснит существующий понятийный аппарат, ограничит употребление понятия «регламент» и поможет в деле гармонизации законодательства.

Источники

1. Конституция Российской Федерации: принята всенародным голосованием 12 декабря 1993 г. (с учетом поправок, внесенных законами Российской Федерации о поправках к Конституции Российской Федерации от 30.12.2008 № 6-ФКЗ, № 7-ФКЗ; от 05.02.2014 № 2-ФКЗ, от 21.07.2014 № 11-ФКЗ) // Российская газета. 1993, 25 декабря; 2008, 31 декабря; 2014, 7 февраля; 2014, 23 июля.

2. Федеральный закон Российской Федерации от 6 октября 2003 г. № 131-ФЗ «Об общих принципах организации местного самоуправления в Российской Федерации»

3. Федеральный закон Российской Федерации от 27.07.2010 № 210-ФЗ «Об организации предоставления государственных и муниципальных услуг» (ред. от 21.07.2014) // Российская газета. 2010, 30 июля; 2014, 30 июля.

4. Проект Федерального закона «О нормативных правовых актах в Российской Федерации» [электронный ресурс]. - Режим доступа: URL:http://regulation.gov.ru/project/21982.html?point=view_project&stage=2&stage_id=15453 (дата обновления 20.01.15)

5. Михеева Т.Н. Новеллы в правовом регулировании местного самоуправления /Т.Н. Михеева // Конституционное и муниципальное право. – 2014. - № 9. – с. 65-68.